电气工程、自动化专业系列教材

现代控制理论基础

高 强 主 编

吉月辉 杨 森 宋 雨 贾 超 刘俊杰 参 编

電子工業出版社

Publishing House of Electronics Industry

北京 · BEIJING

内 容 简 介

本书以线性控制系统为主要研究对象，从基础概念理论、控制系统分析与设计等方面对现代控制理论进行由浅入深的介绍。本书的主要内容包括绪论、动态系统的状态空间模型及变换、线性系统动态分析、线性系统的能控性和能观性分析、李雅普诺夫稳定性分析、状态反馈与状态观测器、典型动力系统的控制。本书兼顾理论性与工程性，各章均介绍了使用 MATLAB 软件辅助相关理论分析的方法，同时在本书的例题与习题中加入了大量具有实际工程背景的案例。

本书可作为高等院校自动化、电气工程等相关专业的本科生或研究生教材，也可供相关领域的专业技术人员参考。

图书在版编目(CIP)数据

现代控制理论基础/高强主编．— 北京：电子工业出版社，2023.6
ISBN 978-7-121-45697-8

Ⅰ.①现… Ⅱ.①高… Ⅲ.①现代控制理论－高等学校－教材 Ⅳ.①O231

中国国家版本馆 CIP 数据核字(2023)第 098525 号

责任编辑：凌　毅
印　　刷：北京盛通数码印刷有限公司
装　　订：北京盛通数码印刷有限公司
出版发行：电子工业出版社
　　　　　北京市海淀区万寿路 173 信箱　邮编：100036
开　　本：787×1092　1/16　印张：10.25　字数：276 千字
版　　次：2023 年 6 月第 1 版
印　　次：2024 年 12 月第 2 次印刷
定　　价：39.90 元

凡所购买电子工业出版社图书有缺损问题，请向购买书店调换。若书店售缺，请与本社发行部联系，联系及邮购电话：(010)88254888，(010)88258888。

质量投诉请发邮件至 zlts@phei.com.cn，盗版侵权举报请发邮件至 dbqq@phei.com.cn。

本书咨询联系方式：(010)88254528，lingyi@phei.com.cn。

前　言

现代控制理论基础是自动化等相关专业的核心课程之一，兼具高度的数理理论特征与极强的工程实践背景。本课程涉及线性代数、电路、模拟电子技术、数字电子技术等前置专业课程，紧密衔接自动控制原理课程。同时作为自动化等相关专业的高阶课程，本课程可以服务于相关专业本科阶段的各类实践课程与设计课程。

自 1948 年维纳发表《控制论》和 1954 年钱学森著《工程控制论》以来，对控制理论的研究日益深入，研究工具也逐渐丰富。同时随着微电子技术、信息技术等的蓬勃发展，以及智能化、自主化浪潮的到来，人们对更复杂更大型系统的需求越来越高，这种需求也刺激着控制理论的进一步发展。

作者多年来潜心于控制理论的研究与教学工作，深切感受到一本能够兼顾理论性与实用性、基础性与前沿性的现代控制理论基础教材之重要。为深入贯彻党的二十大精神，全面提高人才自主培养质量，全力造就创新人才，我们组织编写了此书。本书第 1～5 章对动态系统的状态空间模型、线性系统动态分析、线性系统的能控性和能观分析、李雅普诺夫稳定性、状态反馈与状态观测器等内容进行了深入浅出的介绍。第 6 章借助典型工程案例对前述知识的实际应用进行了举例分析，旨在为阅读本书的读者加深对相关知识的理解，为从事相关研发的工作者提供参考。本书兼顾理论性与工程性，各章均介绍了使用 MATLAB 软件辅助相关理论分析的方法，同时在本书的例题与习题中加入了大量具有实际工程背景的案例，希望使用本书的读者可以借此打破理论研究与工程应用的隔阂。

为了方便本课程的教学，本书配有教学课件、MATLAB 代码等资源，需要相关资源的读者可登录华信教育资源网（www. hxedu. com. cn），注册后免费下载。

本书由高强主编，并负责全书的统稿工作。具体编写分工如下：高强编写绪论，吉月辉编写第 1 章，杨森编写第 2 章，宋雨编写第 3 章，贾超编写第 4 章，刘俊杰编写第 5 章，第 6 章由上述老师共同编写。在本书编写过程中，谷海青老师给予了极大帮助，在此表示衷心感谢。同时对支持本书编写与出版的所有人员表示诚挚的谢意。

由于作者水平有限，书中难免存在不足与疏漏之处，恳请读者给予批评指正。

作者

2023 年 5 月

目　录

绪　论

1. 引言

控制理论是借助常微分方程、传递函数、状态空间方程等数学工具对动态系统进行描述、分析和设计的学科。一般认为控制理论的分支为经典控制理论与现代控制理论。粗略地讲,两者的主要区别在于描述系统的数学工具的不同。经典控制理论多用拉普拉斯变换对动态系统进行描述和分析,而现代控制理论主要借助状态空间方程展开控制系统研究。针对本科阶段的学生,经典控制理论相关的教材主要包括《自动控制原理》《自动控制理论》等,现代控制理论相关的教材主要包括《现代控制理论》《现代控制理论基础》等。

作为自动化相关专业的核心专业基础课,现代控制理论有着不言而喻的重要性。一方面此课程紧密承接自动控制原理课程内容,另一方面相较于自动控制原理,现代控制理论有着显著的特点与优势。

近几十年来,随着以微处理器技术为代表的科学技术的迅猛发展,人们对更大型、更复杂动态系统的控制需求与控制能力越发提高,现代控制理论也在相关尖端领域取得了诸多成就。

2. 现代控制理论的发展

维纳(Wiener)在《控制论》中将"控制"定义为:"为了改善某个或某些受控对象的功能或发展,需要获得并使用信息,以这种信息为基础而进行通信并作用于对象。"从这一概念出发,维纳将控制与通信这两个现代系统的重要问题放到了一个框架内,并提出了"控制论"这样一门崭新的科学,它被认为是20世纪现代科学技术的三大理论之一。

贝尔曼(Bellman)在1956年发表的《动态规划理论在控制过程中的应用》中提出了动态规划方法与最优性原理。同年,庞特里亚金(Pontryagin)提出的极大值原理成为现代控制理论的重要基石。20世纪60年代,卡尔曼(Kalman)创造性地借助状态空间描述和分析动态系统,并提出能控性、能观性等现代控制理论的核心概念。卡尔曼的成果被普遍认为是经典控制理论过渡到现代控制理论的重要标志。

除了上述20世纪的优秀科学家,还有一名生活在"前控制论"时代的科学家——俄国著名数学家李雅普诺夫(Lyapunov),他对现代控制理论的发展起到了至关重要的作用。他在1892年完成的博士学位论文《论运动稳定性的一般问题》中对现代控制理论中的稳定分析问题起到了奠基作用,以他名字命名的"李雅普诺夫稳定理论"也成为现代控制理论分析系统稳定性的重要手段。

值得提及的是,上述对现代控制理论发展做出巨大贡献的科学工作者的第一头衔大多是数学家,由此也反映出数学工具的发展对现代控制理论起着重要的推动作用。

3. 现代控制理论的应用

可以说现代控制理论的发展始终是立足于数学工具,着眼于工程实践的。推动现代控制理论发展进步的是日益丰富的数学工具,而引领它发展方向的始终是实际工程系统的需要。现代控制理论自身的发展历程也是该理论响应实际工程需要的过程。现代控制理论日益发展丰富的同时,在诸多重要行业的应用也日渐广泛。

(1) 多旋翼无人机

姿态的稳定控制是多旋翼无人机系统实现商品化的重要前提。利用状态空间方程表达式描述系统特征，借助能控性、能观性分析工具对系统进行分析，设计状态观测器来获取姿态角、速度等难于直接借助传感器获取的状态数据，是分析多旋翼无人机姿态动态系统、设计多旋翼无人机姿态稳定控制器的有效手段。

(2) 光伏并网

光伏并网发电以其成本低和效率高等优点成为利用太阳能发电的一种趋势。然而在向电网进行馈能时，并网发电可能出现谐波从而影响电网的安全性。闭环系统的极点影响着系统稳态时的稳定性以及动态时的准确性和快速性，我们可以根据所期望的系统性能指标来给定期望极点，通过状态反馈来设计反馈增益矩阵，配置好期望极点，从而使配置极点后的逆变器能够达到较好的谐波抑制效果。

(3) 电力系统故障诊断

高速动车组的平稳运行离不开具有良好调速性能的电力牵引传动系统，而电力牵引传动系统中的故障有30%以上为传感器故障。基于状态观测器的故障诊断方法，用设计状态观测器增益矩阵的手段减少系统状态估计与真实状态变量的差值。在选择合适阈值的前提下，如果传感器发生故障，产生的这个差值将不在阈值范围内，由此可以对故障位置做出诊断。

(4) 交流电机调速

状态变量反馈是实现交流电机调速的重要前提，磁场定向向量控制技术解决了交流电机中磁链和电磁转矩的耦合问题。但这种技术需要准确获取磁链的信息，一种基于全维状态观测器的闭环磁链观测方案通过合理设计极点的位置就可以实现磁链估计误差的快速收敛。

上述几个场景只是现代控制理论的广阔应用环境之一隅。随着以微电子技术为代表的信息化产业的迅猛发展，现代控制理论将会发挥更为重要的作用。

4. 本书的结构

本书的章节安排如下：第1章首先对状态空间表达式进行介绍和讨论。状态空间表达式是现代控制理论重要的描述和分析系统方式，本章主要研究采用时域分析方法构建动态系统的状态空间模型，为后续的控制理论提供基础。第2章主要介绍和讨论利用状态空间表达式进行系统分析的方法，对本章的学习与讨论有助于加深对状态空间表达式含义的理解。第3章针对一个状态空间表达式所描述的系统，进一步介绍其能控性、能观性的分析方法和判定准则。能控性和能观性分析是一个系统控制器设计的重要前提。在此基础上，第4章着重介绍李雅普诺夫稳定性理论，主要学习一类分析系统稳定性方法。基于前4章的知识基础，第5章讨论现代控制理论中线性反馈控制的设计方法与状态观测器的设计方法。最后，为加深读者对本书知识点的理解与认识，第6章介绍现代控制理论方法在3个典型系统中的运用。

第 1 章　动态系统的状态空间模型及变换

1.1　引　　言

在经典控制理论中，采用传递函数描述线性定常系统的动态。在传递函数中，可描述系统输入和输出的关系，但无法描述动态系统内部变量的信息，不能完整揭示动态系统的全部状态特性。在现代控制理论中，采用状态变量的一阶微分方程组描述动态系统，反映了系统内部状态变量的动态特性，同时便于处理系统的初始条件，成为控制系统分析和设计的有力工具。

此外，与传递函数不同，状态空间法隶属于时域分析方法。随着数字计算机的普及，控制系统时域模型的求解易于实现，时域分析方法更加便捷实用。除了线性定常系统，状态空间法同样适用于线性时变系统、非线性系统、离散系统等。本章主要研究时域分析方法构建动态系统的状态空间模型，为后续的控制理论提供基础。

1.2　动态系统的状态空间模型

1.2.1　状态变量的概念

状态变量 $x_1(t),x_2(t),\cdots,x_n(t)$ 是描述动态系统运动状态的最小个数的一组变量。一个用 n 阶微分方程描述的动态系统，有 n 个独立变量，且独立变量的选取方式不唯一。

图 1.1 中给出动态系统的一般形式。$\boldsymbol{u}(t)$ 是输入信号，$\boldsymbol{y}(t)$ 是输出信号。当状态变量在 t_0 时刻的初始值 $x_1(t_0),x_2(t_0),\cdots,x_n(t_0)$ 和 $t\geqslant t_0$ 输入信号 $\boldsymbol{u}(t)$ 已知时，足以确定系统状态变量的未来响应。

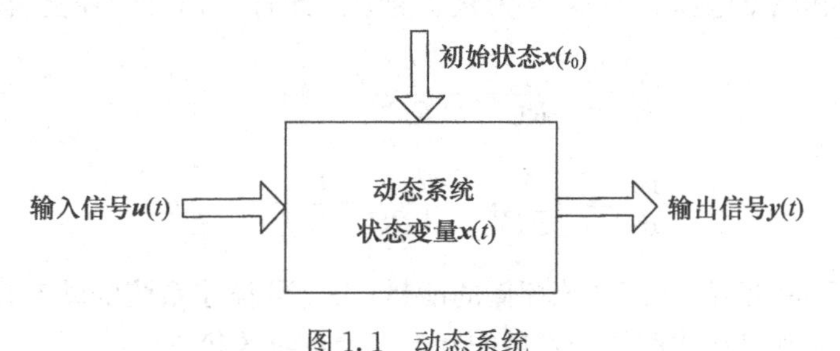

图 1.1　动态系统

以状态变量 $x_1(t),x_2(t),\cdots,x_n(t)$ 为坐标轴构成的空间，称为 n 维状态空间。初始时刻 t_0 的系统状态 $x_1(t_0),x_2(t_0),\cdots,x_n(t_0)$ 对应状态空间中的初始点。在任意 t 时刻，系统状态变量是状态空间中的点。随着时间的推移，在状态空间中系统状态形成一条轨迹，即状态轨线。状态空间表示是动态系统的代数形式和几何概念的桥梁。

1.2.2　状态空间表达式

状态变量组（状态向量）可描述动态系统。下面采用图 1.2 中的 RLC 网络，具体说明状态变量描述系统的动态。RLC 网络中有两个独立的储能元件，即电容 C 和电感 L，且电容、电感储能取决于电容电压、电感电流，因此选取两个状态变量：电容电压 $u_C(t)$ 和电感电流 $i_L(t)$。

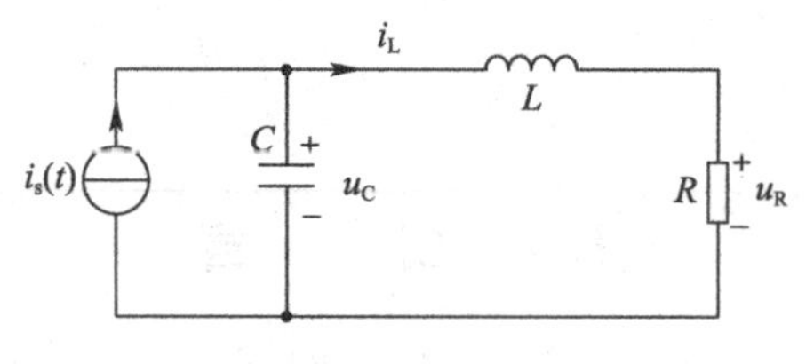

图 1.2　RLC 网络

根据电路原理，可推导如下的二元一阶微分方程组

$$
\begin{aligned}
\frac{du_C}{dt} &= -\frac{1}{C}i_L + \frac{1}{C}i_s \\
\frac{di_L}{dt} &= -\frac{R}{L}i_L + \frac{1}{L}u_C
\end{aligned}
\tag{1.1}
$$

式(1.1)是 RLC 网络的状态方程，若用一般符号表示，令 $x_1=u_C$，$x_2=i_L$，$u=i_s$，则状态方程可表示为

$$
\begin{aligned}
\frac{dx_1}{dt} &= -\frac{1}{C}x_2 + \frac{1}{C}u \\
\frac{dx_2}{dt} &= -\frac{R}{L}x_2 + \frac{1}{L}x_1
\end{aligned}
\tag{1.2}
$$

在 RLC 网络中，输出信号是电阻电压 $y=u_R$，则输出方程为

$$
y=Rx_2 \tag{1.3}
$$

由于动态系统结构的不确定性，状态变量的选取是不唯一的，对 RLC 网络而言，也可选择电容电压 $x_1=u_C$ 和电感电压 $x_2=u_L$ 作为状态变量。此时，RLC 网络的状态方程为

$$
\begin{aligned}
\frac{dx_1}{dt} &= -\frac{1}{RC}x_1 + \frac{1}{RC}x_2 + \frac{1}{C}u \\
\frac{dx_2}{dt} &= -\frac{1}{RC}x_1 + \left(\frac{1}{RC} - \frac{R}{L}\right)x_2 + \frac{1}{C}u
\end{aligned}
\tag{1.4}
$$

状态变量能反映实际的动态系统存储的能量，因此可描述系统的动态行为。选取状态变量有不同的方案，通常尽量选取易于测量的变量作为系统的状态变量。

多输入多输出动态定常系统的状态响应由状态变量 $x_1, x_2, \cdots, x_n$ 和输入信号 $u_1, \cdots, u_r$ 组成的一阶微分方程组描述，即

$$
\begin{aligned}
\dot{x}_1 &= a_{11}x_1 + a_{12}x_2 + \cdots + a_{1n}x_n + b_{11}u_1 + \cdots + b_{1r}u_r \\
\dot{x}_2 &= a_{21}x_1 + a_{22}x_2 + \cdots + a_{2n}x_n + b_{21}u_1 + \cdots + b_{2r}u_r \\
&\vdots \\
\dot{x}_n &= a_{n1}x_1 + a_{n2}x_2 + \cdots + a_{nn}x_n + b_{n1}u_1 + \cdots + b_{nr}u_r
\end{aligned}
\tag{1.5}
$$

输出方程是状态变量的线性组合，在特殊情况下，输出方程受到输入信号的影响，因此输出方程的一般形式为

$$
\begin{aligned}
& y_1 = c_{11}x_1 + c_{12}x_2 + \cdots + c_{1n}x_n + d_{11}u_1 + \cdots + d_{1r}u_r \\
& y_2 = c_{21}x_1 + c_{22}x_2 + \cdots + c_{2n}x_n + d_{21}u_1 + \cdots + d_{2r}u_r \\
& \vdots \\
& y_m = c_{m1}x_1 + c_{m2}x_2 + \cdots + c_{mn}x_n + d_{m1}u_1 + \cdots + d_{mr}u_r
\end{aligned}
\tag{1.6}
$$

状态变量组所构成的向量称为状态向量，记为

$$
\boldsymbol{x} = [x_1, x_2, \cdots, x_n]^{\mathrm{T}} \in \mathbb{R}^n \tag{1.7}
$$

则状态方程和输出方程可表示为向量矩阵形式

$$
\begin{cases}
\dot{\boldsymbol{x}} = \boldsymbol{A}\boldsymbol{x} + \boldsymbol{B}\boldsymbol{u} \\
\boldsymbol{y} = \boldsymbol{C}\boldsymbol{x} + \boldsymbol{D}\boldsymbol{u}
\end{cases}
\tag{1.8}
$$

其中，$\boldsymbol{A} = \begin{bmatrix} a_{11} & a_{12} & \cdots & a_{1n} \\ a_{21} & a_{22} & \cdots & a_{2n} \\ \vdots & \vdots & \ddots & \vdots \\ a_{n1} & a_{n2} & \cdots & a_{nn} \end{bmatrix}$ 为 $n \times n$ 维系统矩阵，表示系统状态的内部联系；$\boldsymbol{B} = \begin{bmatrix} b_{11} & \cdots & b_{1r} \\ \vdots & \ddots & \vdots \\ b_{n1} & \cdots & b_{nr} \end{bmatrix}$ 为 $n \times r$ 维输入矩阵或控制矩阵，表示输入信号对状态的影响；$\boldsymbol{u} = [u_1, u_2, \cdots, u_r]^{\mathrm{T}}$ 为 r 维输入向量；$\boldsymbol{y} = [y_1, y_2, \cdots, y_m]^{\mathrm{T}}$ 为 m 维输出向量；$\boldsymbol{C} = \begin{bmatrix} c_{11} & c_{12} & \cdots & c_{1n} \\ c_{21} & c_{22} & \cdots & c_{2n} \\ \vdots & \vdots & \ddots & \vdots \\ c_{m1} & c_{m2} & \cdots & c_{mn} \end{bmatrix}$ 为 $m \times n$ 维输出矩阵；$\boldsymbol{D} = \begin{bmatrix} d_{11} & \cdots & d_{1r} \\ \vdots & \ddots & \vdots \\ d_{m1} & \cdots & d_{mr} \end{bmatrix}$ 为输入信号对输出信号的 $m \times r$ 维直接传递矩阵。

以图 1.2 所示的 RLC 网络为例，当选择电容电压 $x_1 = u_{\mathrm{C}}$ 和电感电流 $x_2 = i_{\mathrm{L}}$ 作为状态变量时，状态方程和输出方程可表示为

$$
\begin{cases}
\dot{\boldsymbol{x}} = \begin{bmatrix} 0 & -\dfrac{1}{C} \\ \dfrac{1}{L} & -\dfrac{R}{L} \end{bmatrix} \boldsymbol{x} + \begin{bmatrix} \dfrac{1}{C} \\ 0 \end{bmatrix} u \\
y = [0 \quad R] \boldsymbol{x}
\end{cases}
\tag{1.9}
$$

1.2.3 状态空间模型框图

为描述系统的动态特性，可建立系统的图示化框图模型来表示信号的传递关系。式(1.8)的框图如图 1.3 所示。

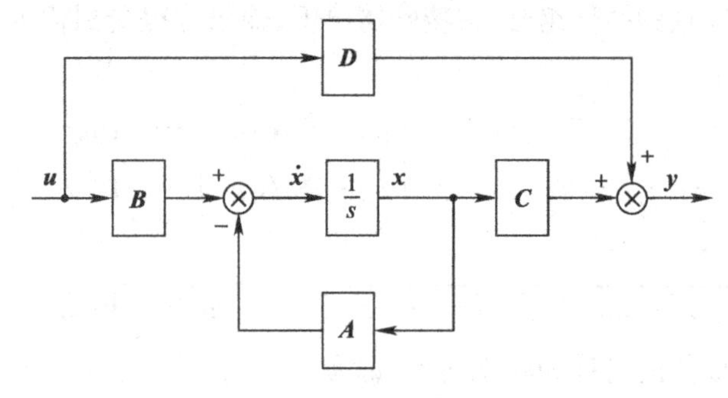

图 1.3　系统信号传递框图

式(1.9)RLC 网络的框图如图 1.4 所示。

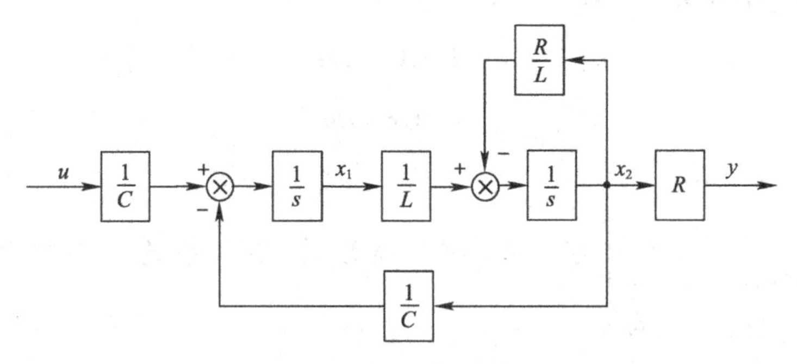

图 1.4　RLC 网络的框图

【例 1.1】 传染病的传播模型。受调查人群可分为 3 类,其人数分别为 x_1、x_2、x_3,x_1 表示易受感染人群,x_2 表示已感染人群,x_3 表示从最初人群中剔除的不会再受到感染人群,原因是已进行免疫接种,或与传染病院隔离,或已死亡。输入信号为新加入易受感染者速率 u_1 和新加入染病者速率 u_2。描述传染病传播过程的动态系统微分方程为

$$\frac{\mathrm{d}x_1}{\mathrm{d}t}=-\alpha x_1-\beta x_2+u_1$$

$$\frac{\mathrm{d}x_2}{\mathrm{d}t}=\beta x_1-\gamma x_2+u_2$$

$$\frac{\mathrm{d}x_3}{\mathrm{d}t}=\alpha x_1+\gamma x_2$$

$$y=x_3$$

其状态方程和输出方程表示为

$$\begin{cases}\dot{\boldsymbol{x}}=\begin{bmatrix}-\alpha & -\beta & 0\\ \beta & -\gamma & 0\\ \alpha & \gamma & 0\end{bmatrix}\boldsymbol{x}+\begin{bmatrix}1 & 0\\ 0 & 1\\ 0 & 0\end{bmatrix}\boldsymbol{u}\\ y=\begin{bmatrix}0 & 0 & 1\end{bmatrix}\boldsymbol{x}\end{cases}$$

传染病传播模型的框图如图 1.5 所示。

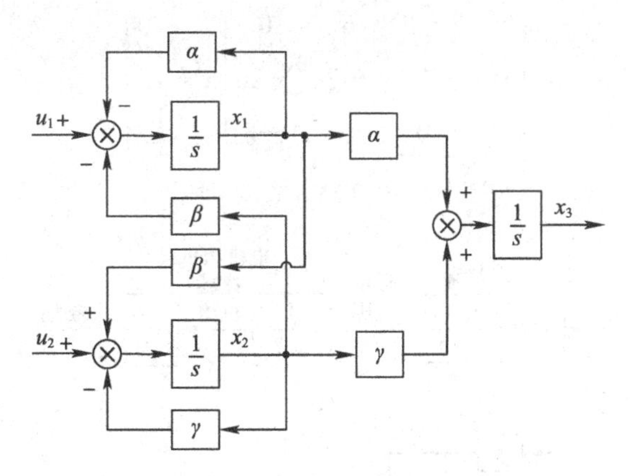

图 1.5 传染病传播模型的框图

1.2.4 建立状态空间模型

一般可从 3 个途径建立动态系统的状态空间模型:一是由系统框图根据动态模型中各个环节的连接情况,推导状态空间模型;二是根据动态系统实现机理建模;三是由系统的微分方程或传递函数确定状态空间模型。

1. 由动态系统的框图推导状态空间模型

将系统的框图转化成对应的模拟结构图。将每个积分器的输出选作状态变量 x_i,积分器的输入是 $\dot{x}_i$。最后,根据模拟结构图得到系统的状态方程和输出方程。

除了框图模型,梅森(Mason)还提出一种以节点间线段为描述手段的信号流图法,无须对流图进行化简和变换,利用梅森增益公式,可推导系统变量间的信号传递关系。描述系统输出和输入关系的梅森增益公式为

$$G(s)=\frac{Y(s)}{U(s)}=\frac{\sum_{k}P_k\Delta_k}{\Delta} \tag{1.10}$$

其中,P_k 表示第 k 条前向通路的增益;Δ 是信号流图的特征式,其定义为

$$\Delta=1-\sum_{n=1}^{N}L_n+\sum_{n,m\text{不接触回路}}L_nL_m-\sum_{n,m,p\text{不接触回路}}L_nL_mL_p+\cdots$$

其中,L_q 为第 q 条回路的增益;Δ_k 为通路 P_k 在 Δ 中的余因式,即删除了所有与第 k 条通路相接触的回路增益项后的余因式。

如果系统所有反馈回路都相互接触,且所有前向通路都与所有反馈回路接触,则梅森增益公式可简化为

$$G(s)=\frac{Y(s)}{U(s)}=\frac{\sum_{k}P_k}{1-\sum_{n=1}^{N}L_n}=\frac{\text{所有前向通路增益项之和}}{1-\text{所有反馈回路增益项之和}} \tag{1.11}$$

【例 1.2】 直流电机调速系统的框图如图 1.6(a)所示,其模拟结构图和信号流图如图 1.6(b)和(c)所示。

直流电机调速系统的状态空间模型为

$$\begin{cases}\dot{\boldsymbol{x}}=\begin{bmatrix}-3 & 6 & 0\\ 0 & -2 & -20\\ 0 & 0 & -5\end{bmatrix}\boldsymbol{x}+\begin{bmatrix}0\\5\\1\end{bmatrix}u\\ y=[0\quad 0\quad 1]\boldsymbol{x}\end{cases}$$

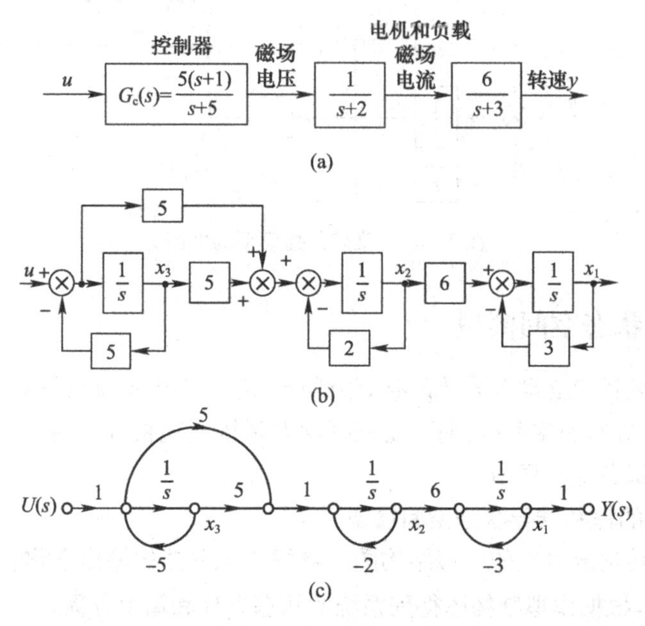

图 1.6　直流电机调速系统的框图、模拟结构图和信号流图

根据信号流图法，直流电机调速系统的传递函数为

$$G(s)=\frac{Y(s)}{U(s)}=\frac{\frac{30}{s^3}+\frac{30}{s^2}}{1-\left(-\frac{5}{s}-\frac{2}{s}-\frac{3}{s}\right)+\left(\frac{5}{s}\cdot\frac{2}{s}+\frac{5}{s}\cdot\frac{3}{s}+\frac{2}{s}\cdot\frac{3}{s}\right)-\left(-\frac{5}{s}\cdot\frac{2}{s}\cdot\frac{3}{s}\right)}$$

$$=\frac{30+30s}{s^3+10s^2+31s+30}$$

然后可以根据系统的微分方程或传递函数确定状态空间模型，从而确定直流电机调速系统的状态空间模型。

2. 动态系统机理建模

在电气系统、机械系统、机电系统、气动液压系统和热力系统等动态系统中，根据系统自身遵循的物理规律，如基尔霍夫定律、牛顿定律和能量守恒定律等，建立描述系统动态特性的微分方程，从而推导动态系统的状态空间模型。

【例 1.3】　双节点电路系统如图 1.7 所示。

电路中共 3 个独立储能元件，因此选取 3 个状态变量：$x_1=u_{C1}$，$x_2=u_{C2}$，$x_3=i_L$。

针对节点 A 和节点 B，根据基尔霍夫电流定律列写电流方程为

$$C_1\frac{\mathrm{d}x_1}{\mathrm{d}t}+\frac{x_1}{R_2}+\frac{x_1-x_2}{R_1}=i_s$$

$$\frac{x_1-x_2}{R_1}=C_2\frac{\mathrm{d}x_2}{\mathrm{d}t}+x_3$$

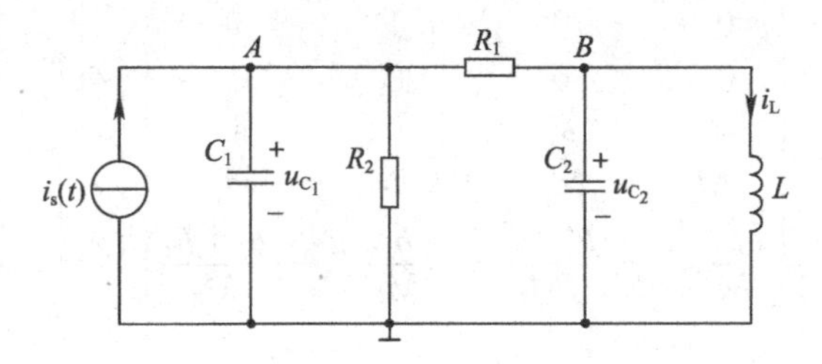

图 1.7　双节点电路系统

电感的端电压和电流满足

$$x_2=L\frac{\mathrm{d}x_3}{\mathrm{d}t}$$

则双节点系统的状态空间模型为

$$\begin{cases}\begin{bmatrix}\dot{x}_1\\ \dot{x}_2\\ \dot{x}_3\end{bmatrix}=\begin{bmatrix}-\dfrac{1}{C_1}\left(\dfrac{1}{R_1}+\dfrac{1}{R_2}\right) & \dfrac{1}{R_1C_1} & 0\\ \dfrac{1}{R_1C_2} & -\dfrac{1}{R_1C_2} & -\dfrac{1}{C_2}\\ 0 & \dfrac{1}{L} & 0\end{bmatrix}\begin{bmatrix}x_1\\ x_2\\ x_3\end{bmatrix}+\begin{bmatrix}\dfrac{1}{C_1}\\ 0\\ 0\end{bmatrix}u\\ \begin{bmatrix}y_1\\ y_2\end{bmatrix}=\begin{bmatrix}1 & 0 & 0\\ 0 & 1 & 0\end{bmatrix}\begin{bmatrix}x_1\\ x_2\\ x_3\end{bmatrix}\end{cases}$$

【例 1.4】　双联推车机械运动模型如图 1.8 所示。M_1、M_2 分别表示两辆推车的质量，y_1、y_2 分别表示两辆推车的位移，v_1、v_2 分别表示两辆推车的运动速度，u 为推车受到的外力，k_1、k_2 分别表示两个弹簧的弹性系数，b_1、b_2 分别表示两个弹簧的阻尼系数。假设推车与地面的摩擦力可以忽略。

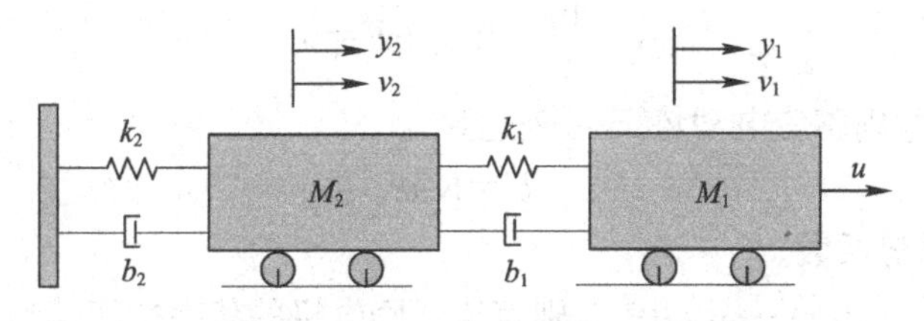

图 1.8　双联推车机械运动模型

根据牛顿第二定律，列写两辆推车的运动方程为

$$M_1\ddot{y}_1=u-k_1(y_1-y_2)-b_1(\dot{y}_1-\dot{y}_2)$$

$$M_2\ddot{y}_2=k_1(y_1-y_2)+b_1(\dot{y}_1-\dot{y}_2)-k_2y_2-b_2\dot{y}_2$$

定义状态变量 $x_1=y_1$，$x_2=y_2$，$x_3=\dot{y}_1$，$x_4=\dot{y}_2$，则双联推车机械运动系统的状态空间模型为

$$
\begin{cases}
\begin{bmatrix}\dot{x}_1\\ \dot{x}_2\\ \dot{x}_3\\ \dot{x}_4\end{bmatrix}=\begin{bmatrix}0 & 0 & 1 & 0\\ 0 & 0 & 0 & 1\\ -\dfrac{k_1}{M_1} & \dfrac{k_1}{M_1} & -\dfrac{b_1}{M_1} & \dfrac{b_1}{M_1}\\ \dfrac{k_1}{M_2} & -\dfrac{k_1+k_2}{M_2} & \dfrac{b_1}{M_2} & -\dfrac{b_1+b_2}{M_2}\end{bmatrix}\begin{bmatrix}x_1\\ x_2\\ x_3\\ x_4\end{bmatrix}+\begin{bmatrix}0\\ 0\\ \dfrac{1}{M_1}\\ 0\end{bmatrix}u\\
\begin{bmatrix}y_1\\ y_2\end{bmatrix}=\begin{bmatrix}1 & 0 & 0 & 0\\ 0 & 1 & 0 & 0\end{bmatrix}\begin{bmatrix}x_1\\ x_2\\ x_3\\ x_4\end{bmatrix}
\end{cases}
$$

【例 1.5】 直流他励电机等效电路如图 1.9 所示。R_a、L_a 分别为电枢电路的电阻和电感，i_a 为电枢电流，J 表示机械旋转部分的转动惯量，b 为旋转部分的摩擦系数，ω、θ 分别为机械旋转部分的转速和转角，u_a 为控制输入。

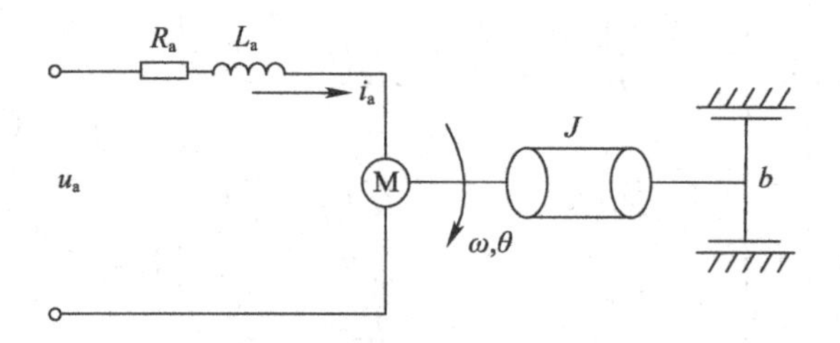

图 1.9　直流他励电机等效电路

根据牛顿定律，有

$$\frac{\mathrm{d}\theta}{\mathrm{d}t}=\omega$$

$$\frac{\mathrm{d}\omega}{\mathrm{d}t}=-\frac{b}{J}\omega+\frac{K}{J}i_a$$

其中，K 是转矩系数。

在电枢回路中，根据基尔霍夫电压方程，有

$$L_a\frac{\mathrm{d}i_a}{\mathrm{d}t}+R_a i_a+E=u_a$$

由电磁感应定律，则感应电动势 E 可表达为

$$E=K_e\omega$$

其中，K_e 是感应电动势系数。

定义状态变量 $x_1=\theta, x_2=\omega, x_3=i_a$，则直流他励电机的状态空间模型为

$$
\begin{cases}
\begin{bmatrix}\dot{x}_1\\ \dot{x}_2\\ \dot{x}_3\end{bmatrix}=\begin{bmatrix}0 & 1 & 0\\ 0 & -\dfrac{b}{J} & \dfrac{K}{J}\\ 0 & -\dfrac{K_e}{L_a} & -\dfrac{R_a}{L_a}\end{bmatrix}\begin{bmatrix}x_1\\ x_2\\ x_3\end{bmatrix}+\begin{bmatrix}0\\ 0\\ \dfrac{1}{L_a}\end{bmatrix}u\\
y=\begin{bmatrix}1 & 0 & 0\end{bmatrix}\begin{bmatrix}x_1\\ x_2\\ x_3\end{bmatrix}
\end{cases}
$$

3. 由系统的微分方程或传递函数确定状态空间模型

由系统的微分方程或传递函数确定状态空间模型，称为**实现问题**。状态空间模型描述了传递函数确定的输入、输出关系，同时描述系统的内部关系。注意：从微分方程或传递函数推导的状态空间模型不唯一，即实现的非唯一性。

考虑单变量线性定常系统，其运动方程是 n 阶线性定常微分方程：

$$y^{(n)}+a_{n-1}y^{(n-1)}+\cdots+a_1\dot{y}+a_0y=b_mu^{(m)}+b_{m-1}u^{(m-1)}+\cdots+b_1\dot{u}+b_0u \tag{1.12}$$

传递函数为

$$G(s)=\frac{Y(s)}{U(s)}=\frac{b_ms^m+b_{m-1}s^{m-1}+\cdots+b_1s+b_0}{s^n+a_{n-1}s^{n-1}+\cdots+a_1s+a_0},m\leqslant n \tag{1.13}$$

建立对应的状态空间模型

$$\begin{cases}\dot{\boldsymbol{x}}=\boldsymbol{A}\boldsymbol{x}+\boldsymbol{B}u\\ y=\boldsymbol{C}\boldsymbol{x}+\boldsymbol{D}u\end{cases} \tag{1.14}$$

当 $m<n$ 时，式(1.14)中 $\boldsymbol{D}=\boldsymbol{0}$；当 $m=n$ 时，式(1.14)中 $\boldsymbol{D}=b_m\neq 0$，传递函数可表示为

$$G(s)=b_m+\frac{(b_{m-1}-a_{n-1}b_m)s^{n-1}+(b_{m-2}-a_{n-2}b_m)s^{n-2}+\cdots+(b_0-a_0b_m)}{s^n+a_{n-1}s^{n-1}+\cdots+a_1s+a_0} \tag{1.15}$$

显然，输出中包含和输入直接相关的项。

虽然实现是非唯一的，但只要不出现零极点对消，n 阶系统中必有 n 个独立状态变量，同时有 n 个一阶微分方程等效。同一个动态系统的实现中，矩阵 $\boldsymbol{A}$ 的元素不尽相同，但其特征根相同。无零极点对消的传递函数的实现问题称为最小实现。

针对式(1.15)中的传递函数，引入定义 $Y_1(s)\triangleq\dfrac{1}{s^n+a_{n-1}s^{n-1}+\cdots+a_1s+a_0}U(s)$，则

$$Y(s)=b_mU(s)+Y_1(s)[(b_{m-1}-a_{n-1}b_m)s^{n-1}+(b_{m-2}-a_{n-2}b_m)s^{n-2}+\cdots+(b_0-a_0b_m)] \tag{1.16}$$

对式(1.16)进行拉普拉斯反变换，则有

$$y(t)=b_mu(t)+(b_{m-1}-a_{n-1}b_m)y_1^{(n-1)}(t)+(b_{m-2}-a_{n-2}b_m)y_1^{(n-2)}(t)+\cdots+(b_0-a_0b_m)y_1(t)$$

其模拟结构图如图 1.10 所示。

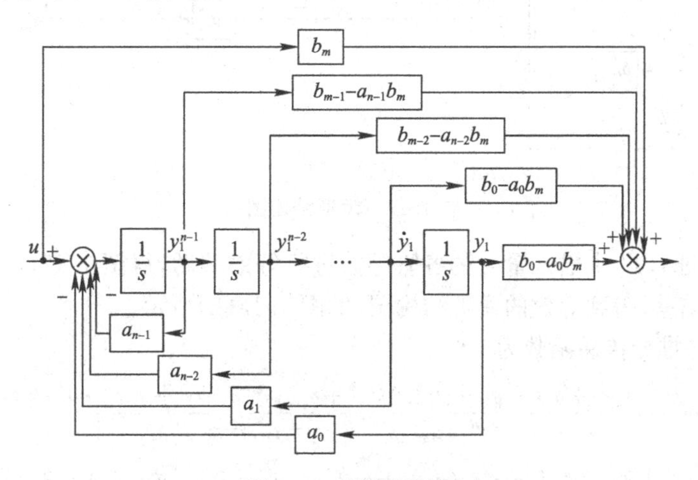

图 1.10　模拟结构图

选择状态变量 $x_1=y_1, x_2=\dot{y}_1, \cdots, x_{n-1}=y_1^{n-2}, x_n=y_1^{n-1}$，则状态空间模型为

$$
\begin{aligned}
&\dot{x}_1=x_2\\
&\dot{x}_2=x_3\\
&\vdots\\
&\dot{x}_{n-1}=x_n\\
&\dot{x}_n=-a_{n-1}x_n\cdots-a_1x_2-a_0x_1+u\\
&y=b_mu+(b_{m-1}-a_{n-1}b_m)x_n+(b_{m-2}-a_{n-2}b_m)x_{n-1}+\cdots+(b_0-a_0b_m)x_1
\end{aligned}
\tag{1.17}
$$

或向量矩阵形式

$$
\begin{cases}
\begin{bmatrix}\dot{x}_1\\ \dot{x}_2\\ \vdots\\ \dot{x}_{n-1}\\ \dot{x}_n\end{bmatrix}=\begin{bmatrix}0 & 1 & 0 & \cdots & 0\\ 0 & 0 & 1 & \cdots & 0\\ \vdots & \vdots & \vdots & \ddots & \vdots\\ 0 & 0 & 0 & \cdots & 1\\ -a_0 & -a_1 & -a_2 & \cdots & -a_{n-1}\end{bmatrix}\begin{bmatrix}x_1\\ x_2\\ \vdots\\ x_{n-1}\\ x_n\end{bmatrix}+\begin{bmatrix}0\\ 0\\ \vdots\\ 0\\ 1\end{bmatrix}u\\
y=\begin{bmatrix}(b_0-a_0b_m) & (b_1-a_1b_m) & \cdots & (b_{m-2}-a_{n-2}b_m) & (b_{m-1}-a_{n-1}b_m)\end{bmatrix}\begin{bmatrix}x_1\\ x_2\\ \vdots\\ x_{n-1}\\ x_n\end{bmatrix}+b_mu
\end{cases}
\tag{1.18}
$$

前面已指出，动态系统的实现是非唯一的。针对定常系统(1.13)，模拟结构图 1.11 和图 1.10 是等效的。

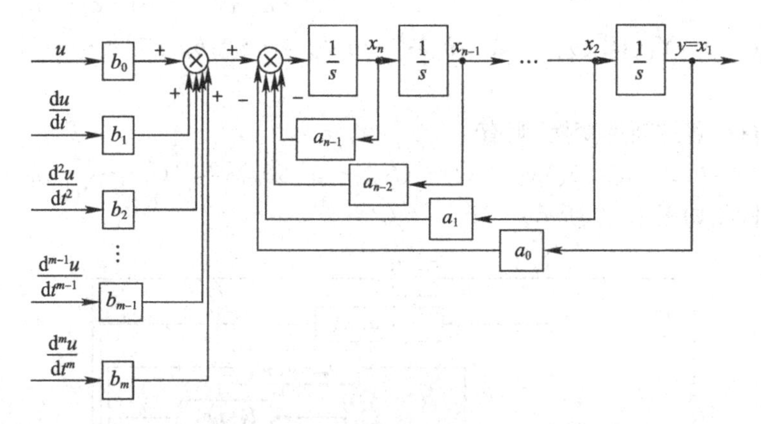

图 1.11　模拟结构图

将模拟结构图 1.11 中输入量 u 的各阶导数进行等效移动，得图 1.12(a)。将图 1.12(a)中的综合点等效前移，得到等效的模拟结构图，如图 1.12(b)所示。

由图 1.12(b)推导传递函数为

$$
\begin{aligned}
G(s)&=\frac{\beta_m(s^m+a_{m-1}s^{m-1}+\cdots+a_1s+a_0)+\beta_{m-1}(s^{m-1}+a_{m-1}s^{m-2}+\cdots+a_1)+\cdots+\beta_1(s+a_{m-1})+\beta_0}{s^n+a_{n-1}s^{n-1}+\cdots+a_1s+a_0}\\
&=\frac{\beta_ms^m+(a_{m-1}\beta_m+\beta_{m-1})s^{m-1}+\cdots+(a_1\beta_m+a_2\beta_{m-1}+\cdots+\beta_1)s+(a_0\beta_m+a_1\beta_{m-1}+\cdots+\beta_0)}{s^n+a_{n-1}s^{n-1}+\cdots+a_1s+a_0}
\end{aligned}
\tag{1.19}
$$

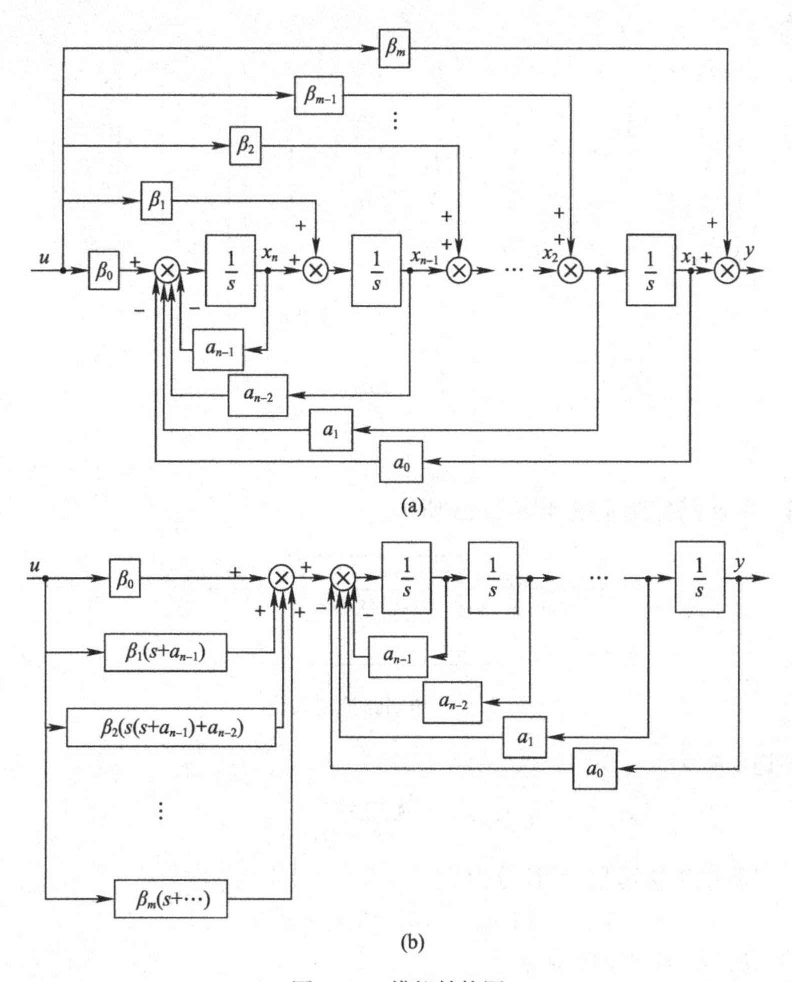

图 1.12　模拟结构图

对比传递函数式(1.13)，采用待定系数法，确定未知系数 β_i 为

$$
\begin{aligned}
&\beta_m=b_m\\
&a_{m-1}\beta_m+\beta_{m-1}=b_{m-1}\\
&\vdots\\
&a_1\beta_m+a_2\beta_{m-1}+\cdots+\beta_1=b_1\\
&a_0\beta_m+a_1\beta_{m-1}+\cdots+\beta_0=b_0
\end{aligned}
$$

则有

$$
\begin{aligned}
\beta_m &= b_m\\
\beta_{m-1} &= b_{m-1}-a_{m-1}\beta_m\\
&\vdots\\
\beta_1 &= b_1-\sum_{i=1}^{m-1}a_i\beta_{m+1-i}\\
\beta_0 &= b_0-\sum_{i=0}^{m-1}a_i\beta_{m-i}
\end{aligned}
\tag{1.20}
$$

根据模拟结构图 1.12(a)，选择每个积分器的输出为状态变量，则式(1.13)的状态空间模

型也可表示为

$$\begin{cases}\begin{bmatrix}\dot{x}_1\\\dot{x}_2\\\vdots\\\dot{x}_{n-1}\\\dot{x}_n\end{bmatrix}=\begin{bmatrix}0 & 1 & 0 & \cdots & 0\\0 & 0 & 1 & \cdots & 0\\\vdots & \vdots & \vdots & \ddots & \vdots\\0 & 0 & 0 & \cdots & 1\\-a_0 & -a_1 & -a_2 & \cdots & -a_{n-1}\end{bmatrix}\begin{bmatrix}x_1\\x_2\\\vdots\\x_{n-1}\\x_n\end{bmatrix}+\begin{bmatrix}\beta_{m-1}\\\beta_{m-2}\\\vdots\\\beta_1\\\beta_0\end{bmatrix}u\\ y=\begin{bmatrix}1 & 0 & \cdots & 0 & 0\end{bmatrix}\begin{bmatrix}x_1\\x_2\\\vdots\\x_{n-1}\\x_n\end{bmatrix}+\beta_m u\end{cases}\tag{1.21}$$

【例 1.6】 单回路控制系统如图 1.13 所示。

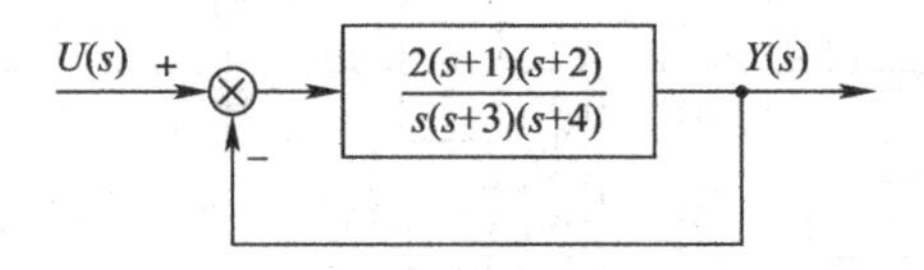

图 1.13 单回路控制系统

其闭环传递函数为

$$G(s)=\frac{2s^2+6s+4}{s^3+9s^2+18s+4}$$

对应式(1.13)中传递函数，系数分别为

$$a_2=9, a_1=18, a_0=4, b_3=0, b_2=2, b_1=6, b_0=4$$

根据式(1.18)，状态空间模型为

$$\begin{cases}\begin{bmatrix}\dot{x}_1\\\dot{x}_2\\\dot{x}_3\end{bmatrix}=\begin{bmatrix}0 & 1 & 0\\0 & 0 & 1\\-4 & -18 & -9\end{bmatrix}\begin{bmatrix}x_1\\x_2\\x_3\end{bmatrix}+\begin{bmatrix}0\\0\\1\end{bmatrix}u\\ y=\begin{bmatrix}4 & 6 & 2\end{bmatrix}\begin{bmatrix}x_1\\x_2\\x_3\end{bmatrix}\end{cases}$$

根据式(1.21)，状态空间模型为

$$\begin{cases}\begin{bmatrix}\dot{x}_1\\\dot{x}_2\\\dot{x}_3\end{bmatrix}=\begin{bmatrix}0 & 1 & 0\\0 & 0 & 1\\-4 & -18 & -9\end{bmatrix}\begin{bmatrix}x_1\\x_2\\x_3\end{bmatrix}+\begin{bmatrix}2\\-12\\76\end{bmatrix}u\\ y=\begin{bmatrix}1 & 0 & 0\end{bmatrix}\begin{bmatrix}x_1\\x_2\\x_3\end{bmatrix}\end{cases}$$

其中，β_i 的取值见式(1.20)。

注意：上述两种状态空间模型中状态变量的选取是不同的。

1.3 动态系统状态空间模型的线性变换

1.3.1 动态系统状态空间模型的非唯一性

对给定的定常系统，状态变量的选取方式不唯一，其状态空间模型表达式也不唯一。但所选取的状态向量之间，可实现**线性变换**。

针对如下的定常系统

$$\begin{cases}\dot{\boldsymbol{x}}=\boldsymbol{A}\boldsymbol{x}+\boldsymbol{B}\boldsymbol{u},\boldsymbol{x}(0)=\boldsymbol{x}_0\\ \boldsymbol{y}=\boldsymbol{C}\boldsymbol{x}+\boldsymbol{D}\boldsymbol{u}\end{cases} \tag{1.22}$$

存在任意一个非奇异变换矩阵 $\boldsymbol{T}$，对原状态向量 $\boldsymbol{x}$ 实现线性变换，得到另一状态变量 $\boldsymbol{z}$ 为

$$\boldsymbol{x}=\boldsymbol{T}\boldsymbol{z} \tag{1.23}$$

其逆变换为

$$\boldsymbol{z}=\boldsymbol{T}^{-1}\boldsymbol{x} \tag{1.24}$$

在状态变量 $\boldsymbol{z}$ 下，式(1.22)转化为

$$\begin{cases}\dot{\boldsymbol{z}}=\boldsymbol{T}^{-1}\boldsymbol{A}\boldsymbol{T}\boldsymbol{z}+\boldsymbol{T}^{-1}\boldsymbol{B}\boldsymbol{u},\boldsymbol{z}(0)=\boldsymbol{T}^{-1}\boldsymbol{x}_0\\ \boldsymbol{y}=\boldsymbol{C}\boldsymbol{T}\boldsymbol{z}+\boldsymbol{D}\boldsymbol{u}\end{cases} \tag{1.25}$$

【例 1.7】 某动态系统的状态空间模型为

$$\begin{cases}\dot{\boldsymbol{x}}=\begin{bmatrix}0 & -3\\ 1 & 4\end{bmatrix}\boldsymbol{x}+\begin{bmatrix}3\\ 0\end{bmatrix}\boldsymbol{u},\boldsymbol{x}(0)=\begin{bmatrix}1\\ 1\end{bmatrix}\\ \boldsymbol{y}=\begin{bmatrix}0 & 2\end{bmatrix}\boldsymbol{x}\end{cases}$$

(1) 若取变换矩阵 $\boldsymbol{T}_1=\begin{bmatrix}2 & 1\\ 1 & 0\end{bmatrix}$，则变换后的状态向量为

$$\boldsymbol{z}_1=\boldsymbol{T}_1^{-1}\boldsymbol{x}=\begin{bmatrix}0 & 1\\ 1 & -2\end{bmatrix}\boldsymbol{x}$$

变换后的状态空间模型为

$$\begin{cases}\dot{\boldsymbol{z}}_1=\boldsymbol{T}_1^{-1}\boldsymbol{A}\boldsymbol{T}_1\boldsymbol{z}_1+\boldsymbol{T}_1^{-1}\boldsymbol{B}\boldsymbol{u}\\ \quad=\begin{bmatrix}0 & 1\\ 1 & -2\end{bmatrix}\begin{bmatrix}0 & -3\\ 1 & 4\end{bmatrix}\begin{bmatrix}2 & 1\\ 1 & 0\end{bmatrix}\boldsymbol{z}_1+\begin{bmatrix}0 & 1\\ 1 & -2\end{bmatrix}\begin{bmatrix}3\\ 0\end{bmatrix}\boldsymbol{u}=\begin{bmatrix}6 & 1\\ -15 & -2\end{bmatrix}\boldsymbol{z}_1+\begin{bmatrix}0\\ 3\end{bmatrix}\boldsymbol{u}\\ \boldsymbol{y}=\boldsymbol{C}\boldsymbol{T}_1\boldsymbol{z}_1+\boldsymbol{D}\boldsymbol{u}=\begin{bmatrix}2 & 0\end{bmatrix}\boldsymbol{z}_1\\ \boldsymbol{z}_1(0)=\boldsymbol{T}_1^{-1}\boldsymbol{x}_0=\begin{bmatrix}0 & 1\\ 1 & -2\end{bmatrix}\begin{bmatrix}1\\ 1\end{bmatrix}=\begin{bmatrix}1\\ -1\end{bmatrix}\end{cases}$$

(2) 若取变换矩阵 $\boldsymbol{T}_2=\begin{bmatrix}-3 & -1\\ 1 & 1\end{bmatrix}$，则变换后的状态向量为

$$\boldsymbol{z}_2=\boldsymbol{T}_2^{-1}\boldsymbol{x}=\frac{1}{2}\begin{bmatrix}-1 & -1\\ 1 & 3\end{bmatrix}\boldsymbol{x}$$

变换后的状态空间模型为

$$\begin{cases}\dot{\boldsymbol{z}}_2=\boldsymbol{T}_2^{-1}\boldsymbol{A}\boldsymbol{T}_2\boldsymbol{z}_2+\boldsymbol{T}_2^{-1}\boldsymbol{B}\boldsymbol{u}\\ \quad=\dfrac{1}{2}\begin{bmatrix}-1&-1\\1&3\end{bmatrix}\begin{bmatrix}0&-3\\1&4\end{bmatrix}\begin{bmatrix}-3&-1\\1&1\end{bmatrix}\boldsymbol{z}_2+\dfrac{1}{2}\begin{bmatrix}-1&-1\\1&3\end{bmatrix}\begin{bmatrix}3\\0\end{bmatrix}\boldsymbol{u}=\begin{bmatrix}1&0\\0&3\end{bmatrix}\boldsymbol{z}_2+\dfrac{1}{2}\begin{bmatrix}-3\\3\end{bmatrix}\boldsymbol{u}\\ \boldsymbol{y}=\boldsymbol{C}\boldsymbol{T}_2\boldsymbol{z}_2+\boldsymbol{D}\boldsymbol{u}=[2\quad 2]\boldsymbol{z}_2\\ \boldsymbol{z}_2(0)=\boldsymbol{T}_2^{-1}\boldsymbol{x}_0=\dfrac{1}{2}\begin{bmatrix}-1&-1\\1&3\end{bmatrix}\begin{bmatrix}1\\1\end{bmatrix}=\begin{bmatrix}-1\\2\end{bmatrix}\end{cases}$$

(3) 若将(2)中的矩阵 $\boldsymbol{B}$ 由 $\frac{1}{2}\begin{bmatrix}-3\\3\end{bmatrix}$ 变换成 $\begin{bmatrix}1\\1\end{bmatrix}$，可取变换矩阵 $\boldsymbol{T}_3=\begin{bmatrix}-\frac{3}{2}&0\\0&\frac{3}{2}\end{bmatrix}$，则变换后的状态向量为

$$\boldsymbol{z}_3=\boldsymbol{T}_3^{-1}\boldsymbol{z}_2=\frac{2}{3}\begin{bmatrix}-1&0\\0&1\end{bmatrix}\boldsymbol{z}_2$$

变换后的状态空间模型为

$$\begin{cases}\dot{\boldsymbol{z}}_3=\dfrac{2}{3}\begin{bmatrix}-1&0\\0&1\end{bmatrix}\begin{bmatrix}1&0\\0&3\end{bmatrix}\begin{bmatrix}-\frac{3}{2}&0\\0&\frac{3}{2}\end{bmatrix}\boldsymbol{z}_2+\dfrac{2}{3}\begin{bmatrix}-1&0\\0&1\end{bmatrix}\dfrac{1}{2}\begin{bmatrix}-3\\3\end{bmatrix}\boldsymbol{u}=\begin{bmatrix}1&0\\0&3\end{bmatrix}\boldsymbol{z}_2+\begin{bmatrix}1\\1\end{bmatrix}\boldsymbol{u}\\ \boldsymbol{y}=[2\quad 2]\begin{bmatrix}-\frac{3}{2}&0\\0&\frac{3}{2}\end{bmatrix}\boldsymbol{z}_3=[-3\quad 3]\boldsymbol{z}_3\\ \boldsymbol{z}_3(0)=\dfrac{2}{3}\begin{bmatrix}-1&0\\0&1\end{bmatrix}\begin{bmatrix}-1\\2\end{bmatrix}=\dfrac{2}{3}\begin{bmatrix}1\\2\end{bmatrix}\end{cases}$$

下面将给出动态系统的几个重要定义。

定义 1.1 系统特征值：针对定常系统(1.22)，定义方阵 $\boldsymbol{A}$ 的特征值为系统特征值。方阵 $\boldsymbol{A}$ 的特征值，即特征方程 $|\lambda\boldsymbol{I}-\boldsymbol{A}|=0$ 的根。若 $\boldsymbol{A}\in\mathbb{R}^{n\times n}$，则系统有 n 个特征值。若 $\boldsymbol{A}$ 为实数矩阵，则系统特征值为实数或共轭复数；若 $\boldsymbol{A}$ 为实对称矩阵，则系统特征值为实数。

注意：针对定常系统(1.22)，其状态空间模型表达式不唯一，但**系统特征值具有不变性**。

证明：针对定常系统(1.22)，线性变换后，其状态空间模型表达式转化为式(1.25)，特征方程 $|\lambda\boldsymbol{I}-\boldsymbol{T}^{-1}\boldsymbol{A}\boldsymbol{T}|=0$ 满足

$$\begin{aligned}|\lambda\boldsymbol{I}-\boldsymbol{T}^{-1}\boldsymbol{A}\boldsymbol{T}|&=|\lambda\boldsymbol{T}^{-1}\boldsymbol{T}-\boldsymbol{T}^{-1}\boldsymbol{A}\boldsymbol{T}|=|\boldsymbol{T}^{-1}\lambda\boldsymbol{T}-\boldsymbol{T}^{-1}\boldsymbol{A}\boldsymbol{T}|\\&=|\boldsymbol{T}^{-1}(\lambda\boldsymbol{I}-\boldsymbol{A})\boldsymbol{T}|=|\boldsymbol{T}^{-1}|\,|\lambda\boldsymbol{I}-\boldsymbol{A}|\,|\boldsymbol{T}|\\&=|\boldsymbol{T}^{-1}\boldsymbol{T}|\,|\lambda\boldsymbol{I}-\boldsymbol{A}|=|\lambda\boldsymbol{I}-\boldsymbol{A}|\end{aligned}$$

式(1.22)和式(1.25)中，特征方程的根相同，则系统特征值不变。

定义 1.2 系统特征向量：针对系统方阵 $\boldsymbol{A}$，若存在向量 $\boldsymbol{P}_i\in\mathbb{R}^n$，使得 $\boldsymbol{A}\boldsymbol{P}_i=\lambda_i\boldsymbol{P}_i$ 成立，则称 $\boldsymbol{P}_i$ 为 $\boldsymbol{A}$ 对应于特征值 λ_i 的特征向量，其中特征值 λ_i 为标量。

【例 1.8】 求 $A=\begin{bmatrix}0&1&0\\3&0&2\\-12&-7&-6\end{bmatrix}$ 的特征向量。

解:方阵 $\boldsymbol{A}$ 的特征方程为

$$|\lambda \boldsymbol{I}-\boldsymbol{A}|=\begin{vmatrix}\lambda & -1 & 0\\ -3 & \lambda & -2\\ 12 & 7 & \lambda+6\end{vmatrix}=\lambda^3+6\lambda^2+11\lambda+6=(\lambda+1)(\lambda+2)(\lambda+3)=0$$

解得 $\lambda_1=-1,\lambda_2=-2,\lambda_3=-3$。

假设对应于 $\lambda_1=-1$ 的特征向量 $\boldsymbol{P}_1=\begin{bmatrix}p_{11}\\ p_{21}\\ p_{31}\end{bmatrix}$,根据特征向量的定义 $\boldsymbol{AP}_1=\lambda_1\boldsymbol{P}_1$,则有

$$\begin{bmatrix}0 & 1 & 0\\ 3 & 0 & 2\\ -12 & -7 & -6\end{bmatrix}\begin{bmatrix}p_{11}\\ p_{21}\\ p_{31}\end{bmatrix}=-1\times\begin{bmatrix}p_{11}\\ p_{21}\\ p_{31}\end{bmatrix}$$

因此,有 $p_{11}=-p_{21}=-p_{31}$。选择 $\boldsymbol{P}_1=\begin{bmatrix}1\\ -1\\ -1\end{bmatrix}$。

同理,计算对应 $\lambda_2=-2$ 和 $\lambda_3=-3$ 的特征向量分别为 $\boldsymbol{P}_2=\begin{bmatrix}2\\ -4\\ 1\end{bmatrix}$ 和 $\boldsymbol{P}_3=\begin{bmatrix}1\\ -3\\ 3\end{bmatrix}$。

1.3.2 动态系统状态空间模型的约当标准型

1. 约当标准型

定义 1.3 约当标准型:定常系统(1.22)的约当标准型定义为

$$\begin{cases}\dot{\boldsymbol{z}}=\boldsymbol{Jz}+\boldsymbol{T}^{-1}\boldsymbol{Bu},\boldsymbol{z}(0)=\boldsymbol{z}_0\\ \boldsymbol{y}=\boldsymbol{CTz}+\boldsymbol{Du}\end{cases}\tag{1.26}$$

$\lambda_i(i=1,2,\cdots,n)$ 为系统特征值,约当标准型矩阵 $\boldsymbol{J}$ 定义为

$$\boldsymbol{J}=\begin{cases}\begin{bmatrix}\lambda_1 & & & \\ & \lambda_2 & \boldsymbol{0} & \\ & \boldsymbol{0} & \ddots & \\ & & & \lambda_n\end{bmatrix}, & \text{系统特征值无重根}\\ \left[\begin{array}{cccc|ccc}\lambda_1 & 1 & & \boldsymbol{0} & & & \\ & \lambda_1 & \ddots & & & \boldsymbol{0} & \\ & & \ddots & 1 & & & \\ \boldsymbol{0} & & & \lambda_1 & & & \\ \hline & & & & \lambda_{q+1} & & \\ & \boldsymbol{0} & & & & \ddots & \\ & & & & & & \lambda_n\end{array}\right], & \text{系统特征值有 } q \text{ 个重根} \lambda_1\end{cases}\tag{1.27}$$

建立系统(1.22)约当标准型的关键在于求取线性变换矩阵 $\boldsymbol{T}$。

(1) 系统特征值无重根时

$$\boldsymbol{T}=[\boldsymbol{P}_1\quad \boldsymbol{P}_2\quad \cdots\quad \boldsymbol{P}_n]\tag{1.28}$$

其中,$\boldsymbol{P}_i$ 为互异特征根 $\lambda_i(i=1,2,\cdots,n)$ 对应的特征向量。

证明：由于系统特征值 $\lambda_i(i=1,2,\cdots,n)$ 互异，则特征向量 $\boldsymbol{P}_i$ 是线性无关的，因此 $\boldsymbol{T}=[\boldsymbol{P}_1\quad \boldsymbol{P}_2\quad \cdots\quad \boldsymbol{P}_n]$ 是非奇异的，即 $\boldsymbol{T}^{-1}$ 存在。

在 $\boldsymbol{AT}=\boldsymbol{A}[\boldsymbol{P}_1\quad \boldsymbol{P}_2\quad \cdots\quad \boldsymbol{P}_n]$ 中，由特征向量的定义知 $\boldsymbol{AP}_i=\lambda_i\boldsymbol{P}_i$，则

$$\boldsymbol{AT}=[\boldsymbol{AP}_1\quad \boldsymbol{AP}_2\quad \cdots\quad \boldsymbol{AP}_n]=[\lambda_1\boldsymbol{P}_1\quad \lambda_2\boldsymbol{P}_2\quad \cdots\quad \lambda_n\boldsymbol{P}_n]$$

$$=[\boldsymbol{P}_1\quad \boldsymbol{P}_2\quad \cdots\quad \boldsymbol{P}_n]\begin{bmatrix}\lambda_1 & & & \\ & \lambda_2 & \boldsymbol{0} & \\ & \boldsymbol{0} & \ddots & \\ & & & \lambda_n\end{bmatrix}=\boldsymbol{T}\begin{bmatrix}\lambda_1 & & & \\ & \lambda_2 & \boldsymbol{0} & \\ & \boldsymbol{0} & \ddots & \\ & & & \lambda_n\end{bmatrix} \tag{1.29}$$

式(1.29)两边左乘 $\boldsymbol{T}^{-1}$，有

$$\boldsymbol{T}^{-1}\boldsymbol{AT}=\boldsymbol{T}^{-1}\boldsymbol{T}\begin{bmatrix}\lambda_1 & & & \\ & \lambda_2 & \boldsymbol{0} & \\ & \boldsymbol{0} & \ddots & \\ & & & \lambda_n\end{bmatrix}=\begin{bmatrix}\lambda_1 & & & \\ & \lambda_2 & \boldsymbol{0} & \\ & \boldsymbol{0} & \ddots & \\ & & & \lambda_n\end{bmatrix}$$

即矩阵 $\boldsymbol{T}^{-1}\boldsymbol{AT}$ 是对角矩阵。

【例 1.9】 将以下动态系统转换为约当标准型：

$$\begin{cases}\dot{\boldsymbol{x}}=\begin{bmatrix}0 & 1 & 0\\ 3 & 0 & 2\\ -12 & -7 & -6\end{bmatrix}\boldsymbol{x}+\begin{bmatrix}0\\0\\1\end{bmatrix}u\\ y=[1\quad 0\quad 0]\boldsymbol{x}\end{cases}$$

解：方阵 $\boldsymbol{A}$ 的特征值和对应的特征向量在例 1.8 已求出，为

$$\lambda_1=-1,\lambda_2=-2,\lambda_3=-3$$

$$\boldsymbol{P}_1=\begin{bmatrix}1\\-1\\-1\end{bmatrix},\boldsymbol{P}_2=\begin{bmatrix}2\\-4\\1\end{bmatrix},\boldsymbol{P}_3=\begin{bmatrix}1\\-3\\3\end{bmatrix}$$

线性变换矩阵及其逆矩阵选取为

$$\boldsymbol{T}=[\boldsymbol{P}_1\quad \boldsymbol{P}_2\quad \boldsymbol{P}_3]=\begin{bmatrix}1 & 2 & 1\\ -1 & -4 & -3\\ -1 & 1 & 3\end{bmatrix}$$

$$\boldsymbol{T}^{-1}=\frac{1}{2}\begin{bmatrix}9 & 5 & 2\\ -6 & -4 & -2\\ 5 & 3 & 2\end{bmatrix}$$

线性变换后的状态空间模型为

$$\begin{cases}\dot{\boldsymbol{z}}=\boldsymbol{Jz}+\boldsymbol{T}^{-1}\boldsymbol{Bu}=\boldsymbol{T}^{-1}\boldsymbol{ATz}+\boldsymbol{T}^{-1}\boldsymbol{Bu}=\begin{bmatrix}-1 & 0 & 0\\ 0 & -2 & 0\\ 0 & 0 & -3\end{bmatrix}\boldsymbol{z}+\begin{bmatrix}1\\-1\\1\end{bmatrix}u\\ y=\boldsymbol{CT}=[1\quad 2\quad 1]\boldsymbol{z}\end{cases}$$

(2) 系统特征值有重根时

设 $\boldsymbol{A}$ 的特征值 λ_1 有 q 个重根，其他 $n-q$ 个特征值 λ_i 互异，选取如下线性变换矩阵

$$\boldsymbol{T}=[\boldsymbol{P}_1\quad \boldsymbol{P}_2\quad \cdots\quad \boldsymbol{P}_q\quad \boldsymbol{P}_{q+1}\quad \cdots\quad \boldsymbol{P}_n]$$

其中，$\boldsymbol{P}_i(i=q+1,\cdots,n)$为互异特征值对应的特征向量。重根 λ_1 所对应的特征向量按下式求取：

$$\begin{cases}\lambda_1\boldsymbol{P}_1-\boldsymbol{A}\boldsymbol{P}_1=\boldsymbol{0}\\ \lambda_1\boldsymbol{P}_2-\boldsymbol{A}\boldsymbol{P}_2=-\boldsymbol{P}_1\\ \vdots\\ \lambda_1\boldsymbol{P}_q-\boldsymbol{A}\boldsymbol{P}_q=-\boldsymbol{P}_{q-1}\end{cases}$$

$\boldsymbol{P}_1$ 是 λ_1 对应的特征向量，$\boldsymbol{P}_i(i=2,\cdots,q)$是广义特征向量。

【例 1.10】 将以下动态系统转换为约当标准型：

$$\begin{cases}\dot{\boldsymbol{x}}=\begin{bmatrix}-1 & 1 & 0\\ 0 & -1 & 0\\ 0 & 0 & -2\end{bmatrix}\boldsymbol{x}+\begin{bmatrix}3 & 1\\ 2 & 7\\ 5 & 3\end{bmatrix}\boldsymbol{u}\\ \boldsymbol{y}=\begin{bmatrix}1 & 2 & 0\\ 0 & 1 & 1\end{bmatrix}\boldsymbol{x}\end{cases}$$

解：系统特征方程为

$$|\lambda\boldsymbol{I}-\boldsymbol{A}|=\begin{vmatrix}\lambda+1 & -1 & 0\\ 0 & \lambda+1 & 0\\ 0 & 0 & \lambda+2\end{vmatrix}=(\lambda+1)(\lambda+2)^2=0$$

解得 $\lambda_{1,2}=-1,\lambda_3=-2$。

对应于 $\lambda_{1,2}=-1$ 的特征向量 $\boldsymbol{P}_1=\begin{bmatrix}p_{11}\\ p_{21}\\ p_{31}\end{bmatrix}$ 满足：

$$\begin{bmatrix}-1 & 1 & 0\\ 0 & -1 & 0\\ 0 & 0 & -2\end{bmatrix}\begin{bmatrix}p_{11}\\ p_{21}\\ p_{31}\end{bmatrix}=-1\times\begin{bmatrix}p_{11}\\ p_{21}\\ p_{31}\end{bmatrix}$$

因此，有 $\boldsymbol{P}_1=\begin{bmatrix}1\\ 0\\ 0\end{bmatrix}$。

对应于 $\lambda_{1,2}=-1$ 的广义特征向量 $\boldsymbol{P}_2$ 满足 $\lambda_1\boldsymbol{P}_2-\boldsymbol{A}\boldsymbol{P}_2=-\boldsymbol{P}_1$，即

$$\boldsymbol{P}_2+\begin{bmatrix}-1 & 1 & 0\\ 0 & -1 & 0\\ 0 & 0 & -2\end{bmatrix}\boldsymbol{P}_2=\begin{bmatrix}1\\ 0\\ 0\end{bmatrix}$$

则 $\boldsymbol{P}_2=\begin{bmatrix}0\\ 1\\ 0\end{bmatrix}$。

计算对应 $\lambda_3=-2$ 的特征向量为 $\boldsymbol{P}_3=\begin{bmatrix}0\\ 0\\ 2\end{bmatrix}$。

线性变换矩阵及其逆矩阵选取为

$$T=[P_1\quad P_2\quad P_3]=\begin{bmatrix}1&0&0\\0&1&0\\0&0&2\end{bmatrix}$$

$$T^{-1}=\frac{1}{2}\begin{bmatrix}2&0&0\\0&2&0\\0&0&1\end{bmatrix}$$

线性变换后的状态空间模型为

$$\begin{cases}\dot{z}=Jz+T^{-1}Bu=T^{-1}ATz+T^{-1}Bu=\begin{bmatrix}-1&1&0\\0&-1&0\\0&0&-2\end{bmatrix}z+\dfrac{1}{2}\begin{bmatrix}6&2\\4&14\\5&3\end{bmatrix}u\\ y=CT=\begin{bmatrix}1&2&0\\0&1&2\end{bmatrix}z\end{cases}$$

特殊地，方阵 A 为标准型 $A=\left[\begin{array}{c|cccc}0&1&0&\cdots&0\\0&0&1&\cdots&0\\\vdots&\vdots&\vdots&\ddots&\vdots\\0&0&0&\cdots&1\\\hline -a_0&-a_1&-a_2&\cdots&-a_{n-1}\end{array}\right]$。

(1) 特征值无重根

$$T=\begin{bmatrix}1&1&\cdots&1\\\lambda_1&\lambda_2&\cdots&\lambda_n\\\lambda_1^2&\lambda_2^2&\cdots&\lambda_n^2\\\vdots&\vdots&\ddots&\vdots\\\lambda_1^{n-1}&\lambda_2^{n-1}&\cdots&\lambda_n^{n-1}\end{bmatrix}\tag{1.30}$$

线性变换矩阵 T 是范德蒙德(Vandermonde)矩阵。

(2) 特征值有重根(以 λ_1 是三重根为例)

$$T=\begin{bmatrix}1&0&0&\cdots&1&\cdots&1\\\lambda_1&1&0&\cdots&\lambda_4&\cdots&\lambda_n\\\lambda_1^2&2\lambda_1&1&\cdots&\lambda_4^2&\cdots&\lambda_n^2\\\vdots&\vdots&\vdots&\ddots&\vdots&\ddots&\vdots\\\lambda_1^{n-1}&\dfrac{\mathrm{d}}{\mathrm{d}\lambda_1}(\lambda_1^{n-1})&\dfrac{1}{2}\dfrac{\mathrm{d}^2}{\mathrm{d}\lambda_1^2}(\lambda_1^{n-1})&\cdots&\lambda_4^{n-1}&\cdots&\lambda_n^{n-1}\end{bmatrix}\tag{1.31}$$

(3) 特征值有共轭复根(以 4 阶为例，$\lambda_{1,2}=\sigma\pm \mathrm{j}\omega$，$\lambda_3\neq\lambda_4$)

$$T=\begin{bmatrix}1&0&1&1\\\sigma&\omega&\lambda_3&\lambda_4\\\sigma^2-\omega^2&2\sigma\omega&\lambda_3^2&\lambda_4^2\\\sigma^3-3\sigma\omega^2&3\sigma^2\omega-\omega^3&\lambda_3^3&\lambda_4^3\end{bmatrix}\tag{1.32}$$

且有

$$
\boldsymbol{J}=\boldsymbol{T}^{-1}\boldsymbol{A}\boldsymbol{T}=\begin{bmatrix} \sigma & \omega & 0 & 0 \\ -\omega & \sigma & 0 & 0 \\ 0 & 0 & \lambda_3 & 0 \\ 0 & 0 & 0 & \lambda_4 \end{bmatrix} \tag{1.33}
$$

2. 动态系统的并联型实现

传递函数为

$$
G(s)=\frac{b_m s^m+b_{m-1}s^{m-1}+\cdots+b_1 s+b_0}{s^n+a_{n-1}s^{n-1}+\cdots+a_1 s+a_0} \tag{1.34}
$$

系统(1.34)特征值 λ_i 是互异的,或者有重根。下面将分情况讨论。

(1) 特征值互异时,传递函数可展开成分式形式

$$
\begin{aligned}
G(s)&=\frac{b_m s^m+b_{m-1}s^{m-1}+\cdots+b_1 s+b_0}{(s-\lambda_1)(s-\lambda_2)\cdots(s-\lambda_n)} \\
&=\frac{c_1}{s-\lambda_1}+\frac{c_2}{s-\lambda_2}+\cdots+\frac{c_n}{s-\lambda_n}
\end{aligned} \tag{1.35}
$$

式(1.35)对应的积分器并联型模拟结构图如图 1.14(a)或(b)所示。

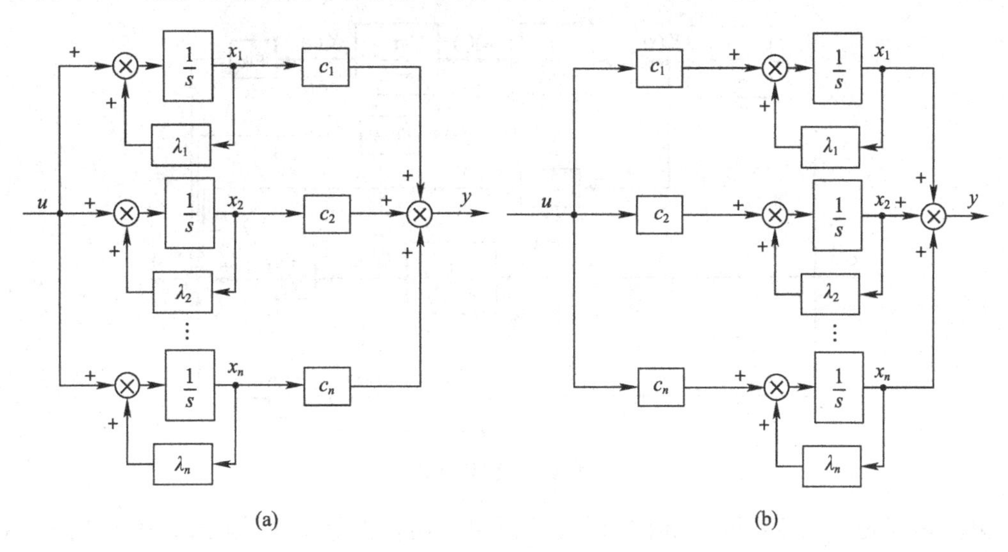

图 1.14 积分器并联型模拟结构图

选取积分器的输出为状态变量,系统状态空间模型是对偶的,可表示为

$$
\left\{
\begin{aligned}
\begin{bmatrix} \dot{x}_1 \\ \dot{x}_2 \\ \vdots \\ \dot{x}_n \end{bmatrix} &= \begin{bmatrix} \lambda_1 & 0 & \cdots & 0 \\ 0 & \lambda_2 & \cdots & 0 \\ \vdots & \vdots & \ddots & \vdots \\ 0 & 0 & \cdots & \lambda_n \end{bmatrix} \begin{bmatrix} x_1 \\ x_2 \\ \vdots \\ x_n \end{bmatrix} + \begin{bmatrix} 1 \\ 1 \\ \vdots \\ 1 \end{bmatrix} u \\
y &= \begin{bmatrix} c_1 & c_2 & \cdots & c_n \end{bmatrix} \begin{bmatrix} x_1 \\ x_2 \\ \vdots \\ x_n \end{bmatrix}
\end{aligned}
\right. \tag{1.36}
$$

或

$$
\begin{cases}
\begin{bmatrix} \dot{x}_1 \\ \dot{x}_2 \\ \vdots \\ \dot{x}_n \end{bmatrix} = \begin{bmatrix} \lambda_1 & 0 & \cdots & 0 \\ 0 & \lambda_2 & \cdots & 0 \\ \vdots & \vdots & \ddots & \vdots \\ 0 & 0 & \cdots & \lambda_n \end{bmatrix} \begin{bmatrix} x_1 \\ x_2 \\ \vdots \\ x_n \end{bmatrix} + \begin{bmatrix} c_1 \\ c_2 \\ \vdots \\ c_n \end{bmatrix} u \\
y = \begin{bmatrix} 1 & 1 & \cdots & 1 \end{bmatrix} \begin{bmatrix} x_1 \\ x_2 \\ \vdots \\ x_n \end{bmatrix}
\end{cases} \tag{1.37}
$$

(2) 特征值有重根

假设λ_1为q重根，其他特征值$\lambda_i(i=q+1,\cdots,n)$互异。此时，传递函数可展开成分式形式

$$
G(s) = \frac{c_{1q}}{(s-\lambda_1)^q} + \frac{c_{1(q-1)}}{(s-\lambda_1)^{q-1}} + \cdots + \frac{c_{11}}{s-\lambda_1} + \frac{c_{q+1}}{s-\lambda_{q+1}} + \cdots + \frac{c_n}{s-\lambda_n} \tag{1.38}
$$

式(1.38)对应的一种模拟结构图如图 1.15 所示。

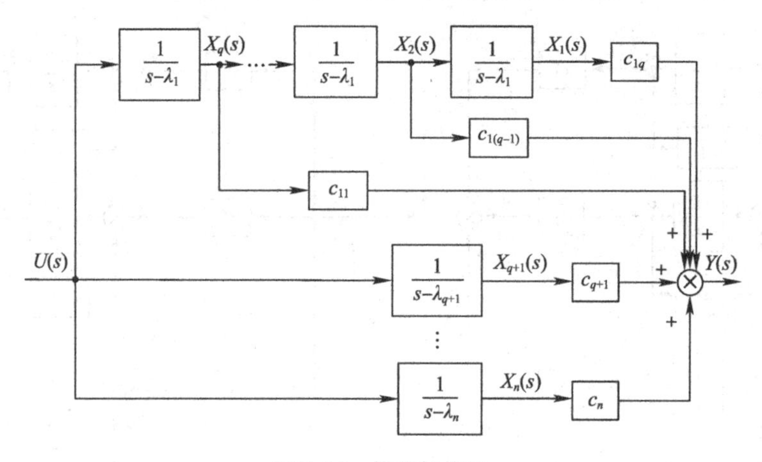

图 1.15　模拟结构图

显然，q重根特征值是积分器串联形式，互异特征值是积分器并联形式。状态空间模型可表示为

$$
\begin{cases}
\begin{bmatrix} \dot{x}_1 \\ \dot{x}_2 \\ \vdots \\ \dot{x}_q \\ \dot{x}_{q+1} \\ \vdots \\ \dot{x}_n \end{bmatrix} = \left[\begin{array}{cccc:ccc} \lambda_1 & 1 & & 0 & & & \\ & \lambda_1 & \ddots & & & 0 & \\ & & \ddots & 1 & & & \\ 0 & & & \lambda_1 & & & \\ \hdashline & & & & \lambda_{q+1} & & \\ & 0 & & & & \ddots & \\ & & & & & & \lambda_n \end{array}\right] \begin{bmatrix} x_1 \\ x_2 \\ \vdots \\ x_q \\ x_{q+1} \\ \vdots \\ x_n \end{bmatrix} + \left[\begin{array}{c} 0 \\ 0 \\ \vdots \\ 1 \\ \hdashline 1 \\ \vdots \\ 1 \end{array}\right] u \\
y = \left[\begin{array}{cccc:ccc} c_{1q} & c_{1(q-1)} & \cdots & c_{11} & c_{q+1} & \cdots & c_n \end{array}\right] \begin{bmatrix} x_1 \\ x_2 \\ \vdots \\ x_n \end{bmatrix}
\end{cases} \tag{1.39}
$$

1.3.3　从状态空间模型求取传递函数阵

上面介绍了从传递函数求取状态空间模型的系统实现问题，本节将讨论从状态空间模型求取传递函数阵问题。

已知动态系统的状态空间模型

$$\begin{cases}\dot{\boldsymbol{x}}=\boldsymbol{A}\boldsymbol{x}+\boldsymbol{B}\boldsymbol{u}\\ \boldsymbol{y}=\boldsymbol{C}\boldsymbol{x}+\boldsymbol{D}\boldsymbol{u}\end{cases} \tag{1.40}$$

其中，$\boldsymbol{x}$ 为 n 维状态向量；$\boldsymbol{A}$ 为 $n\times n$ 维系统矩阵；$\boldsymbol{B}$ 为 $n\times r$ 维输入矩阵；$\boldsymbol{u}$ 为 r 维输入向量；$\boldsymbol{y}$ 为 m 维输出向量；$\boldsymbol{C}$ 为 $m\times n$ 维输出矩阵；$\boldsymbol{D}$ 为 $m\times r$ 维直接传递矩阵。

在零初始条件的前提下，对式(1.40)进行拉普拉斯变换，得

$$\begin{cases}\boldsymbol{X}(s)=(s\boldsymbol{I}-\boldsymbol{A})^{-1}\boldsymbol{B}\boldsymbol{U}(s)\\ \boldsymbol{Y}(s)=(\boldsymbol{C}(s\boldsymbol{I}-\boldsymbol{A})^{-1}\boldsymbol{B}+\boldsymbol{D})\boldsymbol{U}(s)\end{cases} \tag{1.41}$$

因此，$\boldsymbol{U}(s)$ 与 $\boldsymbol{X}(s)$ 间的传递函数阵为

$$\boldsymbol{G}_{UX}(s)=(s\boldsymbol{I}-\boldsymbol{A})^{-1}\boldsymbol{B}\in\mathbb{R}^{n\times r} \tag{1.42}$$

$\boldsymbol{U}(s)$ 与 $\boldsymbol{Y}(s)$ 间的传递函数阵为

$$\begin{aligned}\boldsymbol{G}(s)=\boldsymbol{C}(s\boldsymbol{I}-\boldsymbol{A})^{-1}\boldsymbol{B}+\boldsymbol{D}&=\begin{bmatrix}G_{11}(s) & G_{12}(s) & \cdots & G_{1r}(s)\\ G_{21}(s) & G_{22}(s) & \cdots & G_{2r}(s)\\ \vdots & \vdots & \ddots & \vdots\\ G_{m1}(s) & G_{m2}(s) & \cdots & G_{mr}(s)\end{bmatrix}\\ &=\frac{1}{|s\boldsymbol{I}-\boldsymbol{A}|}[\boldsymbol{C}\mathrm{adj}(s\boldsymbol{I}-\boldsymbol{A})\boldsymbol{B}+\boldsymbol{D}|s\boldsymbol{I}-\boldsymbol{A}|]\in\mathbb{R}^{m\times r}\end{aligned} \tag{1.43}$$

其中，$G_{ij}(s)$ 是标量传递函数，表示第 j 个输入对第 i 个输出的影响。当 $i\neq j$ 时，$G_{ij}(s)$ 表示不同标号的输入和输出有耦合关系。

式(1.43)中，$\boldsymbol{G}(s)$ 的分母 $|s\boldsymbol{I}-\boldsymbol{A}|$ 是系统矩阵的特征多项式。可以证明，同一动态系统，可以用不同的状态空间模型表示，但传递函数阵是相同的。采用线性变换 $\boldsymbol{z}=\boldsymbol{T}^{-1}\boldsymbol{x}$ 后，新的状态空间模型为

$$\begin{cases}\dot{\boldsymbol{z}}=\boldsymbol{T}^{-1}\boldsymbol{A}\boldsymbol{T}\boldsymbol{z}+\boldsymbol{T}^{-1}\boldsymbol{B}\boldsymbol{u}\\ \boldsymbol{y}=\boldsymbol{C}\boldsymbol{T}\boldsymbol{z}+\boldsymbol{D}\boldsymbol{u}\end{cases} \tag{1.44}$$

对应的传递函数阵 $\overline{\boldsymbol{G}}(s)$ 为

$$\begin{aligned}\overline{\boldsymbol{G}}(s)&=\boldsymbol{C}\boldsymbol{T}(s\boldsymbol{I}-\boldsymbol{T}^{-1}\boldsymbol{A}\boldsymbol{T})^{-1}\boldsymbol{T}^{-1}\boldsymbol{B}+\boldsymbol{D}=\boldsymbol{C}(\boldsymbol{T}(s\boldsymbol{I}-\boldsymbol{T}^{-1}\boldsymbol{A}\boldsymbol{T})\boldsymbol{T}^{-1})^{-1}\boldsymbol{B}+\boldsymbol{D}\\ &=\boldsymbol{C}(s\boldsymbol{I}-\boldsymbol{A})^{-1}\boldsymbol{B}+\boldsymbol{D}\end{aligned} \tag{1.45}$$

已证，同一动态系统的传递函数阵是唯一的。

1.3.4　子系统组合后的传递函数阵

在实际系统中，系统由多个子系统并联、串联或反馈组合而成，本节将讨论子系统组合后等效的传递函数阵。

假设第 1 个子系统 $\Sigma(\boldsymbol{A}_1,\boldsymbol{B}_1,\boldsymbol{C}_1,\boldsymbol{D}_1)$ 的状态空间模型为

$$\begin{cases}\dot{\boldsymbol{x}}_1=\boldsymbol{A}_1\boldsymbol{x}_1+\boldsymbol{B}_1\boldsymbol{u}_1\\ \boldsymbol{y}_1=\boldsymbol{C}_1\boldsymbol{x}_1+\boldsymbol{D}_1\boldsymbol{u}_1\end{cases} \tag{1.46}$$

假设第 2 个子系统 $\Sigma(\boldsymbol{A}_2,\boldsymbol{B}_2,\boldsymbol{C}_2,\boldsymbol{D}_2)$ 的状态空间模型为

$$\begin{cases}\dot{\boldsymbol{x}}_2=\boldsymbol{A}_2\boldsymbol{x}_2+\boldsymbol{B}_2\boldsymbol{u}_2\\ \boldsymbol{y}_2=\boldsymbol{C}_2\boldsymbol{x}_2+\boldsymbol{D}_2\boldsymbol{u}_2\end{cases} \tag{1.47}$$

1. 子系统并联连接

子系统并联，即各子系统输入相同，而组合系统的输出是各子系统输出的代数和。子系统并联连接的结构图如图 1.16 所示。

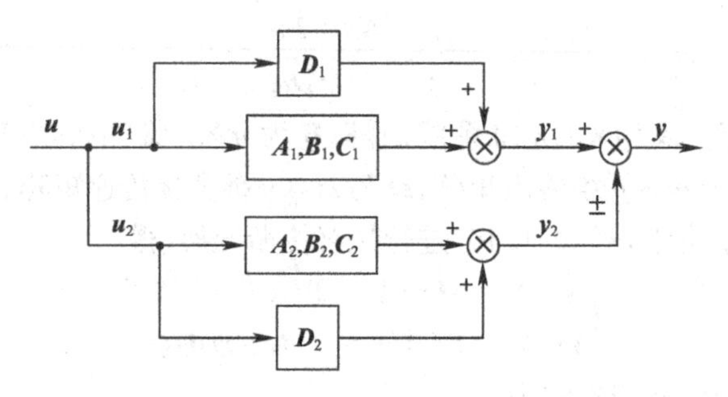

图 1.16　子系统并联连接的结构图

由于 $\boldsymbol{u}=\boldsymbol{u}_1=\boldsymbol{u}_2$，$\boldsymbol{y}=\boldsymbol{y}_1\pm\boldsymbol{y}_2$，子系统并联连接的状态空间模型为

$$\begin{cases}\begin{bmatrix}\dot{\boldsymbol{x}}_1\\ \dot{\boldsymbol{x}}_2\end{bmatrix}=\begin{bmatrix}\boldsymbol{A}_1 & \\ & \boldsymbol{A}_2\end{bmatrix}\begin{bmatrix}\boldsymbol{x}_1\\ \boldsymbol{x}_2\end{bmatrix}+\begin{bmatrix}\boldsymbol{B}_1\\ \boldsymbol{B}_2\end{bmatrix}\boldsymbol{u}\\ \boldsymbol{y}=[\boldsymbol{C}_1 \quad \pm\boldsymbol{C}_2]\begin{bmatrix}\boldsymbol{x}_1\\ \boldsymbol{x}_2\end{bmatrix}+(\boldsymbol{D}_1\pm\boldsymbol{D}_2)\boldsymbol{u}\end{cases} \tag{1.48}$$

因此，等效传递函数阵为

$$\begin{aligned}\boldsymbol{G}(s)&=[\boldsymbol{C}_1 \quad \pm\boldsymbol{C}_2]\begin{bmatrix}(s\boldsymbol{I}-\boldsymbol{A}_1)^{-1} & \\ & (s\boldsymbol{I}-\boldsymbol{A}_2)^{-1}\end{bmatrix}\begin{bmatrix}\boldsymbol{B}_1\\ \boldsymbol{B}_2\end{bmatrix}+(\boldsymbol{D}_1\pm\boldsymbol{D}_2)\\ &=(\boldsymbol{C}_1(s\boldsymbol{I}-\boldsymbol{A}_1)^{-1}\boldsymbol{B}_1+\boldsymbol{D}_1)\pm(\boldsymbol{C}_2(s\boldsymbol{I}-\boldsymbol{A}_2)^{-1}\boldsymbol{B}_2+\boldsymbol{D}_2)\\ &=\boldsymbol{G}_1(s)\pm\boldsymbol{G}_2(s)\end{aligned} \tag{1.49}$$

子系统并联连接的等效传递函数阵，等于子系统传递函数阵的代数和。

2. 子系统串联

子系统串联连接的结构图如图 1.17 所示。

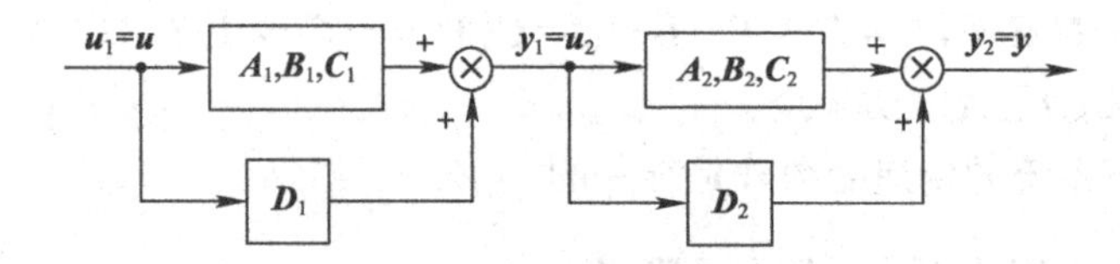

图 1.17　子系统串联连接的结构图

子系统串联连接的等效传递函数阵为

$$\boldsymbol{G}(s)=\frac{\boldsymbol{Y}(s)}{\boldsymbol{U}(s)}=\frac{\boldsymbol{Y}_2(s)}{\boldsymbol{U}_2(s)}\frac{\boldsymbol{Y}_1(s)}{\boldsymbol{U}_1(s)}=\boldsymbol{G}_2(s)\boldsymbol{G}_1(s) \tag{1.50}$$

子系统串联连接的等效传递函数阵，等于子系统传递函数阵的乘积。

3. 子系统反馈连接

子系统反馈连接的结构图如图 1.18 所示。

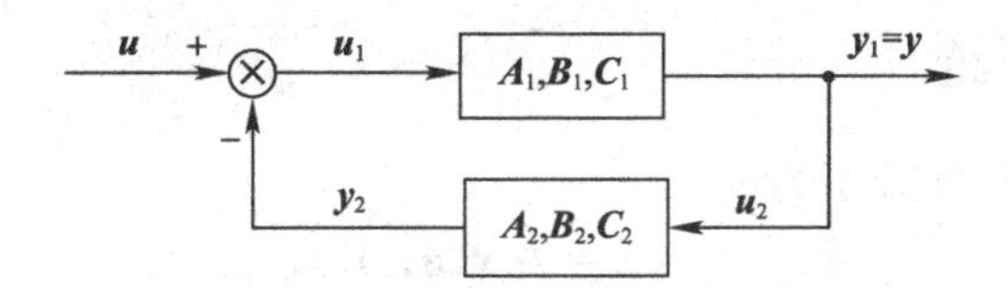

图 1.18　子系统反馈连接的结构图

由于 $\boldsymbol{u}_1=\boldsymbol{u}-\boldsymbol{y}_2$，$\boldsymbol{u}_2=\boldsymbol{y}_1$，子系统反馈连接的状态空间模型为

$$\begin{cases}\begin{bmatrix}\dot{\boldsymbol{x}}_1\\ \dot{\boldsymbol{x}}_2\end{bmatrix}=\begin{bmatrix}\boldsymbol{A}_1 & -\boldsymbol{B}_1\boldsymbol{C}_2\\ \boldsymbol{B}_2\boldsymbol{C}_1 & \boldsymbol{A}_2\end{bmatrix}\begin{bmatrix}\boldsymbol{x}_1\\ \boldsymbol{x}_2\end{bmatrix}+\begin{bmatrix}\boldsymbol{B}_1\\ \boldsymbol{0}\end{bmatrix}\boldsymbol{u}\\ \boldsymbol{y}=[\boldsymbol{C}_1\quad \boldsymbol{0}]\begin{bmatrix}\boldsymbol{x}_1\\ \boldsymbol{x}_2\end{bmatrix}\end{cases}\tag{1.51}$$

因此，等效传递函数阵为

$$\begin{aligned}\boldsymbol{G}(s)&=[\boldsymbol{C}_1\quad \boldsymbol{0}]\begin{bmatrix}s\boldsymbol{I}-\boldsymbol{A}_1 & \boldsymbol{B}_1\boldsymbol{C}_2\\ -\boldsymbol{B}_2\boldsymbol{C}_1 & s\boldsymbol{I}-\boldsymbol{A}_2\end{bmatrix}^{-1}\begin{bmatrix}\boldsymbol{B}_1\\ \boldsymbol{0}\end{bmatrix}\\ &=\boldsymbol{G}_1(s)(\boldsymbol{I}+\boldsymbol{G}_2(s)\boldsymbol{G}_1(s))^{-1}\\ &=(\boldsymbol{I}+\boldsymbol{G}_1(s)\boldsymbol{G}_2(s))^{-1}\boldsymbol{G}_1(s)\end{aligned}\tag{1.52}$$

1.4　线性时变系统和非线性系统的状态空间模型

1.4.1　线性时变系统

在线性状态空间模型中，系统矩阵的元素依赖于时间，则系统称为线性时变系统。

$$\begin{cases}\dot{\boldsymbol{x}}=\boldsymbol{A}(t)\boldsymbol{x}+\boldsymbol{B}(t)\boldsymbol{u}\\ \boldsymbol{y}=\boldsymbol{C}(t)\boldsymbol{x}+\boldsymbol{D}(t)\boldsymbol{u}\end{cases}\tag{1.53}$$

式中

$$\boldsymbol{A}=\begin{bmatrix}a_{11}(t) & a_{12}(t) & \cdots & a_{1n}(t)\\ a_{21}(t) & a_{22}(t) & \cdots & a_{2n}(t)\\ \vdots & \vdots & \ddots & \vdots\\ a_{n1}(t) & a_{n2}(t) & \cdots & a_{nn}(t)\end{bmatrix}\in\mathbb{R}^{n\times n}$$

$$\boldsymbol{B}=\begin{bmatrix}b_{11}(t) & \cdots & b_{1r}(t)\\ \vdots & \ddots & \vdots\\ b_{n1}(t) & \cdots & b_{nr}(t)\end{bmatrix}\in\mathbb{R}^{n\times r}$$

$$\boldsymbol{C}=\begin{bmatrix}c_{11}(t) & c_{12}(t) & \cdots & c_{1n}(t)\\ c_{21}(t) & c_{22}(t) & \cdots & c_{2n}(t)\\ \vdots & \vdots & \ddots & \vdots\\ c_{m1}(t) & c_{m2}(t) & \cdots & c_{mn}(t)\end{bmatrix}\in\mathbb{R}^{m\times n}$$

$$\boldsymbol{D}=\begin{bmatrix}d_{11}(t) & \cdots & d_{1r}(t)\\ \vdots & \ddots & \vdots\\ d_{m1}(t) & \cdots & d_{mr}(t)\end{bmatrix}\in\mathbb{R}^{m\times r}$$

1.4.2 非线性系统

非线性系统的动态特性表示为

$$\begin{cases}\dot{\boldsymbol{x}}=\boldsymbol{f}(\boldsymbol{x},\boldsymbol{u},t)\\ \boldsymbol{y}=\boldsymbol{g}(\boldsymbol{x},\boldsymbol{u},t)\end{cases}\tag{1.54}$$

式中，$\boldsymbol{x}=[x_1,x_2,\cdots,x_n]^{\mathrm{T}}\in\mathbb{R}^n$ 为状态向量；$\boldsymbol{y}=[y_1,y_2,\cdots,y_m]^{\mathrm{T}}\in\mathbb{R}^m$ 为输出向量；$\boldsymbol{u}=[u_1,u_2,\cdots,u_r]^{\mathrm{T}}\in\mathbb{R}^r$ 为输入向量；$\boldsymbol{f}=[f_1,f_2,\cdots,f_n]^{\mathrm{T}}\in\mathbb{R}^n$，$\boldsymbol{g}=[g_1,g_2,\cdots,g_m]^{\mathrm{T}}\in\mathbb{R}^m$ 为向量函数。

非线性系统的动态特性也可表示为

$$\begin{cases}\dot{x}_i=f_i(x_1,x_2,\cdots,x_n;u_1,u_2,\cdots,u_r;t), & i=1,2,\cdots,n\\ y_j=g_j(x_1,x_2,\cdots,x_n;u_1,u_2,\cdots,u_r;t), & j=1,2,\cdots,m\end{cases}\tag{1.55}$$

若式(1.54)或式(1.55)的表达式不显式含时间，则为非线性时不变系统：

$$\begin{cases}\dot{\boldsymbol{x}}=\boldsymbol{f}(\boldsymbol{x},\boldsymbol{u})\\ \boldsymbol{y}=\boldsymbol{g}(\boldsymbol{x},\boldsymbol{u})\end{cases}\tag{1.56}$$

假设$(\boldsymbol{x}_0,\boldsymbol{u}_0,\boldsymbol{y}_0)$是满足式(1.56)的一组解：

$$\begin{cases}\dot{\boldsymbol{x}}_0=\boldsymbol{f}(\boldsymbol{x}_0,\boldsymbol{u}_0)\\ \boldsymbol{y}_0=\boldsymbol{g}(\boldsymbol{x}_0,\boldsymbol{u}_0)\end{cases}\tag{1.57}$$

当考虑输入 $\boldsymbol{u}$ 对 $\boldsymbol{u}_0$ 的偏离 $\delta\boldsymbol{u}$、$\boldsymbol{x}$ 对 $\boldsymbol{x}_0$ 的偏离 $\delta\boldsymbol{x}$、$\boldsymbol{y}$ 对 $\boldsymbol{y}_0$ 的偏离 $\delta\boldsymbol{y}$ 时，可对非线性时不变系统(1.56)的平衡点线性化，即对 $\boldsymbol{f}$，$\boldsymbol{g}$ 在$(\boldsymbol{x}_0,\boldsymbol{u}_0)$附近进行泰勒级数展开：

$$\begin{aligned}\boldsymbol{f}(\boldsymbol{x},\boldsymbol{u})&=\boldsymbol{f}(\boldsymbol{x}_0,\boldsymbol{u}_0)+\left.\frac{\partial\boldsymbol{f}}{\partial\boldsymbol{x}}\right|_{\boldsymbol{x}_0,\boldsymbol{u}_0}\delta\boldsymbol{x}+\left.\frac{\partial\boldsymbol{f}}{\partial\boldsymbol{u}}\right|_{\boldsymbol{x}_0,\boldsymbol{u}_0}\delta\boldsymbol{u}+\varepsilon_f(\delta\boldsymbol{x},\delta\boldsymbol{u})\\ \boldsymbol{g}(\boldsymbol{x},\boldsymbol{u})&=\boldsymbol{g}(\boldsymbol{x}_0,\boldsymbol{u}_0)+\left.\frac{\partial\boldsymbol{g}}{\partial\boldsymbol{x}}\right|_{\boldsymbol{x}_0,\boldsymbol{u}_0}\delta\boldsymbol{x}+\left.\frac{\partial\boldsymbol{g}}{\partial\boldsymbol{u}}\right|_{\boldsymbol{x}_0,\boldsymbol{u}_0}\delta\boldsymbol{u}+\varepsilon_g(\delta\boldsymbol{x},\delta\boldsymbol{u})\end{aligned}\tag{1.58}$$

式中，$\varepsilon_f(\delta\boldsymbol{x},\delta\boldsymbol{u})$，$\varepsilon_g(\delta\boldsymbol{x},\delta\boldsymbol{u})$是关于 $\delta\boldsymbol{x}$，$\delta\boldsymbol{u}$ 的高阶项；$\frac{\partial\boldsymbol{f}}{\partial\boldsymbol{x}},\frac{\partial\boldsymbol{f}}{\partial\boldsymbol{u}},\frac{\partial\boldsymbol{g}}{\partial\boldsymbol{x}},\frac{\partial\boldsymbol{g}}{\partial\boldsymbol{u}}$是向量函数 $\boldsymbol{f}(\boldsymbol{x},\boldsymbol{u})$，$\boldsymbol{g}(\boldsymbol{x},\boldsymbol{u})$相对状态向量 $\boldsymbol{x}$ 和输入向量 $\boldsymbol{u}$ 的偏导数矩阵：

$$\frac{\partial\boldsymbol{f}}{\partial\boldsymbol{x}}=\begin{bmatrix}\frac{\partial f_1}{\partial x_1} & \frac{\partial f_1}{\partial x_2} & \cdots & \frac{\partial f_1}{\partial x_n}\\ \frac{\partial f_2}{\partial x_1} & \frac{\partial f_2}{\partial x_2} & \cdots & \frac{\partial f_2}{\partial x_n}\\ \vdots & \vdots & \ddots & \vdots\\ \frac{\partial f_n}{\partial x_1} & \frac{\partial f_n}{\partial x_2} & \cdots & \frac{\partial f_n}{\partial x_n}\end{bmatrix}\in\mathbb{R}^{n\times n},\quad \frac{\partial\boldsymbol{f}}{\partial\boldsymbol{u}}=\begin{bmatrix}\frac{\partial f_1}{\partial u_1} & \frac{\partial f_1}{\partial u_2} & \cdots & \frac{\partial f_1}{\partial u_r}\\ \frac{\partial f_2}{\partial u_1} & \frac{\partial f_2}{\partial u_2} & \cdots & \frac{\partial f_2}{\partial u_r}\\ \vdots & \vdots & \ddots & \vdots\\ \frac{\partial f_n}{\partial u_1} & \frac{\partial f_n}{\partial u_2} & \cdots & \frac{\partial f_n}{\partial u_r}\end{bmatrix}\in\mathbb{R}^{n\times r}$$

$$\frac{\partial\boldsymbol{g}}{\partial\boldsymbol{x}}=\begin{bmatrix}\frac{\partial g_1}{\partial x_1} & \frac{\partial g_1}{\partial x_2} & \cdots & \frac{\partial g_1}{\partial x_n}\\ \frac{\partial g_2}{\partial x_1} & \frac{\partial g_2}{\partial x_2} & \cdots & \frac{\partial g_2}{\partial x_n}\\ \vdots & \vdots & \ddots & \vdots\\ \frac{\partial g_m}{\partial x_1} & \frac{\partial g_m}{\partial x_2} & \cdots & \frac{\partial g_m}{\partial x_n}\end{bmatrix}\in\mathbb{R}^{m\times n},\quad \frac{\partial\boldsymbol{g}}{\partial\boldsymbol{u}}=\begin{bmatrix}\frac{\partial g_1}{\partial u_1} & \frac{\partial g_1}{\partial u_2} & \cdots & \frac{\partial g_1}{\partial u_r}\\ \frac{\partial g_2}{\partial u_1} & \frac{\partial g_2}{\partial u_2} & \cdots & \frac{\partial g_2}{\partial u_r}\\ \vdots & \vdots & \ddots & \vdots\\ \frac{\partial g_m}{\partial u_1} & \frac{\partial g_m}{\partial u_2} & \cdots & \frac{\partial g_m}{\partial u_r}\end{bmatrix}\in\mathbb{R}^{m\times r}$$

忽略高阶项 $\varepsilon_f(\delta\boldsymbol{x},\delta\boldsymbol{u})$，$\varepsilon_g(\delta\boldsymbol{x},\delta\boldsymbol{u})$，则式(1.58)可表示为

$$\delta\dot{\boldsymbol{x}}=\dot{\boldsymbol{x}}-\dot{\boldsymbol{x}}_0=\left.\frac{\partial \boldsymbol{f}}{\partial \boldsymbol{x}}\right|_{\boldsymbol{x}_0,\boldsymbol{u}_0}\delta\boldsymbol{x}+\left.\frac{\partial \boldsymbol{f}}{\partial \boldsymbol{u}}\right|_{\boldsymbol{x}_0,\boldsymbol{u}_0}\delta\boldsymbol{u}$$

$$\delta\boldsymbol{y}=\boldsymbol{y}-\boldsymbol{y}_0=\left.\frac{\partial \boldsymbol{g}}{\partial \boldsymbol{x}}\right|_{\boldsymbol{x}_0,\boldsymbol{u}_0}\delta\boldsymbol{x}+\left.\frac{\partial \boldsymbol{g}}{\partial \boldsymbol{u}}\right|_{\boldsymbol{x}_0,\boldsymbol{u}_0}\delta\boldsymbol{u} \tag{1.59}$$

定义 $\bar{\boldsymbol{x}}=\delta\boldsymbol{x}$，$\bar{\boldsymbol{u}}=\delta\boldsymbol{u}$，$\bar{\boldsymbol{y}}=\delta\boldsymbol{y}$，$\boldsymbol{A}=\left.\frac{\partial \boldsymbol{f}}{\partial \boldsymbol{x}}\right|_{\boldsymbol{x}_0,\boldsymbol{u}_0}$，$\boldsymbol{B}=\left.\frac{\partial \boldsymbol{f}}{\partial \boldsymbol{u}}\right|_{\boldsymbol{x}_0,\boldsymbol{u}_0}$，$\boldsymbol{C}=\left.\frac{\partial \boldsymbol{g}}{\partial \boldsymbol{x}}\right|_{\boldsymbol{x}_0,\boldsymbol{u}_0}$，$\boldsymbol{D}=\left.\frac{\partial \boldsymbol{g}}{\partial \boldsymbol{u}}\right|_{\boldsymbol{x}_0,\boldsymbol{u}_0}$，则线性化后的状态空间模型为

$$\begin{cases}\dot{\bar{\boldsymbol{x}}}=\boldsymbol{A}\bar{\boldsymbol{x}}+\boldsymbol{B}\bar{\boldsymbol{u}}\\ \bar{\boldsymbol{y}}=\boldsymbol{C}\bar{\boldsymbol{x}}+\boldsymbol{D}\bar{\boldsymbol{u}}\end{cases} \tag{1.60}$$

【例 1.11】 求如下非线性系统

$$\begin{cases}\dot{x}_1=x_2\\ \dot{x}_2=x_1+x_2+1.4x_2^3+3u\\ y=x_1+x_2\end{cases}$$

在 $x_0=0$ 处的线性化状态空间模型。

解:非线性系统的状态方程和输出方程为

$$f_1(x_1,x_2,u)=x_2$$

$$f_2(x_1,x_2,u)=x_1+x_2+1.4x_2^3+3u$$

$$g(x_1,x_2,u)=x_1+x_2$$

则有

$$\left.\frac{\partial f_1}{\partial x_1}\right|_{x_0=0}=0,\left.\frac{\partial f_1}{\partial x_2}\right|_{x_0=0}=1,\left.\frac{\partial f_2}{\partial x_1}\right|_{x_0=0}=1,\left.\frac{\partial f_2}{\partial x_2}\right|_{x_0=0}=1,\left.\frac{\partial f_1}{\partial u}\right|_{x_0=0}=0,\left.\frac{\partial f_2}{\partial u}\right|_{x_0=0}=3$$

$$\left.\frac{\partial g}{\partial x_1}\right|_{x_0=0}=1,\left.\frac{\partial g}{\partial x_2}\right|_{x_0=0}=1,\left.\frac{\partial g}{\partial u}\right|_{x_0=0}=0$$

线性化的状态空间模型为

$$\begin{cases}\dot{\bar{\boldsymbol{x}}}=\begin{bmatrix}0&1\\1&1\end{bmatrix}\bar{\boldsymbol{x}}+\begin{bmatrix}0\\3\end{bmatrix}\bar{\boldsymbol{u}}\\ \bar{\boldsymbol{y}}=\begin{bmatrix}1&1\end{bmatrix}\bar{\boldsymbol{x}}\end{cases}$$

1.5 MATLAB 在动态系统状态空间模型中的应用

【例 1.12】 求 $\boldsymbol{A}=\begin{bmatrix}0&1&0\\3&0&2\\-12&-7&-6\end{bmatrix}$ 的特征向量。

解:采用 MATLAB 求解该问题，代码如下：

```
>>A=[0 1 0;3 0 2; -12 -7 -6];
>>[V,D]=eig(A)
```

结果显示为：

```
V =
 -0.5774   -0.4364    0.2294
  0.5774    0.8729   -0.6882
  0.5774   -0.2182    0.6882
D=
 -1.0000         0         0
       0   -2.0000         0
       0         0   -3.0000
```

上述指令返回特征值的对角矩阵 $\boldsymbol{D}$ 和矩阵 $\boldsymbol{V}$，矩阵 $\boldsymbol{D}$ 的对角元素是 $\boldsymbol{A}$ 的特征值，矩阵 $\boldsymbol{V}$ 的列是 $\boldsymbol{A}$ 对应的特征向量。

【例 1.13】 将以下动态系统转换为约当标准型：

$$\begin{cases} \dot{\boldsymbol{x}} = \begin{bmatrix} 0 & 1 & 0 \\ 3 & 0 & 2 \\ -12 & -7 & -6 \end{bmatrix} \boldsymbol{x} + \begin{bmatrix} 0 \\ 0 \\ 1 \end{bmatrix} u \\ y = \begin{bmatrix} 1 & 0 & 0 \end{bmatrix} \boldsymbol{x} \end{cases}$$

解：采用 MATLAB 求解该问题，代码如下：

```
>>A =[0 1 0;3 0 2; -12 -7 -6];
>>J =jordan(A)
>>A =[0 1 0;3 0 2; -12 -7 -6];
>>B =[0;0;1];
>>C =[1 0 0];
>>D =0;
>>sys=ss(A,B,C,D);
>>csys=canon(sys,'modal')
```

结果显示为：

```
csys=
  A=
        x1   x2   x3
   x1   -1    0    0
   x2    0   -2    0
   x3    0    0   -3
  B=
            u1
   x1   -2.291
   x2    5.679
   x3    3.905
  C=
              x1        x2        x3
   y1   -0.4364   -0.3522    0.2561
```

```
D=
        u1
   y1   0
Continuous-time state-space model.
```

小　　结

本章是现代控制理论的基础，介绍了采用时域分析方法构建动态系统的状态空间模型和系统模型的线性变换，并阐述线性时变系统和非线性系统的状态空间模型。其中，本章重点知识为建立状态空间模型。

人物小传——钱学森

钱学森(1911—2009)，中国近代力学和航天事业的奠基人之一，中国科学院学部委员(院士)，中国工程院院士。1999年，获中共中央、国务院、中央军委颁发的“两弹一星功勋奖章”。钱学森在应用力学、工程控制论、航空工程、火箭导弹技术、系统工程和系统科学等领域成就斐然，主要著作包括《工程控制论》《物理力学讲义》《星际航行概论》《论系统工程》等。

钱学森是一位智慧的教育家，为我国培养了大批优秀的人才；作为一位杰出的科学家，他对航天技术、系统科学和系统工程做出了巨大的和开拓性的贡献；他毕生探索科学、追求真理、勇于创新、淡泊名利，为我国科技事业呕心沥血，为国家富强、民族振兴不懈奋斗。

习　题　1

1-1　根据如图1.19所示的多回路反馈系统框图，画出模拟结构图，并求状态空间模型。

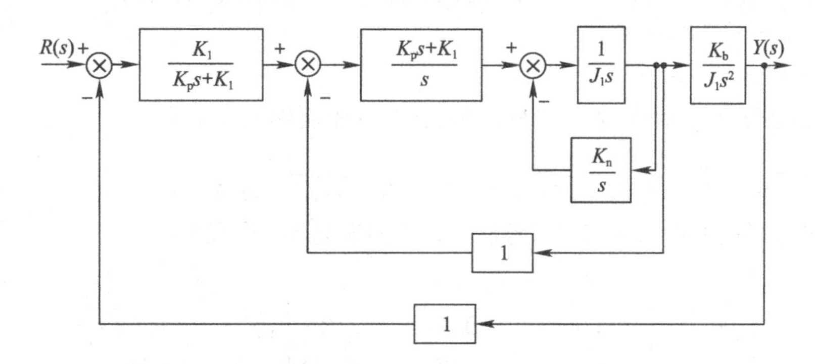

图1.19　多回路反馈系统框图

1-2　电子电路图如图1.20所示，选取电压源电压为输入量、电容端电压和电感电流为状态变量，建立电路的状态方程和输出方程。

1-3　双质量块-弹簧系统如图1.21所示，求该系统的状态空间模型。

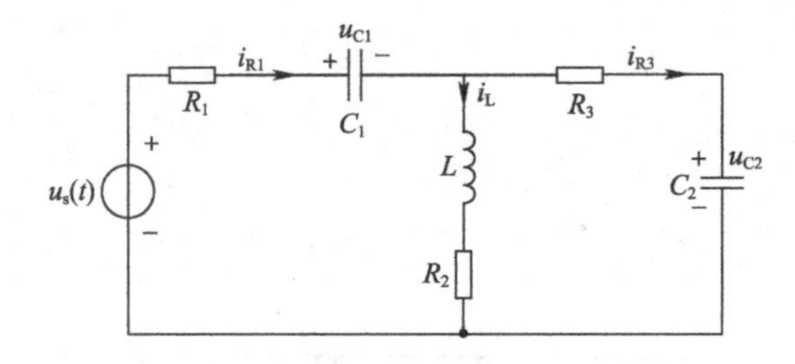

图 1.20　电子电路电路图

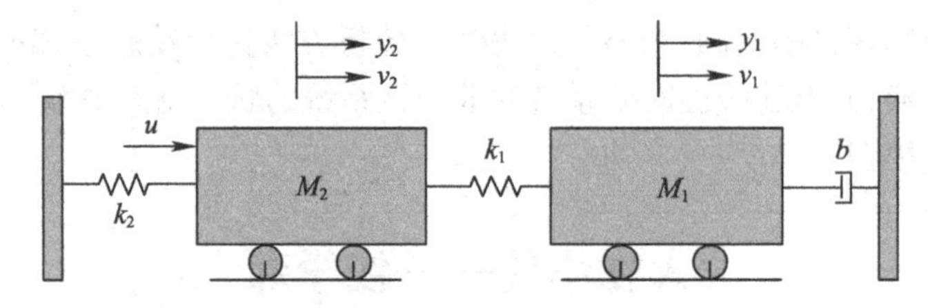

图 1.21　双质量块-弹簧系统

1-4　双输入双输出系统的模拟结构图如图 1.22 所示，求该系统的状态空间模型和传递函数阵。

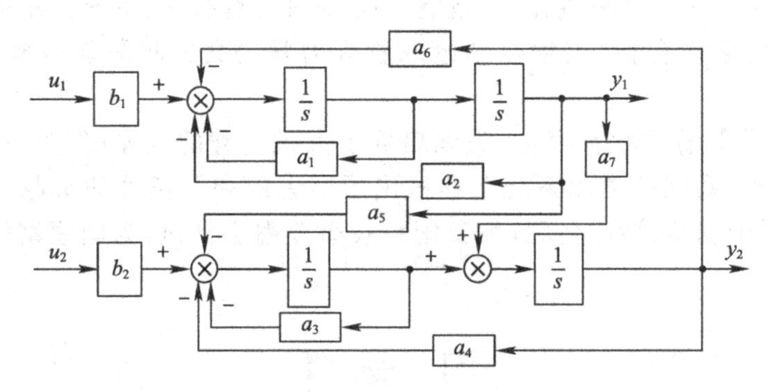

图 1.22　双输入双输出系统的模拟结构图

1-5　根据系统的微分方程列写状态空间模型，并画出其模拟结构图。

(1) $\dddot{y}+4\ddot{y}+6\dot{y}+8y=20u$

(2) $\dddot{y}+3\ddot{y}+3\dot{y}+y=\dddot{u}+2\ddot{u}+4\dot{u}+u$

1-6　根据系统传递函数，求约当标准型实现，并画出模拟结构图。

(1) $G(s)=\dfrac{5(s-2)}{s(s+2)(s+4)}$　　　　(2) $G(s)=\dfrac{10(s+2)}{s(s+4)^3(s+5)}$

1-7　潜艇的深度控制十分重要，考虑竖直方向潜艇动力学特性：

$$\begin{cases}\begin{bmatrix}\dot{x}_1\\ \dot{x}_2\\ \dot{x}_3\end{bmatrix}=\begin{bmatrix}0 & 1 & 0\\ -0.0071 & -0.111 & 0.12\\ 0 & 0.07 & -0.3\end{bmatrix}\begin{bmatrix}x_1\\ x_2\\ x_3\end{bmatrix}+\begin{bmatrix}0\\ -0.095\\ 0.072\end{bmatrix}u\\ y=\begin{bmatrix}1 & 0 & 0\end{bmatrix}\begin{bmatrix}x_1\\ x_2\\ x_3\end{bmatrix}\end{cases}$$

其中，潜艇的状态变量 x_1、x_2、x_3 依次为俯仰角、俯仰角速率、攻角，输入变量 u 是尾部控制面的倾斜度。画出潜艇系统的模拟结构图，并求其传递函数。

1-8　直升机需要人工操控才能实现低空悬停，在恶劣天气情况下更应如此。直升机悬停时模型的状态矩阵 $\boldsymbol{A}$ 为

$$\boldsymbol{A}=\begin{bmatrix}0 & 1 & 0\\0 & 0 & 1\\0 & -6 & -3\end{bmatrix}$$

试求直升机悬停模型的特征值。

1-9　计算以下矩阵的特征值和特征向量。

(1) $\boldsymbol{A}=\begin{bmatrix}-3 & 2\\-2 & -3\end{bmatrix}$　　(2) $\boldsymbol{A}=\begin{bmatrix}0 & 1\\-15 & -8\end{bmatrix}$

(3) $\boldsymbol{A}=\begin{bmatrix}0 & 1 & -1\\-6 & -11 & 6\\-6 & -11 & 5\end{bmatrix}$　　(4) $\boldsymbol{A}=\begin{bmatrix}1 & 2 & -1\\-1 & 0 & -1\\4 & 4 & 5\end{bmatrix}$

1-10　将以下状态空间模型转化成约当标准型。

(1) $\begin{cases}\begin{bmatrix}\dot{x}_1\\\dot{x}_2\end{bmatrix}=\begin{bmatrix}-3 & 2\\2 & -3\end{bmatrix}\begin{bmatrix}x_1\\x_2\end{bmatrix}+\begin{bmatrix}0\\1\end{bmatrix}u\\ y=\begin{bmatrix}1 & 0\end{bmatrix}\begin{bmatrix}x_1\\x_2\\x_3\end{bmatrix}\end{cases}$

(2) $\begin{cases}\begin{bmatrix}\dot{x}_1\\\dot{x}_2\\\dot{x}_3\end{bmatrix}=\begin{bmatrix}1 & 1 & 0\\-1 & 0 & 3\\-1 & -1 & 4\end{bmatrix}\begin{bmatrix}x_1\\x_2\\x_3\end{bmatrix}+\begin{bmatrix}2 & 1\\3 & 7\\5 & 2\end{bmatrix}\boldsymbol{u}\\ \begin{bmatrix}y_1\\y_2\end{bmatrix}=\begin{bmatrix}1 & 0 & 0\\0 & 1 & 1\end{bmatrix}\begin{bmatrix}x_1\\x_2\\x_3\end{bmatrix}\end{cases}$

1-11　将以下两个子系统分别串联连接、并联连接，求组合系统的等效传递函数阵。

$$\boldsymbol{G}_1(s)=\begin{bmatrix}\dfrac{1}{s+2} & \dfrac{1}{s+3}\\0 & \dfrac{s+2}{s+3}\end{bmatrix},\qquad \boldsymbol{G}_2(s)=\begin{bmatrix}\dfrac{1}{s+4} & \dfrac{1}{s+5}\\\dfrac{1}{s+2} & 0\end{bmatrix}$$

1-12　将以下两个子系统按图 1.18 所示反馈连接，求闭环传递函数阵。

$$\boldsymbol{G}_1(s)=\begin{bmatrix}\dfrac{1}{s+2} & -\dfrac{1}{s}\\0 & \dfrac{1}{s+3}\end{bmatrix},\qquad \boldsymbol{G}_2(s)=\begin{bmatrix}1 & 0\\0 & 2\end{bmatrix}$$

1-13　如图 1.23 所示的单摆系统，非线性运动方程为

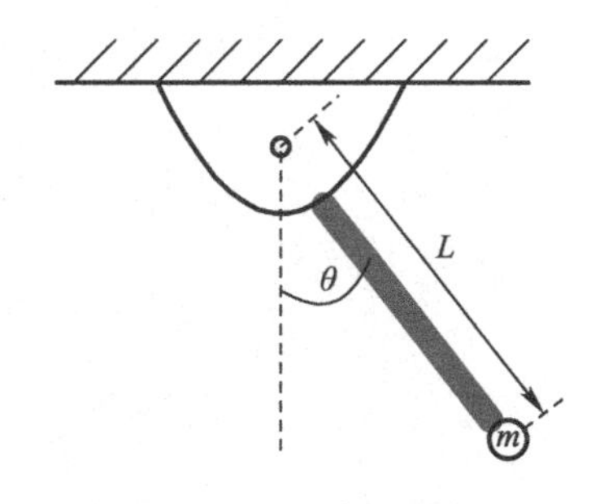

图 1.23　单摆系统

$$\ddot{\theta}+\frac{k}{m}\dot{\theta}+\frac{g}{L}\sin\theta=0$$

其中，θ 为摆角，k 为支点的摩擦系数，m 为小球质量(摆杆质量忽略不计)，g 为重力常数，L 为单摆长度。

(1) 推导单摆的状态空间模型。

(2) 在平衡点 $\theta(0)=0^{\circ}$ 附近，对单摆的运动方程线性化。

第2章　线性系统动态分析

2.1 引　　言

在第1章中我们学习了控制系统的状态空间表达式，接下来开始讨论利用状态空间表达式进行系统分析的方法。本章将首先介绍线性定常连续系统齐次状态空间表达式的求解，并进一步讨论状态空间表达式解对应状态转移矩阵的定义与性质；然后针对非齐次、时变、离散状态等更为复杂情况中的状态空间表达式求解方法进行讨论；最后介绍利用 MATLAB 进行线性系统动态分析的方法。

连续系统状态空间表达式的数学本质是系统状态关于时间的微分方程组，其求解过程本质上是对一类微分方程组的求解。对状态空间表达式求解的学习与讨论有助于加深对状态空间表达式含义的理解。

2.2 线性定常齐次状态空间表达式的解

线性定常齐次状态空间表达式是状态空间表达式最基本的一种类型，可以写成如下矩阵方程

$$\dot{\boldsymbol{x}}(t)=\boldsymbol{A}\boldsymbol{x}(t) \tag{2.1}$$

其中，$\boldsymbol{A}$ 为常数矩阵。为求解上述微分方程组，考虑一个一维的状态空间表达式：

$$\dot{x}(t)=ax(t) \tag{2.2}$$

其中，a 为常数标量。很容易求得上述一阶微分方程的通解为

$$x(t)=\mathrm{e}^{at}x(0) \tag{2.3}$$

对式(2.3)求导，可得

$$\dot{x}(t)=a\mathrm{e}^{at}x(0)=ax(t) \tag{2.4}$$

矩阵方程(2.1)也存在关于 $\boldsymbol{A}t$ 的类似形式矩阵函数 $\mathrm{e}^{\boldsymbol{A}t}$，满足

$$\frac{\mathrm{d}}{\mathrm{d}t}(\mathrm{e}^{\boldsymbol{A}t})=\boldsymbol{A}\mathrm{e}^{\boldsymbol{A}t} \tag{2.5}$$

则式(2.1)的解为

$$\boldsymbol{x}(t)=\mathrm{e}^{\boldsymbol{A}t}\boldsymbol{x}(0),\qquad \mathrm{t}\geqslant 0 \tag{2.6}$$

如果将系统的初始状态标记为 $\boldsymbol{x}_0$，即 $\boldsymbol{x}(0)=\boldsymbol{x}_0$，那么上式可以写为

$$\boldsymbol{x}(t)=\mathrm{e}^{\boldsymbol{A}t}\boldsymbol{x}_0,\qquad t\geqslant 0 \tag{2.7}$$

与标量函数 e^{at} 的定义类似，矩阵函数 $\mathrm{e}^{\boldsymbol{A}t}$ 的定义为

$$\mathrm{e}^{\boldsymbol{A}t}=\left(\boldsymbol{I}+\boldsymbol{A}t+\frac{1}{2!}\boldsymbol{A}^2t^2+\cdots+\frac{1}{k!}\boldsymbol{A}^kt^k+\cdots\right)=\sum_{k=0}^{\infty}\frac{1}{k!}(\boldsymbol{A}^kt^k) \tag{2.8}$$

其中规定 $0!=1$，$\boldsymbol{A}^0=\boldsymbol{I}$。$\mathrm{e}^{\boldsymbol{A}t}$ 称为**矩阵指数**。对应地对式(2.8)求导，并使用错位相减法，可以很容易证明式(2.5)的正确性，即

$$
\begin{aligned}
\frac{\mathrm{d}}{\mathrm{d}t}(\mathrm{e}^{\boldsymbol{A}t}) &= \left(\boldsymbol{0}+\boldsymbol{A}+\boldsymbol{A}^2t+\cdots+\frac{1}{(k-1)!}\boldsymbol{A}^k t^{(k-1)}+\cdots\right) \\
&= \boldsymbol{A}\sum_{k=0}^{\infty}\frac{1}{k!}(\boldsymbol{A}^k t^k) \\
&= \boldsymbol{A}\mathrm{e}^{\boldsymbol{A}t}
\end{aligned}
\tag{2.9}
$$

如果给定初始状态不是 $t=0$,而是 $t=t_0$,即 $\boldsymbol{x}(t_0)=\boldsymbol{x}_0$,那么可以类似解得

$$\dot{\boldsymbol{x}}(t)=\mathrm{e}^{\boldsymbol{A}(t-t_0)}\boldsymbol{x}_0,\qquad t\geqslant t_0 \tag{2.10}$$

至此就完成了对线性定常齐次状态空间表达式的求解。式(2.10)描述的是系统在零输入条件下,由初始状态 $\boldsymbol{x}_0$ 开始状态变化过程,因此又称为状态空间表达式的自由解。

2.3 线性定常系统的状态转移矩阵

2.3.1 线性定常系统状态转移矩阵的定义

由 2.2 节得到了状态空间表达式(2.1)的自由解

$$\boldsymbol{x}(t)=\mathrm{e}^{\boldsymbol{A}(t-t_0)}\boldsymbol{x}_0 \tag{2.11}$$

利用此方程,可以得到任意 $t\geqslant t_0$ 时刻的系统状态 $\boldsymbol{x}(t)$。而从状态转移的角度理解式(2.11),可以将其描述为从 t_0 时刻的系统状态 $\boldsymbol{x}_0$,经过$(t-t_0)$的时间间隔转移到时刻 t 的系统状态 $\boldsymbol{x}(t)$。这里,将这个与初值无关的矩阵 $\mathrm{e}^{\boldsymbol{A}t}$(或 $\mathrm{e}^{\boldsymbol{A}(t-t_0)}$)称为系统(2.1)的**状态转移矩阵**,记为 $\boldsymbol{\Phi}(t)$(或 $\boldsymbol{\Phi}(t-t_0)$)。式(2.7)和式(2.10)就可以写成

$$\boldsymbol{x}(t)=\boldsymbol{\Phi}(t)\boldsymbol{x}_0 \tag{2.12}$$

和

$$\boldsymbol{x}(t)=\boldsymbol{\Phi}(t-t_0)\boldsymbol{x}_0 \tag{2.13}$$

将式(2.12)分别代入 $\dot{\boldsymbol{x}}=\boldsymbol{A}\boldsymbol{x}$ 和 $\boldsymbol{x}(0)=\boldsymbol{x}_0$,可以得到 $\boldsymbol{\Phi}(t)$应当满足如下条件:

$$
\begin{aligned}
&\dot{\boldsymbol{\Phi}}(t)=\boldsymbol{A}\boldsymbol{\Phi}(t) \\
&\boldsymbol{\Phi}(0)=\boldsymbol{I}
\end{aligned}
\tag{2.14}
$$

可以证明对于状态空间表达式(2.1),满足式(2.14)的矩阵 $\boldsymbol{\Phi}(t)=\mathrm{e}^{\boldsymbol{A}t}$ 是唯一的。事实上,一般将式(2.14)作为状态转移矩阵的定义。

定义 2.1:对于线性定常系统(2.1),其状态转移矩阵为满足式(2.14)的解 $\boldsymbol{\Phi}(t)$。

$\boldsymbol{\Phi}(t)$并非只能描述由 $t=0$ 或初始状态开始的系统状态转移。状态转移矩阵 $\boldsymbol{\Phi}(t_1-t_2)$可以描述从任意 t_1 时刻到 t_2 时刻的系统状态转移,即

$$\boldsymbol{x}(t_2)=\boldsymbol{\Phi}(t_2-t_1)\boldsymbol{x}(t_1) \tag{2.15}$$

综上所述,利用状态转移矩阵可以将 t 时刻的系统状态向量 $\boldsymbol{x}(t)$描述为由初始 t_0 时刻的系统状态向量 $\boldsymbol{x}_0$ 经过与时间间隔相关的系统状态转移矩阵 $\boldsymbol{\Phi}(t-t_0)$转移得到。这种描述方式可以将系统本身特性与系统初始状态对系统状态向量的影响分开表示,这是状态转移矩阵的一大优点。同时,状态转移矩阵的其他性质也为系统的分析和计算提供了便利,下一节将对这些性质做统一介绍。

2.3.2 线性定常系统状态转移矩阵的运算性质

性质 2.1:$\boldsymbol{\Phi}(t-t)=\boldsymbol{I}$。

证明:将 $t=0$ 代入 e^{At} 的展开式(2.8),即可得到 $\boldsymbol{\Phi}(t-t)=\boldsymbol{I}$。

性质 2.2:$\boldsymbol{\Phi}(t_1)\boldsymbol{\Phi}(t_2)=\boldsymbol{\Phi}(t_1+t_2)$。

这一性质也被称为状态转移矩阵的“组合性质”。这表明系统状态由 $-t_1$ 时刻转移到 0 时刻(即 $\boldsymbol{\Phi}(-(-t_1))=\boldsymbol{\Phi}(t_1)$),再由 0 时刻转移到 t_2 时刻这一过程与状态从 $-t_1$ 时刻直接转移到 t_2 时刻在结果上是等价的。

性质 2.3:$\boldsymbol{\Phi}(t)^{-1}=\boldsymbol{\Phi}(-t)$。

证明:因为 $\boldsymbol{\Phi}(t-t)=\boldsymbol{I}$,且 $\boldsymbol{\Phi}(t-t)=\boldsymbol{\Phi}(t)\boldsymbol{\Phi}(-t)$,所以 $\boldsymbol{\Phi}(t)\boldsymbol{\Phi}(-t)=\boldsymbol{I}$。由此可以得到 $\boldsymbol{\Phi}(t)$ 可逆,且 $\boldsymbol{\Phi}(t)^{-1}=\boldsymbol{\Phi}(-t)$。

性质 2.4:$\boldsymbol{A}\boldsymbol{\Phi}(t)=\boldsymbol{\Phi}(t)\boldsymbol{A}$。

证明:由于 $\boldsymbol{\Phi}(t)=e^{\boldsymbol{A}t}=\sum\limits_{k=0}^{\infty}\dfrac{1}{k!}(\boldsymbol{A}^k t^k)$,显然 $\boldsymbol{A}\boldsymbol{\Phi}(t)=\sum\limits_{k=0}^{\infty}\dfrac{1}{k!}(\boldsymbol{A}^{k+1}t^k)=\boldsymbol{\Phi}(t)\boldsymbol{A}$。

性质 2.5:$\boldsymbol{\Phi}(t)^k=\boldsymbol{\Phi}(kt)$,其中 k 为正整数。

证明:利用性质 2.2 可以证明此性质。

【例 2.1】 某系统状态方程为

$$\dot{\boldsymbol{x}}=\begin{bmatrix}1 & 0 & 0\\ 1 & 2 & 0\\ 2 & 3 & 0\end{bmatrix}\boldsymbol{x} \tag{2.16}$$

利用状态转移矩阵的性质判断下列哪个矩阵为系统的状态转移矩阵。

$$\boldsymbol{\Phi}_1(t)=\begin{bmatrix}e^t & 0 & 0\\ e^{2t}-e^t & e^{2t} & 1\\ 1.5e^{2t}-e^t & 0 & 1\end{bmatrix}\quad \boldsymbol{\Phi}_2(t)=\begin{bmatrix}e^t & 0 & 0\\ e^{2t}-e^t & e^{2t} & 0\\ 0 & 1.5e^{2t}-1.5 & 1\end{bmatrix}$$

$$\boldsymbol{\Phi}_3(t)=\begin{bmatrix}e^t & 0 & 0\\ e^t & e^{2t} & 0\\ e^{2t} & e^{3t} & 1\end{bmatrix}\quad \boldsymbol{\Phi}_4(t)=\begin{bmatrix}e^t & 0 & 0\\ e^{2t}-e^t & e^{2t} & 0\\ 1.5e^{2t}-e^t-0.5 & 1.5e^{2t}-1.5 & 1\end{bmatrix} \tag{2.17}$$

解:首先因为 $\boldsymbol{\Phi}_1(0)=\begin{bmatrix}1 & 0 & 0\\ 0 & 1 & 0\\ 0.5 & 0 & 1\end{bmatrix}$,$\boldsymbol{\Phi}_3(0)=\begin{bmatrix}1 & 0 & 0\\ 1 & 1 & 0\\ 1 & 1 & 1\end{bmatrix}$,根据性质 2.1 可以排除 $\boldsymbol{\Phi}_1(t)$,$\boldsymbol{\Phi}_3(t)$。

之后利用性质 2.4 验证

$$\begin{bmatrix}1 & 0 & 0\\ 1 & 2 & 0\\ 2 & 3 & 0\end{bmatrix}\begin{bmatrix}e^t & 0 & 0\\ e^{2t}-e^t & e^{2t} & 0\\ 0 & 1.5e^{2t}-1.5 & 1\end{bmatrix}\neq\begin{bmatrix}e^t & 0 & 0\\ e^{2t}-e^t & e^{2t} & 0\\ 0 & 1.5e^{2t}-1.5 & 1\end{bmatrix}\begin{bmatrix}1 & 0 & 0\\ 1 & 2 & 0\\ 2 & 3 & 0\end{bmatrix}$$

$$\begin{bmatrix}1 & 0 & 0\\ 1 & 2 & 0\\ 2 & 3 & 0\end{bmatrix}\begin{bmatrix}e^t & 0 & 0\\ e^{2t}-e^t & e^{2t} & 0\\ 1.5e^{2t}-e^t-0.5 & 1.5e^{2t}-1.5 & 1\end{bmatrix}=\begin{bmatrix}e^t & 0 & 0\\ e^{2t}-e^t & e^{2t} & 0\\ 1.5e^{2t}-e^t-0.5 & 1.5e^{2t}-1.5 & 1\end{bmatrix}\begin{bmatrix}1 & 0 & 0\\ 1 & 2 & 0\\ 2 & 3 & 0\end{bmatrix} \tag{2.18}$$

由此得到 $\boldsymbol{\Phi}_2(t)$ 不是系统的状态转移矩阵,$\boldsymbol{\Phi}_4(t)$ 是系统的状态转移矩阵。

最后利用定义 2.1 对 $\boldsymbol{\Phi}_4(t)$ 进行验证,得到

$$\dot{\boldsymbol{\Phi}}_4(t)=\begin{bmatrix} e^t & 0 & 0 \\ 2e^{2t}-e^t & 2e^{2t} & 0 \\ 3e^{2t}-e^t & 3e^{2t} & 1 \end{bmatrix}$$

$$=\begin{bmatrix} 1 & 0 & 0 \\ 1 & 2 & 0 \\ 2 & 3 & 0 \end{bmatrix}\begin{bmatrix} e^t & 0 & 0 \\ e^{2t}-e^t & e^{2t} & 0 \\ 1.5e^{2t}-e^t-0.5 & 1.5e^{2t}-1.5 & 1 \end{bmatrix} \tag{2.19}$$

2.3.3 线性定常系统状态转移矩阵的计算方法

一般情况下，矩阵 $\boldsymbol{A}t=\{a_{ij}t\}$ 的矩阵指数并不满足 $e^{\boldsymbol{A}t}=\{e^{a_{ij}t}\}$（如例 2.1 中的 $\boldsymbol{\Phi}_3(t)$ 并非系统的状态转移矩阵），所以本节将讨论如何求解 $e^{\boldsymbol{A}t}$。

1. 特殊矩阵的矩阵指数

在介绍如何求解任意矩阵 $\boldsymbol{A}t$ 的矩阵指数之前，首先介绍几种特殊矩阵的矩阵指数。

(1) 对角矩阵的矩阵指数

若 $\boldsymbol{A}$ 为对角矩阵，即 $\boldsymbol{A}=\begin{bmatrix} \lambda_1 & 0 & \cdots & 0 \\ 0 & \lambda_2 & \ddots & \vdots \\ \vdots & \ddots & \ddots & 0 \\ 0 & \cdots & 0 & \lambda_n \end{bmatrix}$，则对应的状态转移矩阵为

$$\boldsymbol{\Phi}(t)=e^{\boldsymbol{A}t}=\begin{bmatrix} e^{\lambda_1} & 0 & \cdots & 0 \\ 0 & e^{\lambda_2} & \ddots & \vdots \\ \vdots & \ddots & \ddots & 0 \\ 0 & \cdots & 0 & e^{\lambda_n} \end{bmatrix} \tag{2.20}$$

证明：由 $\boldsymbol{A}$ 的形式可知

$$\boldsymbol{A}^k=\begin{bmatrix} \lambda_1^k & 0 & \cdots & 0 \\ 0 & \lambda_2^k & \ddots & \vdots \\ \vdots & \ddots & \ddots & 0 \\ 0 & \cdots & 0 & \lambda_n^k \end{bmatrix} \tag{2.21}$$

将式(2.21)代入式(2.8)可得

$$e^{\boldsymbol{A}t}=\sum_{k=0}^{\infty}\frac{1}{k!}(\boldsymbol{A}^k t^k)=\begin{bmatrix} \sum_{k=0}^{\infty}\frac{1}{k!}(\lambda_1^k t^k) & 0 & \cdots & 0 \\ 0 & \sum_{k=0}^{\infty}\frac{1}{k!}(\lambda_2^k t^k) & \ddots & \vdots \\ \vdots & \ddots & \ddots & 0 \\ 0 & \cdots & 0 & \sum_{k=0}^{\infty}\frac{1}{k!}(\lambda_n^k t^k) \end{bmatrix} \tag{2.22}$$

所以

$$e^{\boldsymbol{A}t}=\begin{bmatrix} e^{\lambda_1 t} & 0 & \cdots & 0 \\ 0 & e^{\lambda_n t} & \ddots & \vdots \\ \vdots & \ddots & \ddots & 0 \\ 0 & \cdots & 0 & e^{\lambda_n t} \end{bmatrix} \tag{2.23}$$

(2) 约当(Jordan)矩阵的矩阵指数

若矩阵 $\boldsymbol{A}$ 满足如下形式

$$\boldsymbol{A}=\begin{bmatrix} \lambda & 1 & 0 & \cdots & 0 \\ 0 & \lambda & 1 & \ddots & \vdots \\ & 0 & \lambda & \ddots & 0 \\ \vdots & & \ddots & \ddots & 1 \\ 0 & \cdots & & 0 & \lambda \end{bmatrix} \tag{2.24}$$

则称 $\boldsymbol{A}$ 为约当矩阵，一般记为 $\boldsymbol{A}=\boldsymbol{J}$，其对应的矩阵指数为

$$\mathrm{e}^{\boldsymbol{J}t}=\begin{bmatrix} 1 & t & \frac{1}{2!}t^2 & \cdots & \frac{1}{(n-1)!}t^{n-1} \\ 0 & 1 & t & \ddots & \vdots \\ & 0 & 1 & \ddots & \frac{1}{2!}t^2 \\ \vdots & & \ddots & \ddots & t \\ 0 & \cdots & & 0 & 1 \end{bmatrix}\mathrm{e}^{\lambda t} \tag{2.25}$$

请读者自行完成式(2.25)的证明(提示：先求约当矩阵 $\boldsymbol{J}$ 的 n 阶导数，再代入式(2.8)进行化简)。

(3) 可通过非奇异变换转化

若矩阵 $\boldsymbol{A}$ 满足

$$\boldsymbol{T}^{-1}\boldsymbol{A}\boldsymbol{T}=\boldsymbol{\Lambda} \tag{2.26}$$

其中 $\boldsymbol{\Lambda}$ 为对角矩阵或约当矩阵，则

$$\mathrm{e}^{\boldsymbol{A}t}=\boldsymbol{T}\mathrm{e}^{\boldsymbol{\Lambda}t}\boldsymbol{T}^{-1} \tag{2.27}$$

证明：

$$\begin{aligned} \mathrm{e}^{\boldsymbol{A}t} &= \sum_{k=0}^{\infty}\frac{1}{k!}(\boldsymbol{A}^k t^k) \\ &= \sum_{k=0}^{\infty}\frac{1}{k!}((\boldsymbol{T}\boldsymbol{\Lambda}\boldsymbol{T}^{-1})^k t^k) \\ &= \boldsymbol{T}\sum_{k=0}^{\infty}\frac{1}{k!}(\boldsymbol{\Lambda}^k t^k)\boldsymbol{T}^{-1} \\ &= \boldsymbol{T}\mathrm{e}^{\boldsymbol{\Lambda}t}\boldsymbol{T}^{-1} \end{aligned} \tag{2.28}$$

进一步可以推论，若矩阵 $\boldsymbol{A}$ 满足 $\boldsymbol{T}^{-1}\boldsymbol{A}\boldsymbol{T}=\begin{bmatrix} \boldsymbol{\Lambda}_1 & 0 & \cdots & 0 \\ 0 & \boldsymbol{\Lambda}_2 & \ddots & \vdots \\ \vdots & \ddots & \ddots & 0 \\ 0 & \cdots & 0 & \boldsymbol{\Lambda}_m \end{bmatrix}$，其中 $\boldsymbol{\Lambda}_1 \sim \boldsymbol{\Lambda}_m$ 为对角矩阵块或约当矩阵块，则

$$\mathrm{e}^{\boldsymbol{A}t}=\boldsymbol{T}\begin{bmatrix} \mathrm{e}^{\boldsymbol{\Lambda}_1 t} & 0 & \cdots & 0 \\ 0 & \mathrm{e}^{\boldsymbol{\Lambda}_2 t} & \ddots & \vdots \\ \vdots & \ddots & \ddots & 0 \\ 0 & \cdots & 0 & \mathrm{e}^{\boldsymbol{\Lambda}_m t} \end{bmatrix}\boldsymbol{T}^{-1} \tag{2.29}$$

证明过程与式(2.28)相似，这里不再赘述。

(4) $\boldsymbol{A}=\begin{bmatrix}\delta & \omega \\ -\omega & \delta\end{bmatrix}$的矩阵指数

$$\mathrm{e}^{\boldsymbol{A}t}=\mathrm{e}^{\delta t}\begin{bmatrix}\cos\omega t & \sin\omega t \\ -\sin\omega t & \cos\omega t\end{bmatrix} \tag{2.30}$$

证明：首先求出矩阵 $\boldsymbol{A}$ 的特征值为 $\lambda_{1,2}=\delta\pm\mathrm{j}\omega$，特征值对应的一组特征向量为 $\begin{bmatrix}\frac{\sqrt{2}}{2} & \mathrm{j}\frac{\sqrt{2}}{2}\end{bmatrix}$与$\begin{bmatrix}\frac{\sqrt{2}}{2} & -\mathrm{j}\frac{\sqrt{2}}{2}\end{bmatrix}$，由此可以求出一组变换矩阵

$$\boldsymbol{T}=\begin{bmatrix}\frac{\sqrt{2}}{2} & \frac{\sqrt{2}}{2} \\ \mathrm{j}\frac{\sqrt{2}}{2} & -\mathrm{j}\frac{\sqrt{2}}{2}\end{bmatrix},\quad \boldsymbol{T}^{-1}=\begin{bmatrix}\frac{\sqrt{2}}{2} & -\mathrm{j}\frac{\sqrt{2}}{2} \\ \frac{\sqrt{2}}{2} & \mathrm{j}\frac{\sqrt{2}}{2}\end{bmatrix} \tag{2.31}$$

与对应的对角矩阵

$$\boldsymbol{\Lambda}=\begin{bmatrix}\delta+\mathrm{j}\omega & 0 \\ 0 & \delta-\mathrm{j}\omega\end{bmatrix} \tag{2.32}$$

借助式(2.27)并化简即可得到结果。

2. 几种求解矩阵指数的方法

前面介绍了几种特殊形式矩阵的矩阵指数计算方法，下面介绍一些更为普遍的矩阵指数计算方法。

(1) 公式法

根据式(2.8)矩阵指数的定义直接计算

$$\mathrm{e}^{\boldsymbol{A}t}=\boldsymbol{I}+\boldsymbol{A}t+\frac{1}{2!}\boldsymbol{A}^2t^2+\cdots+\frac{1}{k!}\boldsymbol{A}^kt^k \tag{2.33}$$

此方法实现简单、直观，适于借助计算机求解。但是由于式(2.33)为无穷级数，只能得到一定精度的近似结果，难以得到解析解。

【例 2.2】 求矩阵 $\boldsymbol{A}=\begin{bmatrix}1 & 2 \\ 3 & 4\end{bmatrix}$对应的 $\mathrm{e}^{\boldsymbol{A}t}$。

解：直接将 $\boldsymbol{A}=\begin{bmatrix}1 & 2 \\ 3 & 4\end{bmatrix}$代入式(2.33)得

$$\begin{aligned}\mathrm{e}^{\boldsymbol{A}t}&=\begin{bmatrix}1 & 0 \\ 0 & 1\end{bmatrix}+\begin{bmatrix}t & 2t \\ 3t & 4t\end{bmatrix}+\frac{t^2}{2}\begin{bmatrix}7 & 10 \\ 15 & 21\end{bmatrix}+\frac{t^3}{6}\begin{bmatrix}37 & 54 \\ 81 & 118\end{bmatrix}+\cdots \\ &=\begin{bmatrix}1+t+\frac{7}{2}t^2+\frac{37}{6}t^3+\cdots & 1+2t+\frac{10}{2}t^2+\frac{54}{6}t^3+\cdots \\ 1+3t+\frac{15}{2}t^2+\frac{81}{6}t^3+\cdots & 1+4t+\frac{21}{2}t^2+\frac{118}{6}t^3+\cdots\end{bmatrix}\end{aligned} \tag{2.34}$$

可以看到此种方法得到的解为关于 t 的无穷级数。

(2) 拉普拉斯反变换法

$\dot{\boldsymbol{x}}(t)=\boldsymbol{A}\boldsymbol{x}(t)$自由解的拉普拉斯变换为：$L(\mathrm{e}^{\boldsymbol{A}t})=(s\boldsymbol{I}-\boldsymbol{A})^{-1}$。

证明:对系统

$$\dot{\boldsymbol{x}}(t)=\boldsymbol{A}\boldsymbol{x}(t),\qquad \boldsymbol{x}(0)=\boldsymbol{x}_0 \tag{2.35}$$

进行拉普拉斯变换可得

$$s\boldsymbol{X}(s)-\boldsymbol{x}_0=\boldsymbol{A}\boldsymbol{X}(s) \tag{2.36}$$

利用式(2.36)求解 $\boldsymbol{X}(s)$ 可得

$$\boldsymbol{X}(s)=(s\boldsymbol{I}-\boldsymbol{A})^{-1}\boldsymbol{x}_0 \tag{2.37}$$

同时,已知

$$\boldsymbol{x}(t)=\mathrm{e}^{\boldsymbol{A}t}\boldsymbol{x}_0 \tag{2.38}$$

所以,对式(2.38)进行拉普拉斯变换的结果为式(2.37),即 $L(\mathrm{e}^{\boldsymbol{A}t})=(s\boldsymbol{I}-\boldsymbol{A})^{-1}$。

利用上述结论,对 $(s\boldsymbol{I}-\boldsymbol{A})^{-1}$ 进行拉普拉斯反变换即可解出 $\mathrm{e}^{\boldsymbol{A}t}$。这种方法可以获得解析解,但是涉及矩阵求逆,当矩阵维度较高时运算成本过大。

【例 2.3】 使用拉普拉斯反变换法求解例 2.2。

解:首先得到

$$s\boldsymbol{I}-\boldsymbol{A}=\begin{bmatrix} s-1 & -2 \\ -3 & s-4 \end{bmatrix} \tag{2.39}$$

求其逆得

$$(s\boldsymbol{I}-\boldsymbol{A})^{-1}=\begin{bmatrix} s-1 & -2 \\ -3 & -4 \end{bmatrix}^{-1}=\begin{bmatrix} \dfrac{s-4}{s^2-5s-2} & \dfrac{2}{s^2-5s-2} \\ \dfrac{3}{s^2-5s-2} & \dfrac{s-1}{s^2-5s-2} \end{bmatrix} \tag{2.40}$$

最后,对 $\begin{bmatrix} \dfrac{s-4}{s^2-5s-2} & \dfrac{2}{s^2-5s-2} \\ \dfrac{3}{s^2-5s-2} & \dfrac{s-1}{s^2-5s-2} \end{bmatrix}$ 求拉普拉斯反变换,即可得到系统的状态转移矩阵

$$L^{-1}\left(\begin{bmatrix} \dfrac{s-4}{s^2-5s-2} & \dfrac{2}{s^2-5s-2} \\ \dfrac{3}{s^2-5s-2} & \dfrac{s-1}{s^2-5s-2} \end{bmatrix}\right)$$

$$=\begin{bmatrix} \left(\dfrac{1}{2}+\dfrac{\sqrt{33}}{22}\right)\mathrm{e}^{\left(\frac{5}{2}-\frac{\sqrt{33}}{2}\right)t}+\left(\dfrac{1}{2}-\dfrac{\sqrt{33}}{22}\right)\mathrm{e}^{\left(\frac{5}{2}+\frac{\sqrt{33}}{2}\right)t} & \dfrac{2\sqrt{33}}{33}\mathrm{e}^{\left(\frac{5}{2}+\frac{\sqrt{33}}{2}\right)t}-\dfrac{2\sqrt{33}}{33}\mathrm{e}^{\left(\frac{5}{2}-\frac{\sqrt{33}}{2}\right)t} \\ \dfrac{\sqrt{33}}{11}\mathrm{e}^{\left(\frac{5}{2}+\frac{\sqrt{33}}{2}\right)t}-\dfrac{\sqrt{33}}{11}\mathrm{e}^{\left(\frac{5}{2}-\frac{\sqrt{33}}{2}\right)t} & \left(\dfrac{1}{2}-\dfrac{\sqrt{33}}{22}\right)\mathrm{e}^{\left(\frac{5}{2}-\frac{\sqrt{33}}{2}\right)t}+\left(\dfrac{1}{2}+\dfrac{\sqrt{33}}{22}\right)\mathrm{e}^{\left(\frac{5}{2}+\frac{\sqrt{33}}{2}\right)t} \end{bmatrix} \tag{2.41}$$

求拉普拉斯反变换的方法已经在前述章节详细介绍,此处不再赘述。

【例 2.4】 已知矩阵 $\boldsymbol{A}=\begin{bmatrix} 1 & -\dfrac{5}{3} & 2 \\ 0 & 3 & 0 \\ 0 & \dfrac{1}{3} & 3 \end{bmatrix}$,求 $\mathrm{e}^{\boldsymbol{A}t}$。

解:首先求得

$$(s\boldsymbol{I}-\boldsymbol{A})^{-1}=\begin{bmatrix} s-1 & \frac{5}{3} & -2 \\ 0 & s-3 & 0 \\ 0 & -\frac{1}{3} & -3 \end{bmatrix}^{-1}$$

$$=\begin{bmatrix} \frac{1}{s-1} & -\frac{1}{3}\frac{5s-17}{(s-1)(s-3)^2} & \frac{2}{(s-1)(s-3)} \\ 0 & \frac{1}{s-3} & 0 \\ 0 & \frac{1}{3\,(s-3)^2} & \frac{1}{s-3} \end{bmatrix} \tag{2.42}$$

对式(2.42)进行拉普拉斯反变换,得

$$L^{-1}\left(\begin{bmatrix} \frac{1}{s-1} & -\frac{1}{3}\frac{5s-17}{(s-1)(s-3)^2} & \frac{2}{(s-1)(s-3)} \\ 0 & \frac{1}{s-3} & 0 \\ 0 & \frac{1}{3\,(s-3)^2} & \frac{1}{s-3} \end{bmatrix}\right)=\begin{bmatrix} \mathrm{e}^{t} & \mathrm{e}^{t}-\mathrm{e}^{3t}+\frac{t\mathrm{e}^{3t}}{3} & \mathrm{e}^{3t}-\mathrm{e}^{t} \\ 0 & \mathrm{e}^{3t} & 0 \\ 0 & \frac{t\mathrm{e}^{3t}}{3} & \mathrm{e}^{3t} \end{bmatrix} \tag{2.43}$$

(3) 标准型法

首先将矩阵 $\boldsymbol{A}$ 进行标准化

$$\boldsymbol{P}^{-1}\boldsymbol{A}\boldsymbol{P}=\boldsymbol{\Lambda} \tag{2.44}$$

式中,$\boldsymbol{\Lambda}$ 为对角矩阵或约当矩阵。之后可以利用式(2.27)得到 $\mathrm{e}^{\boldsymbol{\Lambda}t}$。当 $\boldsymbol{A}$ 的所有特征值互异时,可以找到非奇异矩阵 $\boldsymbol{P}$,使得 $\boldsymbol{P}^{-1}\boldsymbol{A}\boldsymbol{P}$ 为对角矩阵;当 $\boldsymbol{A}$ 的特征值存在重根时,$\boldsymbol{P}^{-1}\boldsymbol{A}\boldsymbol{P}$ 为约当矩阵。

【例 2.5】 已知矩阵 $\boldsymbol{A}=\begin{bmatrix} 3 & -0.5 & -1 \\ 0 & 1 & 0 \\ 0 & 0.5 & 2 \end{bmatrix}$,求 $\mathrm{e}^{\boldsymbol{A}t}$。

解:首先计算 $|\lambda\boldsymbol{I}-\boldsymbol{A}|$ 的行列式

$$|\lambda\boldsymbol{I}-\boldsymbol{A}|=\left|\begin{bmatrix} \lambda-3 & 0.5 & 1 \\ 0 & \lambda-1 & 0 \\ 0 & -0.5 & \lambda-2 \end{bmatrix}\right|$$

$$=(\lambda-3)(\lambda-1)(\lambda-2) \tag{2.45}$$

所以矩阵 $\boldsymbol{A}$ 的特征值为 $\lambda_1=1,\lambda_2=2,\lambda_3=3$。

注意到矩阵 $\boldsymbol{A}$ 有 3 个相异的特征值,之后求解 3 个特征值分别对应的一组特征向量为

$$\boldsymbol{p}_1=\begin{bmatrix} 0 \\ 4 \\ -2 \end{bmatrix},\quad \boldsymbol{p}_2=\begin{bmatrix} 1 \\ 0 \\ 1 \end{bmatrix},\quad \boldsymbol{p}_3=\begin{bmatrix} 1 \\ 0 \\ 0 \end{bmatrix} \tag{2.46}$$

则变换矩阵 $\boldsymbol{P}$ 及其逆为

$$
\boldsymbol{P}=\begin{bmatrix}0 & 1 & 1\\4 & 0 & 0\\-2 & 1 & 0\end{bmatrix},\quad \boldsymbol{P}^{-1}=\begin{bmatrix}0 & \frac{1}{4} & 0\\0 & \frac{1}{2} & 1\\1 & -\frac{1}{2} & -1\end{bmatrix} \tag{2.47}
$$

最后矩阵 $\boldsymbol{A}$ 可以写成

$$
\boldsymbol{A}=\boldsymbol{P}^{-1}\begin{bmatrix}1 & 0 & 0\\0 & 2 & 0\\0 & 0 & 3\end{bmatrix}\boldsymbol{P} \tag{2.48}
$$

则

$$
\mathrm{e}^{\boldsymbol{A}t}=\boldsymbol{P}^{-1}\begin{bmatrix}\mathrm{e}^{t} & 0 & 0\\0 & \mathrm{e}^{2t} & 0\\0 & 0 & \mathrm{e}^{3t}\end{bmatrix}\boldsymbol{P}=\begin{bmatrix}\mathrm{e}^{3t} & \frac{1}{2}\mathrm{e}^{2t}-\frac{1}{2}\mathrm{e}^{3t} & \mathrm{e}^{2t}-\mathrm{e}^{3t}\\0 & \mathrm{e}^{t} & 0\\0 & \frac{1}{2}\mathrm{e}^{2t}-\frac{1}{2}\mathrm{e}^{t} & \mathrm{e}^{2t}\end{bmatrix} \tag{2.49}
$$

【例 2.6】 已知矩阵 $\boldsymbol{A}=\begin{bmatrix}1 & -\frac{5}{3} & 2\\0 & 3 & 0\\0 & \frac{1}{3} & 3\end{bmatrix}$，求 $\mathrm{e}^{\boldsymbol{A}t}$。

解：首先求矩阵 $\boldsymbol{A}$ 的特征值为 $\lambda_{1,2}=3,\lambda_3=1$，有一对重根。运用第 1 章中介绍的方法求得变换矩阵为

$$
\boldsymbol{T}=\begin{bmatrix}1 & -2 & 1\\0 & 3 & 0\\1 & 1 & 0\end{bmatrix},\quad \boldsymbol{T}^{-1}=\begin{bmatrix}0 & -\frac{1}{3} & 1\\0 & \frac{1}{3} & 0\\1 & 1 & -1\end{bmatrix} \tag{2.50}
$$

最终得到

$$
\mathrm{e}^{\boldsymbol{A}t}=\boldsymbol{T}^{-1}\begin{bmatrix}\mathrm{e}^{3t} & t\mathrm{e}^{3t} & 0\\0 & \mathrm{e}^{3t} & 0\\0 & 0 & \mathrm{e}^{t}\end{bmatrix}\boldsymbol{T}=\begin{bmatrix}\mathrm{e}^{t} & \mathrm{e}^{t}+\frac{1}{3}t\mathrm{e}^{3t}-\mathrm{e}^{3t} & \mathrm{e}^{3t}-\mathrm{e}^{t}\\0 & \mathrm{e}^{3t} & 0\\0 & \frac{1}{3}t\mathrm{e}^{3t} & \mathrm{e}^{3t}\end{bmatrix} \tag{2.51}
$$

(4) 凯莱-哈密顿定理

定理 2.1 （凯莱-哈密顿定理，Hamilton-Cayley Theorem）：若 n 阶矩阵 $\boldsymbol{A}$ 的特征方程为 $f(\lambda)=|\lambda\boldsymbol{I}-\boldsymbol{A}|=\lambda^n+a_{n-1}\lambda^{n-1}+\cdots+a_1\lambda+a_0$，那么 $\boldsymbol{A}$ 满足方程

$$
f(\boldsymbol{A})=\boldsymbol{A}^n+a_{n-1}\boldsymbol{A}^{n-1}+\cdots+a_1A+a_0\boldsymbol{I}=0 \tag{2.52}
$$

利用凯莱-哈密顿定理可以得到

$$
\boldsymbol{A}^n=-a_{n-1}\boldsymbol{A}^{n-1}-\cdots-a_1\boldsymbol{A}-a_0\boldsymbol{I} \tag{2.53}
$$

利用式(2.53)可以将 $\boldsymbol{A}$ 的任意高次指数 $\boldsymbol{A}^m(m>n)$ 写成 $\boldsymbol{A}^{n-1},\boldsymbol{A}^{n-2},\cdots,\boldsymbol{A}^0$ 的线性组合,即

$$\begin{aligned}\boldsymbol{A}^m &= \boldsymbol{A}^{m-n}\boldsymbol{A}^n \\ &= \boldsymbol{A}^{m-n}(-a_{n-1}\boldsymbol{A}^{n-1}-\cdots-a_1\boldsymbol{A}-a_0\boldsymbol{I}) \\ &= -a_{n-1}\boldsymbol{A}^{m-1}-\cdots-a_1\boldsymbol{A}^{m-n+1}-a_0\boldsymbol{A}^{m-n} \\ &= \cdots \\ &= k_{n-1}\boldsymbol{A}^{n-1}+\cdots+k_1\boldsymbol{A}+k_0\boldsymbol{I}\end{aligned} \tag{2.54}$$

进行$(m-n)$次迭代,直至最高阶小于 n 为止。根据这一结论,无穷级数 $\mathrm{e}^{\boldsymbol{A}t}$ 也可以写成如下形式

$$\mathrm{e}^{\boldsymbol{A}t}=\alpha_{n-1}(t)\boldsymbol{A}^{n-1}+\alpha_{n-2}(t)\boldsymbol{A}^{n-2}+\cdots+\alpha_1(t)\boldsymbol{A}+\alpha_0(t)\boldsymbol{I} \tag{2.55}$$

不加证明地指出,式(2.55)中的系数 $\alpha_i(i=0,1,\cdots,n-1)$可以用如下方法求得。

① 当 $\boldsymbol{A}$ 的特征值均互异时,有

$$\begin{bmatrix}\alpha_0(t)\\ \vdots \\ \alpha_{n-2}(t)\\ \alpha_{n-1}(t)\end{bmatrix}=\begin{bmatrix}1 & \lambda_1 & \lambda_1^2 & \cdots & \lambda_1^{n-1}\\ \vdots & \vdots & \vdots & \ddots & \vdots\\ 1 & \lambda_{n-1} & \lambda_{n-1}^2 & \cdots & \lambda_{n-1}^{n-1}\\ 1 & \lambda_n & \lambda_n^2 & \cdots & \lambda_n^{n-1}\end{bmatrix}^{-1}\begin{bmatrix}\mathrm{e}^{\lambda_1 t}\\ \vdots \\ \mathrm{e}^{\lambda_{n-1}t}\\ \mathrm{e}^{\lambda_n t}\end{bmatrix} \tag{2.56}$$

注意到上式中矩阵可逆的充分必要条件是所有特征值互异,当 $\boldsymbol{A}$ 存在重根时,需要改变求系数的方法。

【例 2.7】 利用凯莱-哈密顿定理求解例 2.5。

解:已经求出 $\boldsymbol{A}$ 的特征值为 1,2,3,特征多项式为

$$|\lambda\boldsymbol{I}-\boldsymbol{A}|=\lambda^3-6\lambda^2+11\lambda-6=0 \tag{2.57}$$

根据凯莱-哈密顿定理

$$\mathrm{e}^{\boldsymbol{A}t}=\alpha_2(t)\boldsymbol{A}^2+\alpha_1(t)\boldsymbol{A}+\alpha_0(t)\boldsymbol{I} \tag{2.58}$$

利用式(2.56)得到

$$\begin{bmatrix}\alpha_0\\ \alpha_1\\ \alpha_2\end{bmatrix}=\begin{bmatrix}1&1&1\\1&2&4\\1&3&9\end{bmatrix}^{-1}\begin{bmatrix}\mathrm{e}^t\\ \mathrm{e}^{2t}\\ \mathrm{e}^{3t}\end{bmatrix}=\begin{bmatrix}3 & -3 & 1\\ -\frac{5}{2} & 4 & -\frac{3}{2}\\ \frac{1}{2} & -1 & \frac{1}{2}\end{bmatrix}\begin{bmatrix}\mathrm{e}^t\\ \mathrm{e}^{2t}\\ \mathrm{e}^{3t}\end{bmatrix}=\begin{bmatrix}3\mathrm{e}^t-3\mathrm{e}^{2t}+\mathrm{e}^{3t}\\ 4\mathrm{e}^{2t}-\frac{5}{2}\mathrm{e}^t-\frac{3}{2}\mathrm{e}^{3t}\\ \frac{1}{2}\mathrm{e}^t-\mathrm{e}^{2t}+\frac{1}{2}\mathrm{e}^{3t}\end{bmatrix} \tag{2.59}$$

将式(2.59)代入式(2.58)得到

$$\mathrm{e}^{\boldsymbol{A}t}=\left(\frac{1}{2}\mathrm{e}^t-\mathrm{e}^{2t}+\frac{1}{2}\mathrm{e}^{3t}\right)\boldsymbol{A}^2+\left(4\mathrm{e}^{2t}-\frac{5}{2}\mathrm{e}^t-\frac{3}{2}\mathrm{e}^{3t}\right)\boldsymbol{A}+(3\mathrm{e}^t-3\mathrm{e}^{2t}+\mathrm{e}^{3t})\boldsymbol{I} \tag{2.60}$$

最终化简结果与式(2.49)相同。

② 当 $\boldsymbol{A}$ 存在重根时,假设 $\boldsymbol{A}$ 的某一重根出现 m 次。不失一般性,假设 $\lambda_{n-m}=\lambda_{n-m+1}=\cdots=\lambda_n$,此时用

$$\begin{bmatrix}0! & \lambda_n & \lambda_n^2 & \cdots & \lambda_n^{n-1}\\ 0 & 1! & 2\lambda_n & \cdots & (n-1)\lambda_n^{n-2}\\ 0 & 0 & 2! & \cdots & (n-1)(n-2)\lambda_n^{n-3}\\ \vdots & \vdots & \vdots & \ddots & \vdots\\ 0 & \frac{(m-1)!}{0!} & \frac{m!}{1!}\lambda_n & \cdots & \frac{(n-1)!}{(m-1)!}\lambda_n^{n-m}\end{bmatrix} \text{和} \begin{bmatrix}\mathrm{e}^{\lambda_n t}\\ t\mathrm{e}^{\lambda_n t}\\ \vdots\\ t^{m-1}\mathrm{e}^{\lambda_n t}\end{bmatrix}$$

代替式(2.56)中 m 个重根对应的 $m\times n$ 维矩阵块和 m 维列向量。

【例 2.8】 利用凯莱-哈密顿定理求解例 2.6。

解:矩阵 $\boldsymbol{A}$ 的特征值为 3,3,1。根据凯莱-哈密顿定理列写方程

$$\begin{bmatrix}\alpha_0\\\alpha_1\\\alpha_2\end{bmatrix}=\begin{bmatrix}1&3&9\\0&1&6\\1&1&1\end{bmatrix}^{-1}\begin{bmatrix}e^{3t}\\te^{3t}\\e^{t}\end{bmatrix}=\begin{bmatrix}-\frac{5}{4}&\frac{3}{2}&\frac{9}{4}\\\frac{3}{2}&-2&-\frac{3}{2}\\-\frac{1}{4}&\frac{1}{2}&\frac{1}{4}\end{bmatrix}\begin{bmatrix}e^{3t}\\te^{3t}\\e^{t}\end{bmatrix}=\begin{bmatrix}-\frac{5}{4}e^{3t}+\frac{3}{2}te^{2t}+\frac{9}{4}e^{t}\\\frac{3}{2}e^{3t}-2te^{2t}-\frac{3}{2}e^{t}\\-\frac{1}{4}e^{3t}+\frac{1}{2}te^{2t}+\frac{1}{4}e^{t}\end{bmatrix}\tag{2.61}$$

将式(2.61)代入 $e^{\boldsymbol{A}t}=\alpha_2(t)\boldsymbol{A}^2+\alpha_1(t)\boldsymbol{A}+\alpha_0(t)\boldsymbol{I}$,即可得到 $e^{\boldsymbol{A}t}$ 为

$$e^{\boldsymbol{A}t}=\begin{bmatrix}e^{t}&e^{t}+\frac{1}{3}te^{3t}-e^{3t}&e^{3t}-e^{t}\\0&e^{3t}&0\\0&\frac{1}{3}te^{3t}&e^{3t}\end{bmatrix}\tag{2.62}$$

2.4 线性定常非齐次状态方程的解

在 2.2 节和 2.3 节中,我们围绕状态空间表达式 $\dot{\boldsymbol{x}}(t)=\boldsymbol{A}\boldsymbol{x}(t)$ 的自由解进行了分析和讨论。在此基础上,下面将进一步分析在系统输入影响下非齐次状态方程的解。

包含输入的非齐次状态方程

$$\dot{\boldsymbol{x}}(t)=\boldsymbol{A}\boldsymbol{x}(t)+\boldsymbol{B}\boldsymbol{u}(t),\qquad \boldsymbol{x}(0)=\boldsymbol{x}_0\tag{2.63}$$

的解为

$$\boldsymbol{x}(t)=e^{\boldsymbol{A}t}\boldsymbol{x}_0+\int_0^t e^{\boldsymbol{A}(t-\tau)}\boldsymbol{B}\boldsymbol{u}(\tau)d\tau,\qquad t\geqslant 0\tag{2.64}$$

证明:对式(2.64)两端同时求关于时间的导数,得

$$\begin{aligned}\dot{\boldsymbol{x}}(t)&=\boldsymbol{A}e^{\boldsymbol{A}t}\boldsymbol{x}_0+\boldsymbol{A}\int_0^t e^{\boldsymbol{A}(t-\tau)}\boldsymbol{B}\boldsymbol{u}(\tau)d\tau+\boldsymbol{B}\boldsymbol{u}(t)\\&=\boldsymbol{A}(e^{\boldsymbol{A}t}\boldsymbol{x}_0+\int_0^t e^{\boldsymbol{A}(t-\tau)}\boldsymbol{B}\boldsymbol{u}(\tau)d\tau)+\boldsymbol{B}\boldsymbol{u}(t)\\&=\boldsymbol{A}\boldsymbol{x}(t)+\boldsymbol{B}\boldsymbol{u}(t)\end{aligned}\tag{2.65}$$

另外,将 $t=0$ 代入式(2.64)得到 $\boldsymbol{x}(0)=\boldsymbol{x}_0$,由此可得式(2.64)是式(2.63)的解。

针对更为一般的形式

$$\dot{\boldsymbol{x}}(t)=\boldsymbol{A}\boldsymbol{x}(t)+\boldsymbol{B}\boldsymbol{u}(t),\qquad \boldsymbol{x}(t_0)=\boldsymbol{x}_0\tag{2.66}$$

与式(2.64)相似,可以求得其解为

$$\boldsymbol{x}(t)=e^{\boldsymbol{A}(t-t_0)}\boldsymbol{x}_0+\int_{t_0}^t e^{\boldsymbol{A}(t-\tau)}\boldsymbol{B}\boldsymbol{u}(\tau)d\tau,\qquad t\geqslant t_0\tag{2.67}$$

【例 2.9】 输入 $u(t)=3,t>0$,求下述系统的解

$$\dot{\boldsymbol{x}}=\begin{bmatrix}2&1\\0&2\end{bmatrix}\boldsymbol{x}+\begin{bmatrix}0\\1\end{bmatrix}u(t)$$
$$\boldsymbol{x}_0=\boldsymbol{x}(0)=\begin{bmatrix}1\\2\end{bmatrix}\tag{2.68}$$

解:首先计算 e^{At},由于 $\boldsymbol{A}$ 为约当标准型,可以直接写出

$$e^{At}=\begin{bmatrix} e^{2t} & te^{2t} \\ 0 & e^{2t} \end{bmatrix} \tag{2.69}$$

将式(2.69)代入式(2.67)得

$$\begin{aligned} \boldsymbol{x}(t) &= \begin{bmatrix} e^{2t} & te^{2t} \\ 0 & e^{2t} \end{bmatrix}\begin{bmatrix} 1 \\ 2 \end{bmatrix}+\int_0^t \begin{bmatrix} e^{2(t-\tau)} & (t-\tau)e^{2(t-\tau)} \\ 0 & e^{2(t-\tau)} \end{bmatrix}\begin{bmatrix} 0 \\ 1 \end{bmatrix}u(\tau)\mathrm{d}\tau \\ &= \begin{bmatrix} e^{2t}+2te^{2t} \\ 2e^{2t} \end{bmatrix}+\int_0^t \begin{bmatrix} (t-\tau)e^{2(t-\tau)} \\ e^{2(t-\tau)} \end{bmatrix}u(\tau)\mathrm{d}\tau \end{aligned} \tag{2.70}$$

代入 $u(t)=3,t>0$ 得

$$\begin{aligned} \boldsymbol{x}(t) &= \begin{bmatrix} e^{2t}+2te^{2t} \\ 2e^{2t} \end{bmatrix}+\int_0^t \begin{bmatrix} 3(t-\tau)e^{2(t-\tau)} \\ 3e^{2(t-\tau)} \end{bmatrix}\mathrm{d}\tau \\ &= \begin{bmatrix} e^{2t}+2te^{2t}+\frac{3}{2}(te^{2t}-e^{2t}+1) \\ 2e^{2t}+\frac{3}{2}(e^{2t}-1) \end{bmatrix}=\begin{bmatrix} -\frac{1}{2}e^{2t}+\frac{7}{2}te^{2t}+\frac{3}{2} \\ \frac{7}{2}e^{2t}-\frac{3}{2} \end{bmatrix} \end{aligned} \tag{2.71}$$

2.5 线性时变系统状态方程的解

时变特性在实际系统中普遍存在,系统自身参数、参考目标等都可能随时间的变化而变化,如汽车跟踪一个时变轨迹时,位置误差系统就是一个时变系统。定常系统在一定程度上是时变系统的简化和特例。本节将在前述线性定常系统的基础上,进一步对线性时变系统进行分析和讨论。

2.5.1 线性时变系统状态转移矩阵的求解

针对线性时变系统的齐次状态方程

$$\dot{\boldsymbol{x}}(t)=\boldsymbol{A}(t)\boldsymbol{x}(t),\qquad \boldsymbol{x}(t_0)=\boldsymbol{x}_0 \tag{2.72}$$

对应的 $\boldsymbol{x}=\boldsymbol{\Phi}(t)\boldsymbol{x}_0$ 应满足 $\dot{\boldsymbol{\Phi}}(t)=\boldsymbol{A}(t)\boldsymbol{\Phi}(t)$。类比标量微分方程的求导公式可知,若存在

$$\boldsymbol{\Phi}(t)=e^{\int_{t_0}^t \boldsymbol{A}(\tau)\mathrm{d}\tau} \tag{2.73}$$

满足

$$\dot{\boldsymbol{\Phi}}(t)=\boldsymbol{A}(t)e^{\int_{t_0}^t \boldsymbol{A}(\tau)\mathrm{d}\tau} \tag{2.74}$$

则 $\boldsymbol{x}(t)=e^{\int_{t_0}^t \boldsymbol{A}(\tau)\mathrm{d}\tau}\boldsymbol{x}_0$ 就是式(2.72)的解。然而式(2.74)成立,当且仅当

$$\boldsymbol{A}(t)\int_{t_0}^t \boldsymbol{A}(\tau)\mathrm{d}\tau=\int_{t_0}^t \boldsymbol{A}(\tau)\mathrm{d}\tau\boldsymbol{A}(t) \tag{2.75}$$

也就是 $\boldsymbol{A}(t)$ 和 $\int_{t_0}^t \boldsymbol{A}(\tau)\mathrm{d}\tau$ 满足矩阵乘法的交换律。对式(2.73)求导并进行无穷级数展开,即可得到上述结论。

与定常系统不同,时变系统的解对于初始时间更为敏感。因此,一般将时变系统的状态转移矩阵写为关于时间与初始时间的二元函数,即式(2.72)的解 $\boldsymbol{\Phi}(t,t_0)$ 满足

$$\begin{aligned} &\dot{\boldsymbol{\Phi}}(t,t_0)=\boldsymbol{A}(t)\boldsymbol{\Phi}(t,t_0) \\ &\boldsymbol{\Phi}(t_0,t_0)=\boldsymbol{I} \end{aligned} \tag{2.76}$$

对于不满足矩阵乘法交换律的系统不能使用矩阵指数的形式表示。事实上，对于 $\boldsymbol{A}(t)\int_{t_0}^{t}\boldsymbol{A}(\tau)\mathrm{d}\tau \neq \int_{t_0}^{t}\boldsymbol{A}(\tau)\mathrm{d}\tau\boldsymbol{A}(t)$ 的情况，很难求得解析解。

上述情况下虽然难以求得解析解，但是原微分方程仍然是有解的。一种求解的方式用如下无穷级数近似：

$$\begin{aligned}\boldsymbol{\Phi}(t,t_0) = \boldsymbol{I} + \int_{t_0}^{t}\boldsymbol{A}(\tau_1)\mathrm{d}\tau_1 + \int_{t_0}^{t}\boldsymbol{A}(\tau_1)\int_{t_0}^{\tau_1}\boldsymbol{A}(\tau_2)\mathrm{d}\tau_2\mathrm{d}\tau_1 + \cdots + \\ \int_{t_0}^{t}\boldsymbol{A}(\tau_1)\int_{t_0}^{\tau_1}\boldsymbol{A}(\tau_2)\cdots\int_{t_0}^{\tau_n}\boldsymbol{A}(\tau_n)\cdots\mathrm{d}\tau_n\cdots\mathrm{d}\tau_2\mathrm{d}\tau_1\end{aligned} \tag{2.77}$$

可以很容易验证式(2.77)满足式(2.76)中对解的要求。

2.5.2　线性时变系统状态转移矩阵的性质

对照 2.3.2 节中定常系统状态转移矩阵的性质(性质 2.1 至性质 2.5)，对时变系统的状态转移矩阵 $\boldsymbol{\Phi}(t,t_0)$ 进行分析，可以得到 $\boldsymbol{\Phi}(t,t_0)$ 具有如下基本性质。

性质 2.6：$\boldsymbol{\Phi}(t_0+t-t,t_0)=\boldsymbol{I}$。

性质 2.7：$\boldsymbol{\Phi}(t_1,t_2)\boldsymbol{\Phi}(t_2,t_3)=\boldsymbol{\Phi}(t_1,t_3)$。

性质 2.8：$\boldsymbol{\Phi}(t_1,t_2)^{-1}=\boldsymbol{\Phi}(t_2,t_1)$。

性质 2.9：$\dot{\boldsymbol{\Phi}}(t,t_0)=\boldsymbol{A}(t)\boldsymbol{\Phi}(t,t_0)$，但是一般不满足 $\boldsymbol{\Phi}(t,t_0)\boldsymbol{A}(t)=\boldsymbol{A}(t)\boldsymbol{\Phi}(t,t_0)$。

上述性质证明过程留作读者自行完成。

2.5.3　线性时变非齐次状态方程的解

进一步对带有输入的线性时变系统进行分析，即线性时变非齐次状态方程的求解问题。线性时变非齐次状态方程可以写成

$$\dot{\boldsymbol{x}}(t)=\boldsymbol{A}(t)\boldsymbol{x}(t)+\boldsymbol{B}(t)\boldsymbol{u}(t),\qquad \boldsymbol{x}(t_0)=\boldsymbol{x}_0 \tag{2.78}$$

式(2.78)的解为

$$\boldsymbol{x}(t) = \boldsymbol{\Phi}(t,t_0)\boldsymbol{x}_0 + \int_{t_0}^{t}\boldsymbol{\Phi}(t,\tau)\boldsymbol{B}(\tau)\boldsymbol{u}(\tau)\mathrm{d}\tau \tag{2.79}$$

证明：首先根据 $\boldsymbol{\Phi}(t,t_0)$ 的性质有 $\dot{\boldsymbol{\Phi}}(t,t_0)=\boldsymbol{A}(t)\boldsymbol{\Phi}(t,t_0)$。对式(2.79)求导，可得

$$\begin{aligned}\dot{\boldsymbol{x}}(t) &= \dot{\boldsymbol{\Phi}}(t,t_0)\boldsymbol{x}_0 + \frac{\partial}{\partial t}\left(\int_{t_0}^{t}\boldsymbol{\Phi}(t,\tau)\boldsymbol{B}(\tau)\boldsymbol{u}(\tau)\mathrm{d}\tau\right) \\ &= \boldsymbol{A}(t)\boldsymbol{\Phi}(t,t_0)\boldsymbol{x}_0 + \frac{\partial}{\partial t}\left(\int_{t_0}^{t}\boldsymbol{\Phi}(t,\tau)\boldsymbol{B}(\tau)\boldsymbol{u}(\tau)\mathrm{d}\tau\right)\end{aligned} \tag{2.80}$$

根据定积分求导的性质可得

$$\begin{aligned}\frac{\partial}{\partial t}\left(\int_{t_0}^{t}\boldsymbol{\Phi}(t,\tau)\boldsymbol{B}(\tau)\boldsymbol{u}(\tau)\mathrm{d}\tau\right) &= \boldsymbol{\Phi}(t,t)\boldsymbol{B}(t)\boldsymbol{u}(t) + \int_{t_0}^{t}\left(\frac{\partial}{\partial t}(\boldsymbol{\Phi}(t,\tau)\boldsymbol{B}(\tau)\boldsymbol{u}(\tau))\right)\mathrm{d}\tau \\ &= \boldsymbol{B}(t)\boldsymbol{u}(t) + \int_{t_0}^{t}\dot{\boldsymbol{\Phi}}(t,\tau)\boldsymbol{B}(\tau)\boldsymbol{u}(\tau)\mathrm{d}\tau \\ &= \boldsymbol{B}(t)\boldsymbol{u}(t) + \int_{t_0}^{t}\boldsymbol{A}(t)\boldsymbol{\Phi}(t,\tau)\boldsymbol{B}(\tau)\boldsymbol{u}(\tau)\mathrm{d}\tau \\ &= \boldsymbol{B}(t)\boldsymbol{u}(t) + \boldsymbol{A}(t)\int_{t_0}^{t}\boldsymbol{\Phi}(t,\tau)\boldsymbol{B}(\tau)\boldsymbol{u}(\tau)\mathrm{d}\tau\end{aligned} \tag{2.81}$$

最终得到

$$\begin{aligned}\dot{\boldsymbol{x}}(t) &= \boldsymbol{A}(t)(\boldsymbol{\Phi}(t,t_0)\boldsymbol{x}_0 + \int_{t_0}^{t}\boldsymbol{\Phi}(t,\tau)\boldsymbol{B}(\tau)\boldsymbol{u}(\tau)\mathrm{d}\tau) + \boldsymbol{B}(t)\boldsymbol{u}(t)\\ &= \boldsymbol{A}(t)\boldsymbol{x}(t) + \boldsymbol{B}(t)\boldsymbol{u}(t)\end{aligned} \tag{2.82}$$

另外，将 $\boldsymbol{x}(t_0)=\boldsymbol{x}_0$ 代入式(2.79)可得

$$x(t_0) = \boldsymbol{\Phi}(t_0,t_0)\boldsymbol{x}_0 + \int_{t_0}^{t_0}\boldsymbol{\Phi}(t_0,\tau)\boldsymbol{B}(\tau)\boldsymbol{u}(\tau)\mathrm{d}\tau = \boldsymbol{x}_0 \tag{2.83}$$

综上可知，式(2.79)是式(2.78)的解。

2.6 连续状态方程的离散化

随着数字控制与计算机控制的日益发展，对离散系统的研究和分析逐渐成为现在科学技术发展的一个重要方向。在本章的前述内容中，我们主要针对连续系统进行了分析和讨论，本节开始讨论离散状态方程的相关内容，首先学习如何把一个连续的状态方程转化为离散状态方程，即连续状态方程的离散化。

2.6.1 线性定常连续状态方程的离散化

在进行连续状态方程离散化时，假设采样周期为一满足香农定理的常值 T，且系统输入 $\boldsymbol{u}(t)$ 只在采样时刻改变，即当 $t\in[kT,(k+1)T)$ 时 $\boldsymbol{u}(t)=\boldsymbol{u}(kT)$，其中 $k=0,1,2,\cdots$ 为非负整数。

此时，针对连续线性系统的状态方程

$$\begin{cases}\dot{\boldsymbol{x}}(t)=\boldsymbol{A}\boldsymbol{x}(t)+\boldsymbol{B}\boldsymbol{u}(t)\\ \boldsymbol{y}(t)=\boldsymbol{C}\boldsymbol{x}(t)+\boldsymbol{D}\boldsymbol{u}(t)\end{cases} \tag{2.84}$$

进行离散化得到

$$\begin{cases}\boldsymbol{x}((k+1)T)=\boldsymbol{G}(T)\boldsymbol{x}(kT)+\boldsymbol{H}(T)\boldsymbol{u}(kT)\\ \boldsymbol{y}(kT)=\boldsymbol{C}\boldsymbol{x}(kT)+\boldsymbol{D}\boldsymbol{u}(kT)\end{cases} \tag{2.85}$$

其中

$$\begin{aligned}\boldsymbol{G}(T) &= \mathrm{e}^{\boldsymbol{A}T}\\ \boldsymbol{H}(T) &= \int_0^T \mathrm{e}^{\boldsymbol{A}t}\,\mathrm{d}t\boldsymbol{B}\end{aligned} \tag{2.86}$$

证明：式(2.84)第二个等式只是状态 $\boldsymbol{x}(t)$ 与输入 $\boldsymbol{u}(t)$ 的线性组合，其离散化形式不变。下面采用数学归纳法证明式(2.84)和式(2.85)中的第一个方程。

(1) 当 $k=0$ 时，对式(2.84)和式(2.85)设置相同的初值，即可满足

$$\boldsymbol{x}(0)=\boldsymbol{x}(kT)\big|_{k=0}=\boldsymbol{x}_0 \tag{2.87}$$

(2) 假设当 $t=kT$ 时，有

$$\boldsymbol{x}(t)\big|_{t=kT}=\boldsymbol{x}(kT) \tag{2.88}$$

则当 $t=(k+1)T$ 时，首先计算式(2.84)的解，可得

$$\boldsymbol{x}(t) = \mathrm{e}^{\boldsymbol{A}(t-t_0)}\boldsymbol{x}_0 + \int_{t_0}^{t}\mathrm{e}^{\boldsymbol{A}(t-\tau)}\boldsymbol{B}\boldsymbol{u}(\tau)\mathrm{d}\tau \tag{2.89}$$

代入 $t=(k+1)T$ 可得

$$
\begin{aligned}
\boldsymbol{x}((k+1)T) &= \mathrm{e}^{\boldsymbol{A}((k+1)T-t_0)}\boldsymbol{x}_0 + \int_{t_0}^{(k+1)T} \mathrm{e}^{\boldsymbol{A}((k+1)T-\tau)}\boldsymbol{Bu}(\tau)\mathrm{d}\tau \\
&= \mathrm{e}^{\boldsymbol{A}T}\mathrm{e}^{\boldsymbol{A}(kT-t_0)}\boldsymbol{x}_0 + \mathrm{e}^{\boldsymbol{A}T}\int_{t_0}^{kT} \mathrm{e}^{\boldsymbol{A}(kT-\tau)}\boldsymbol{Bu}(\tau)\mathrm{d}\tau + \int_{kT}^{(k+1)T} \mathrm{e}^{\boldsymbol{A}((k+1)T-\tau)}\boldsymbol{Bu}(\tau)\mathrm{d}\tau \\
&= \mathrm{e}^{\boldsymbol{A}T}\left(\mathrm{e}^{\boldsymbol{A}(kT-t_0)}\boldsymbol{x}_0 + \int_{t_0}^{kT} \mathrm{e}^{\boldsymbol{A}(kT-\tau)}\boldsymbol{Bu}(\tau)\mathrm{d}\tau\right) + \int_{kT}^{(k+1)T} \mathrm{e}^{\boldsymbol{A}((k+1)T-\tau)}\boldsymbol{Bu}(\tau)\mathrm{d}\tau \\
&= \mathrm{e}^{\boldsymbol{A}T}\boldsymbol{x}(kT) + \int_{kT}^{(k+1)T} \mathrm{e}^{\boldsymbol{A}((k+1)T-\tau)}\boldsymbol{Bu}(\tau)\mathrm{d}\tau
\end{aligned} \tag{2.90}
$$

前面假设已知在 $t\in(kT,(k+1)T)$ 时 $\boldsymbol{u}(t)$ 为定值，则式(2.90)可以改写为

$$
\boldsymbol{x}((k+1)T) = \mathrm{e}^{\boldsymbol{A}T}\boldsymbol{x}(kT) + \int_{kT}^{(k+1)T} \mathrm{e}^{\boldsymbol{A}((k+1)T-\tau)}\mathrm{d}\tau\boldsymbol{Bu}(k) \tag{2.91}
$$

定义 $t=(k+1)T-\tau$，则 $\tau=(k+1)T-t$ 代入式(2.91)得

$$
\int_{kT}^{(k+1)T} \mathrm{e}^{\boldsymbol{A}((k+1)T-\tau)}\mathrm{d}\tau = \int_T^0 \mathrm{e}^{\boldsymbol{A}t}\mathrm{d}((k+1)T-t) = \int_T^0 \mathrm{e}^{\boldsymbol{A}t}\mathrm{d}(-t) = \int_0^T \mathrm{e}^{\boldsymbol{A}t}\mathrm{d}t \tag{2.92}
$$

所以式(2.91)可以写成

$$
\boldsymbol{x}((k+1)T) = \mathrm{e}^{\boldsymbol{A}T}\boldsymbol{x}(kT) + \int_0^T \mathrm{e}^{\boldsymbol{A}t}\mathrm{d}t\boldsymbol{Bu}(k) \tag{2.93}
$$

所以 $t=(k+1)T$ 时式(2.85)为式(2.84)离散化的结果。

综上(1)和(2)，原命题得证。

【例 2.10】 选取采样周期为 $T=1$，对下述连续系统进行离散化

$$
\dot{\boldsymbol{x}} = \begin{bmatrix} -1 & 0 & 0 \\ -2 & 1 & -2 \\ 1 & 0 & 0 \end{bmatrix}\boldsymbol{x} + \begin{bmatrix} 0 \\ 0 \\ 1 \end{bmatrix}u(t) \tag{2.94}
$$

解：首先计算 $\mathrm{e}^{\boldsymbol{A}t}$，得到

$$
\mathrm{e}^{\boldsymbol{A}t} = \begin{bmatrix} \mathrm{e}^{-t} & 0 & 0 \\ 2-2\mathrm{e}^t & \mathrm{e}^t & 2-2\mathrm{e}^t \\ 1-\mathrm{e}^{-t} & 0 & 1 \end{bmatrix} \tag{2.95}
$$

则

$$
\boldsymbol{G}(T) = \begin{bmatrix} \mathrm{e}^{-T} & 0 & 0 \\ 2-2\mathrm{e}^T & \mathrm{e}^T & 2-2\mathrm{e}^T \\ 1-\mathrm{e}^{-T} & 0 & 1 \end{bmatrix}
$$

$$
\begin{aligned}
\boldsymbol{H}(T) &= \int_0^T \begin{bmatrix} \mathrm{e}^{-t} & 0 & 0 \\ 2-2\mathrm{e}^t & \mathrm{e}^t & 2-2\mathrm{e}^t \\ 1-\mathrm{e}^{-t} & 0 & 1 \end{bmatrix}\mathrm{d}t\begin{bmatrix} 0 \\ 0 \\ 1 \end{bmatrix} \\
&= \left(\left.\begin{bmatrix} -\mathrm{e}^{-t} & 0 & 0 \\ 2t-2\mathrm{e}^t & \mathrm{e}^t & 2t-2\mathrm{e}^t \\ t+\mathrm{e}^{-t} & 0 & t \end{bmatrix}\right|_T - \left.\begin{bmatrix} -\mathrm{e}^{-t} & 0 & 0 \\ 2t-2\mathrm{e}^t & \mathrm{e}^t & 2t-2\mathrm{e}^t \\ t+\mathrm{e}^{-t} & 0 & t \end{bmatrix}\right|_0\right)\begin{bmatrix} 0 \\ 0 \\ 1 \end{bmatrix} \\
&= \begin{bmatrix} -1-\mathrm{e}^{-T} & 0 & 0 \\ -2+2T-2\mathrm{e}^T & -1+\mathrm{e}^T & 2-2T-2\mathrm{e}^T \\ -1+T+\mathrm{e}^{-T} & 0 & T \end{bmatrix}\begin{bmatrix} 0 \\ 0 \\ 1 \end{bmatrix} = \begin{bmatrix} 0 \\ 2-2T-2\mathrm{e}^T \\ T \end{bmatrix}
\end{aligned} \tag{2.96}
$$

最终得到离散化结果为

$$
\boldsymbol{x}((k+1)T)=\begin{bmatrix} \mathrm{e}^{-T} & 0 & 0 \\ 2-2\mathrm{e}^{T} & \mathrm{e}^{T} & 2-2\mathrm{e}^{T} \\ 1-\mathrm{e}^{-T} & 0 & 1 \end{bmatrix}\boldsymbol{x}(kT)+\begin{bmatrix} 0 \\ 2-2T-2\mathrm{e}^{T} \\ T \end{bmatrix}\boldsymbol{u}(k) \tag{2.97}
$$

代入 $T=1$ 得

$$
\boldsymbol{x}((k+1))=\begin{bmatrix} \mathrm{e}^{-1} & 0 & 0 \\ 2-2\mathrm{e} & \mathrm{e} & 2-2\mathrm{e} \\ 1-\mathrm{e}^{-1} & 0 & 1 \end{bmatrix}\boldsymbol{x}(k)+\begin{bmatrix} 0 \\ -2\mathrm{e} \\ 1 \end{bmatrix}\boldsymbol{u}(k) \tag{2.98}
$$

2.6.2 线性时变连续状态方程的离散化

相较于典型的定常系统，时变系统的离散化更为复杂，通常假设在一个采样周期 T 内 $\boldsymbol{A}(t)$、$\boldsymbol{B}(t)$、$\boldsymbol{C}(t)$和 $\boldsymbol{D}(t)$可以看作定值。对于连续时变系统

$$
\begin{cases} \dot{\boldsymbol{x}}(t)=\boldsymbol{A}(t)\boldsymbol{x}(t)+\boldsymbol{B}(t)\boldsymbol{u}(t), \qquad \boldsymbol{x}(t_0)=\boldsymbol{x}_0 \\ \boldsymbol{y}(t)=\boldsymbol{C}(t)\boldsymbol{x}(t)+\boldsymbol{D}(t)\boldsymbol{u}(t) \end{cases} \tag{2.99}
$$

若其状态方程解为

$$
\boldsymbol{x}(t)=\boldsymbol{\Phi}(t,t_0)\boldsymbol{x}_0+\int_{t_0}^{t}\boldsymbol{\Phi}(t,\tau)\boldsymbol{B}(t)\boldsymbol{x}(\tau)\mathrm{d}\tau \tag{2.100}
$$

那么，式(2.99)离散化的状态方程为

$$
\begin{cases} \boldsymbol{x}((k+1)T)=\boldsymbol{G}(kT)\boldsymbol{x}(kT)+\boldsymbol{H}(kT)\boldsymbol{u}(kT), \qquad \boldsymbol{x}(k_0T)\big|_{k_0T=t_0}=\boldsymbol{x}_0 \\ \boldsymbol{y}(kT)=\boldsymbol{C}(kT)\boldsymbol{x}(kT)+\boldsymbol{D}(kT)\boldsymbol{u}(kT) \end{cases} \tag{2.101}
$$

其中

$$
\begin{aligned} \boldsymbol{G}(kT)&=\boldsymbol{\Phi}((k+1)T,kT) \\ \boldsymbol{H}(kT)&=\int_{kT}^{(k+1)T}\boldsymbol{\Phi}((k+1)T,\tau)\boldsymbol{B}(\tau)\mathrm{d}\tau \end{aligned} \tag{2.102}
$$

与线性定常系统的离散化结果相似，$\boldsymbol{C}(kT)$和 $\boldsymbol{D}(kT)$可以直接将 $kT=t$ 代入 $\boldsymbol{C}(t)$和 $\boldsymbol{D}(t)$得到。

2.6.3 连续状态方程离散化的近似解

回顾导数的定义

$$
\dot{x}(t)=\lim_{\Delta t\to 0}\frac{x(t+\Delta t)-x(t)}{\Delta t} \tag{2.103}
$$

将 Δt 换成采样周期 T，当 T 足够小时，有

$$
\dot{x}(t)\approx\frac{x(t+T)-x(t)}{T} \tag{2.104}
$$

此时再将 $t=kT$ 代入式(2.104)，可以得到

$$
x((k+1)T)\approx T\dot{x}(kT)+x(kT) \tag{2.105}
$$

上述结论对于矩阵方程同样成立，则由 $\dot{\boldsymbol{x}}(t)=\boldsymbol{A}\boldsymbol{x}(t)+\boldsymbol{B}\boldsymbol{u}(t)$可得

$$
\begin{aligned}
\boldsymbol{x}((k+1)T) &\approx T(\boldsymbol{A}\boldsymbol{x}(kT)+\boldsymbol{B}\boldsymbol{u}(kT))+\boldsymbol{x}(kT) \\
&\approx (T\boldsymbol{A}+\boldsymbol{I})\boldsymbol{x}(kT)+T\boldsymbol{B}\boldsymbol{u}(kT)
\end{aligned} \tag{2.106}
$$

所以，当离散系统的采样周期 T 足够小时，可以近似地得到离散化结果

$$
\begin{aligned}
\boldsymbol{G}(T) &\approx T\boldsymbol{A}+\boldsymbol{I} \\
\boldsymbol{H}(T) &\approx T\boldsymbol{B}
\end{aligned} \tag{2.107}
$$

对于时变系统，也可以得到类似结论

$$
\begin{aligned}
\boldsymbol{G}(kT) &\approx T\boldsymbol{A}(kT)+\boldsymbol{I} \\
\boldsymbol{H}(kT) &\approx T\boldsymbol{B}(kT)
\end{aligned} \tag{2.108}
$$

2.7 离散状态方程的解

本节将主要针对离散状态方程

$$
\boldsymbol{x}((k+1)T)=\boldsymbol{G}(T)\boldsymbol{x}(kT)+\boldsymbol{H}(T)\boldsymbol{u}(kT), \qquad \boldsymbol{x}(k_0T)=\boldsymbol{x}_0 \tag{2.109}
$$

介绍两种常用的求解方程：递推法和 Z 变换法。

2.7.1 递推法求解线性离散状态方程

对式(2.109)进行迭代得到

$$
\begin{aligned}
\boldsymbol{x}((k_0+1)T) &= \boldsymbol{G}(T)\boldsymbol{x}(k_0T)+\boldsymbol{H}(T)\boldsymbol{u}(k_0T) \\
&= \boldsymbol{G}(T)\boldsymbol{x}_0+\boldsymbol{H}(T)\boldsymbol{u}(k_0T) \\
\boldsymbol{x}((k_0+2)T) &= \boldsymbol{G}(T)\boldsymbol{x}((k_0+1)T)+\boldsymbol{H}(T)\boldsymbol{u}((k_0+1)T) \\
&= \boldsymbol{G}(T)^2\boldsymbol{x}_0+\boldsymbol{G}(T)\boldsymbol{H}(T)\boldsymbol{u}(k_0T)+\boldsymbol{H}(T)\boldsymbol{u}((k_0+1)T) \\
\boldsymbol{x}((k_0+3)T) &= \boldsymbol{G}(T)\boldsymbol{x}((k_0+2)T)+\boldsymbol{H}(T)\boldsymbol{u}((k_0+2)T) \\
&= \boldsymbol{G}(T)^3\boldsymbol{x}_0+\boldsymbol{G}(T)\boldsymbol{H}(T)\boldsymbol{u}(k_0T)+\boldsymbol{G}(T)\boldsymbol{H}(T)\boldsymbol{u}((k_0+1)T)+ \\
&\quad \boldsymbol{H}(T)\boldsymbol{u}((k_0+2)T) \\
&\quad \vdots
\end{aligned} \tag{2.110}
$$

由此可以推导出

$$
\boldsymbol{x}(kT)=\boldsymbol{G}(T)^{k-k_0}\boldsymbol{x}_0+\sum_{i=0}^{k-k_0-1}\boldsymbol{G}(T)^i\boldsymbol{H}(T)\boldsymbol{u}((k-1-i)T) \tag{2.111}
$$

式(2.111)就是离散状态方程(2.109)的解。

采用迭代法也可以求得离散时变状态方程的解，方法与上述过程相似。但是由于 $\boldsymbol{G}(kT)$ 和 $\boldsymbol{H}(kT)$ 的时变特点，最终结果将更为复杂。

【例 2.11】 已知 $\boldsymbol{x}_0=\boldsymbol{x}(0)=\begin{bmatrix}0\\1\end{bmatrix}$，$u(k)=1$，求下述离散系统的 $\boldsymbol{\Phi}(k)$ 和系统的解。

$$
\boldsymbol{x}(k+1)=\begin{bmatrix}1 & 2\\0 & 2\end{bmatrix}\boldsymbol{x}(k)+\begin{bmatrix}3\\5\end{bmatrix}u(k) \tag{2.112}
$$

解:首先求 $\boldsymbol{G}^k$。

将$\begin{bmatrix}1 & 2\\0 & 2\end{bmatrix}$写成约当标准型,即

$$\begin{bmatrix}1 & 2\\0 & 2\end{bmatrix}=\begin{bmatrix}1 & 2\\0 & 1\end{bmatrix}\begin{bmatrix}1 & 0\\0 & 2\end{bmatrix}\begin{bmatrix}1 & -2\\0 & 1\end{bmatrix} \tag{2.113}$$

那么

$$\begin{aligned}\begin{bmatrix}1 & 2\\0 & 2\end{bmatrix}^k &=\begin{bmatrix}1 & 2\\0 & 1\end{bmatrix}\begin{bmatrix}1 & 0\\0 & 2\end{bmatrix}^k\begin{bmatrix}1 & -2\\0 & 1\end{bmatrix}\\ &=\begin{bmatrix}1 & 2\\0 & 1\end{bmatrix}\begin{bmatrix}1^k & 0\\0 & 2^k\end{bmatrix}\begin{bmatrix}1 & -2\\0 & 1\end{bmatrix}\\ &=\begin{bmatrix}1 & 2\times 2^k-2\\0 & 2^k\end{bmatrix}=\begin{bmatrix}1 & 2^{k+1}-2\\0 & 2^k\end{bmatrix}\end{aligned} \tag{2.114}$$

之后利用式(2.111)得到

$$\begin{aligned}\boldsymbol{x}(kT) &= \begin{bmatrix}1 & 2^{k+1}-2\\0 & 2^k\end{bmatrix}\begin{bmatrix}0\\1\end{bmatrix}+\sum_{i=0}^{k-1}\begin{bmatrix}1 & 2^{i+1}-2\\0 & 2^i\end{bmatrix}\begin{bmatrix}3\\5\end{bmatrix}\\ &= \begin{bmatrix}2^{k+1}-2\\2^k\end{bmatrix}+\sum_{i=0}^{k-1}\begin{bmatrix}5\times 2^{i+1}-7\\5\times 2^i\end{bmatrix}\\ &= \begin{bmatrix}2^{k+1}-2\\2^k\end{bmatrix}+\begin{bmatrix}(5\times 2)(2^k-1)-7k\\5\times(2^k-1)\end{bmatrix}\\ &= \begin{bmatrix}12\times 2^k-12-7k\\6\times 2^k-5\end{bmatrix}\end{aligned} \tag{2.115}$$

2.7.2 Z变换法求解线性定常离散状态方程

为简化分析,不妨设 $k_0=0$,首先对式(2.109)进行 Z 变换,可得

$$z\boldsymbol{x}(z)-z\boldsymbol{x}(0)=\boldsymbol{G}(T)\boldsymbol{x}(z)+\boldsymbol{H}(T)\boldsymbol{u}(z) \tag{2.116}$$

则有

$$\boldsymbol{x}(z)=(z\boldsymbol{I}-\boldsymbol{G}(T))^{-1}(z\boldsymbol{x}(0)+\boldsymbol{H}(T)\boldsymbol{u}(z)) \tag{2.117}$$

对式(2.117)两边同时进行 Z 反变换,得

$$\boldsymbol{x}(k)=Z^{-1}((z\boldsymbol{I}-\boldsymbol{G}(T))^{-1}z\boldsymbol{x}(0))+Z^{-1}((z\boldsymbol{I}-\boldsymbol{G}(T))^{-1}\boldsymbol{H}(T)\boldsymbol{u}(z)) \tag{2.118}$$

需要注意的是,与递推法不同,Z 变换法只适用于线性定常系统。尽管有此不同,对于线性定常离散系统两种方法得到的解是等价的。对比式(2.111)与式(2.118)可以发现,与连续线性非齐次状态空间表达式的解(2.64)相似,离散状态空间表达式的解也可以分成两部分:

$$\begin{aligned}&\boldsymbol{x}(kT) = \boldsymbol{\Phi}(k)+\sum_{i=0}^{k-1}\boldsymbol{\Phi}(k-1-i)\boldsymbol{H}(T)\boldsymbol{u}(iT)\\ &\boldsymbol{\Phi}(k) = \boldsymbol{G}(T)^k = Z^{-1}((z\boldsymbol{I}-\boldsymbol{G}(T))^{-1}z\boldsymbol{x}(0))\\ &\sum_{i=0}^{k-1}\boldsymbol{\Phi}(k-1-i)\boldsymbol{H}(T)\boldsymbol{u}(iT) = \sum_{i=0}^{k-1}\boldsymbol{G}(T)^i\boldsymbol{H}(T)\boldsymbol{u}((k-1-i)T)\\ &\qquad\qquad = Z^{-1}((z\boldsymbol{I}-\boldsymbol{G}(T))^{-1}\boldsymbol{H}(T)\boldsymbol{u}(z))\end{aligned} \tag{2.119}$$

其中,$\boldsymbol{\Phi}(k)$为离散状态空间表达式的状态转移矩阵。

【例 2.12】 试用 Z 变换法求解例 2.11。

解:

$$Z(\boldsymbol{\Phi}(k))=(z\boldsymbol{I}-\boldsymbol{G})^{-1}z=\begin{bmatrix} z-1 & -2 \\ 0 & z-2 \end{bmatrix}^{-1}z$$

$$=\begin{bmatrix} \dfrac{z}{z-1} & \dfrac{2z}{(z-1)(z-2)} \\ 0 & \dfrac{z}{z-2} \end{bmatrix} \tag{2.120}$$

则

$$\boldsymbol{\Phi}(k)=\boldsymbol{Z}^{-1}\left(\begin{bmatrix} \dfrac{z}{z-1} & \dfrac{2z}{(z-1)(z-2)} \\ 0 & \dfrac{z}{z-2} \end{bmatrix}\right)=\begin{bmatrix} 1 & 2\times 2^k-2 \\ 0 & 2^k \end{bmatrix} \tag{2.121}$$

因为 $u(k)=1$,所以 $u(z)=\dfrac{z}{z-1}$。则

$$z\boldsymbol{x}_0+\boldsymbol{H}u(z)=z\begin{bmatrix} 0 \\ 1 \end{bmatrix}+\frac{z}{z-1}\begin{bmatrix} 3 \\ 5 \end{bmatrix}=\begin{bmatrix} \dfrac{3z}{z-1} \\ \dfrac{z^2+4z}{z-1} \end{bmatrix} \tag{2.122}$$

最后

$$\boldsymbol{x}(z)=(z\boldsymbol{I}-\boldsymbol{G})^{-1}(z\boldsymbol{x}_0+\boldsymbol{H}u(z))$$

$$=\begin{bmatrix} \dfrac{1}{z-1} & \dfrac{2}{(z-1)(z-2)} \\ 0 & \dfrac{1}{z-2} \end{bmatrix}\begin{bmatrix} \dfrac{3z}{z-1} \\ \dfrac{z^2+4z}{z-1} \end{bmatrix}$$

$$=\begin{bmatrix} \dfrac{1}{z-1}\dfrac{3z}{z-1}+\dfrac{2}{(z-1)(z-2)}\dfrac{z^2+4z}{z-1} \\ \dfrac{1}{z-2}\dfrac{z^2+4z}{z-1} \end{bmatrix}=\begin{bmatrix} \dfrac{z(5z+2)}{(z-1)^2(z-2)} \\ \dfrac{z(z+4)}{(z-1)(z-2)} \end{bmatrix} \tag{2.123}$$

对式(2.123)进行 Z 反变换,即可得到 $\boldsymbol{x}(k)$为

$$\boldsymbol{x}(k)=\begin{bmatrix} 12\times 2^k-7k-12 \\ 6\times 2^k-5 \end{bmatrix} \tag{2.124}$$

2.8 MATLAB 在线性系统动态分析中的应用

在线性系统的动态分析中,MATLAB 有着广泛的应用,借助这一数学工具可以大大简化此过程。

2.8.1 应用 MATLAB 计算线性定常系统的状态转移矩阵

使用函数 expm()可以计算输入矩阵的矩阵指数。

【例 2.13】 已知 $\boldsymbol{A}=\begin{bmatrix}1 & 2 & 3\\ 2 & 3 & 4\\ 3 & 4 & 5\end{bmatrix}$,计算 e^{At}。

解:在 MATLAB 中输入下述指令:

```
>>A=[1 2 3;2 3 4;3 4 5];
>>eAt=expm(A)
```

结果显示如下:

```
eAt=
   1.0e+03 *
     2.2421    3.2565    4.2720
     3.2565    4.7326    6.2067
     4.2720    6.2067    8.1423
```

求状态转移矩阵时,我们通常想要得到的是关于时间的矩阵 $\boldsymbol{A}t$ 的矩阵指数,使用 MATLAB 也能做到。

【例 2.14】 使用 MATLAB 求解例 2.2。

解:在 MATLAB 中输入下述指令:

```
>>syms t
>>A=[1 2;3 4];
>>eAt=expm(A*t)
```

结果显示为:

$$\begin{bmatrix}\dfrac{e^{\frac{5t}{2}-\frac{\sqrt{33}t}{2}}}{2}+\dfrac{e^{\frac{5t}{2}+\frac{\sqrt{33}t}{2}}}{2}+\dfrac{\sqrt{33}\,e^{\frac{5t}{2}-\frac{\sqrt{33}t}{2}}}{22}-\dfrac{\sqrt{33}\,e^{\frac{5t}{2}+\frac{\sqrt{33}t}{2}}}{22} & \dfrac{2\sqrt{33}\,e^{\frac{5t}{2}+\frac{\sqrt{33}t}{2}}}{33}-\dfrac{2\sqrt{33}\,e^{\frac{5t}{2}-\frac{\sqrt{33}t}{2}}}{33}\\ \dfrac{\sqrt{33}\,e^{\frac{5t}{2}+\frac{\sqrt{33}t}{2}}}{11}-\dfrac{\sqrt{33}\,e^{\frac{5t}{2}-\frac{\sqrt{33}t}{2}}}{11} & \dfrac{e^{\frac{5t}{2}-\frac{\sqrt{33}t}{2}}}{2}+\dfrac{e^{\frac{5t}{2}+\frac{\sqrt{33}t}{2}}}{2}-\dfrac{\sqrt{33}\,e^{\frac{5t}{2}-\frac{\sqrt{33}t}{2}}}{22}+\dfrac{\sqrt{33}\,e^{\frac{5t}{2}+\frac{\sqrt{33}t}{2}}}{22}\end{bmatrix}$$

除 expm()函数外,可以计算 e^{At} 的函数还有 expmdemo1()、expmdemo2()、expmdemo3(),它们的区别只是逼近 e^{At} 的数学方法不同而已。

2.8.2 应用 MATLAB 求线性定常系统的时间响应

【例 2.15】 已知线性定常系统 $\dot{\boldsymbol{x}}=\boldsymbol{A}\boldsymbol{x}$,其中 $\boldsymbol{A}=\begin{bmatrix}-1 & \frac{5}{3} & -2\\ 0 & -3 & 0\\ 0 & -\frac{1}{3} & -3\end{bmatrix}$,$\boldsymbol{x}(0)=\begin{bmatrix}1\\2\\3\end{bmatrix}$,求 $\boldsymbol{x}(t)$ 的时间响应函数。

解:首先求 e^{At}:

```
>> syms t
>>A=[-1 5/3 -2;0 -3 0;0 -1/3 -3];
>>eAt=expm(A*t)
```

结果显示为:

```
eAt=

[exp(-t), exp(-t)-exp(-3*t)-(t*exp(-3*t))/3, exp(-3*t)-exp(-t)]
[     0,                exp(-3*t),                0]
[     0,            -(t*exp(-3*t))/3,   exp(-3*t)]
```

已知 $\boldsymbol{x}(t)=e^{At}\boldsymbol{x}(0)$,输入指令:

```
x0=[1;2;3];
xt=eAt*x0
```

得到结果:

```
xt=

  exp(-3*t)-(2*t*exp(-3*t))/3
              2*exp(-3*t)
 3*exp(-3*t)-(2*t*exp(-3*t))/3
```

除上述方法外,lsim()函数可以更方便地计算特定输入下的线性系统时间响应。

【例 2.16】 线性定常系统

$$\begin{cases}\dot{\boldsymbol{x}}=\begin{bmatrix}0 & 1\\-2 & -1\end{bmatrix}\boldsymbol{x}+\begin{bmatrix}0\\1\end{bmatrix}u\\ y=\begin{bmatrix}1 & 0\end{bmatrix}\boldsymbol{x}\end{cases}$$

绘制该系统零输入条件下、单位正弦信号输入下的系统输出时间响应曲线。

解:首先定义线性系统:

```
>>A=[0 1;2 1];
>>B=[0;1];
>>C=[1 0];
>>D=[];
>>sys=ss(A,B,C,D)
```

之后定义系统输入与初值:

```
>>x0=[0;0];
>> [u,t]=gensig('sin',2*pi,50,0.01);
```

状态初值为[0,0],应用 gensig()函数生成单位正弦函数,即周期为 2π、时间间隔为 0.01、总时长为 50s 的 sin 函数。

最后输入指令:

```
>>lsim(sys,u,t,x0)
```

就得到了系统状态时间响应曲线,如图 2.1 所示。

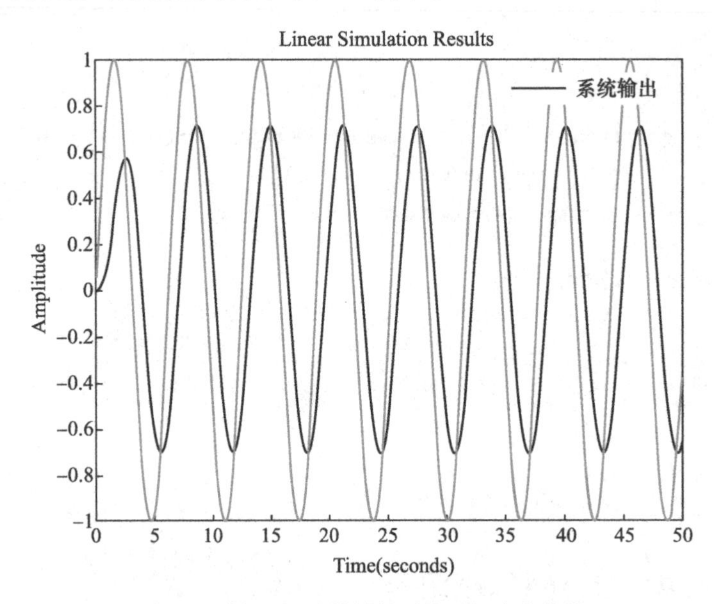

图 2.1 例 2.16 连续线性系统时间响应曲线

2.8.3 应用 MATLAB 变连续状态空间模型为离散状态空间模型

MATLAB 中的 c2d()函数可以实现连续状态空间模型的离散化。

【例 2.17】 利用 MATLAB 求解例 2.10。

解:首先建立线性系统:

```
>>A=[-1 0 0;-2 1 -2;1 0 0];
>>B=[0;0;1];
>>C=[];
>>D=[];
>>sys=ss(A,B,C,D)
```

之后调用 c2d()函数:

```
>>c2d(sys,1,'zoh')
```

函数变量中的“1”表示采样周期为 1,'zoh'表示采用零阶保持方式计算离散空间模型,函数 c2d()中还给出了'foh'等多种离散化的方法,感兴趣的读者可以调用 help c2d 查看学习。

前述指令最终显示如下结果:

```
A=
        x1        x2        x3
x1  0.3679         0         0
x2  -3.437     2.718    -3.437
x3  0.6321         0         1

B=
        u1
x1       0
x2  -1.437
x3       1

C=
  Empty matrix: 0-by-3

D=
  Empty matrix: 0-by-1

  Sample time: 1 seconds
  Discrete-time state-space model.
```

2.8.4 应用 MATLAB 求离散时间系统的状态转移矩阵

函数 lsim()除可以分析连续系统外,对离散时间系统同样适用。

【例 2.18】 对例 2.16 中系统以采样周期为 1s 进行离散化,并绘制在相同初始状态与输入下系统输出的时间响应曲线。

解:首先进行离散化:

```
>>A=[0 1;-2 -1];
>>B=[0;1];
>>C=[1 0];
>>D=[];
>>sys=ss(A,B,C,D);
>>Lsys=c2d(sys,1,'zoh')
```

之后,对离散系统 Lsys 绘制输出的时间响应曲线:

```
>>x0=[0;0];
>> [u,t]=gensig('sin',2*pi,50,1);
>>lsim(Lsys,u,t,x0)
```

最后结果显示如图 2.2 所示。

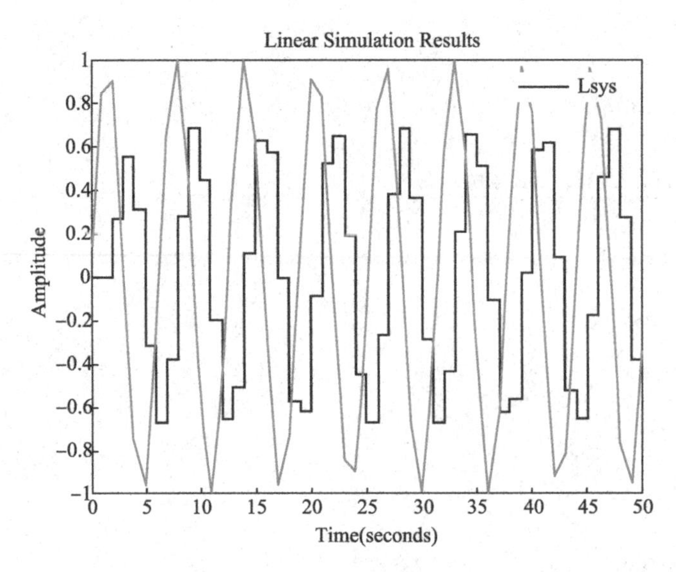

图 2.2　例 2.18 离散时间系统输出的时间响应曲线

小　　结

本章主要介绍了状态空间表达式的求解问题，此类问题的数学本质是对线性微分方程组的求解。本章循序渐进地对线性定常齐次状态系统、线性定常非齐次状态系统、线性时变齐次状态系统和线性时变非齐次状态系统的求解进行了讨论和分析。本章的另一个主要内容是对连续系统的离散化和对离散时间系统状态方程的求解。其中学习重点为熟练掌握求线性定常系统状态转移矩阵的方法。

人物小传——杨嘉墀

杨嘉墀(1919—2006)：中国科学院学部委员(院士)，空间自动控制学家。先后主持火箭和核试验用的仪器和控制系统开发工作。1986 年与王大珩、王淦昌、陈芳允联合向中央提出了发展我国高技术的倡议(863 计划)。1984 年获航天部劳动模范称号，1985 年获国家科技进步奖特等奖，1999 年荣获“两弹一星功勋奖章”。

他期望今天的科研工作者们“回顾历史是为了不要忘记过去，回顾历史更是为了创造未来。对于当年参加‘两弹一星’研制工作的科学家们自强自立、团结协作，为发展我国高科技事业而拼搏的精神，不仅我们不能忘记，子子孙孙不要忘记，而且还应成为今天激励青年人努力建设社会主义现代化强国的动力”。(《请历史记住他们——中国科学家与“两弹一星”》，暨南大学出版社，1999。)

习　题　2

2-1　试分析 n 维方阵 $\boldsymbol{A}_1$ 和 $\boldsymbol{A}_2$ 满足下列关系时，$e^{\boldsymbol{A}_1 t}$ 和 $e^{\boldsymbol{A}_2 t}$ 是否满足对应关系。若是，请给出证明；若不是，请举出反例。

(1) $\boldsymbol{A}_1=\boldsymbol{A}_2^{\mathrm{T}}$；$\mathrm{e}^{\boldsymbol{A}_1}=(\mathrm{e}^{\boldsymbol{A}_2})^{\mathrm{T}}$ (2) $\boldsymbol{A}_1=-\boldsymbol{A}_2$；$\mathrm{e}^{\boldsymbol{A}_1 t}=-\mathrm{e}^{\boldsymbol{A}_2 t}$ (3) $\boldsymbol{A}_1=\boldsymbol{A}_2^{-1}$；$\mathrm{e}^{\boldsymbol{A}_1 t}=(\mathrm{e}^{\boldsymbol{A}_2 t})^{-1}$

2-2 使用拉普拉斯反变换方法计算

$$\boldsymbol{A}=\begin{bmatrix}0 & 0 & 0 & 0\\0 & 1 & 0 & 0\\0 & 1 & 1 & 0\\-9 & -24 & -22 & -8\end{bmatrix}$$

的矩阵指数 $\mathrm{e}^{\boldsymbol{A}t}$。

2-3 计算下述矩阵对应的矩阵指数 $\mathrm{e}^{\boldsymbol{A}t}$。

(1) $\boldsymbol{A}=\begin{bmatrix}-1 & 0.25 & 0.5\\0 & -2 & 0\\0 & 0 & -2\end{bmatrix}$ (2) $\boldsymbol{A}=\begin{bmatrix}3 & 0 & 0\\4 & 2 & 0\\-6 & 0.5 & 2\end{bmatrix}$ (3) $\boldsymbol{A}=\begin{bmatrix}4 & 0 & 4\\-2 & 1 & -2\\-5 & 0.5 & -5\end{bmatrix}$

2-4 假设例 2.9 中系统初值和输入为如下函数：

(1) $\boldsymbol{x}(0)=\begin{bmatrix}0\\0\end{bmatrix}$，$u(t)=\sin(t)$ (2) $\boldsymbol{x}(0)=\begin{bmatrix}1\\0\end{bmatrix}$，$u$ 为单位脉冲输入

求系统的解。

2-5 选取采样周期 $T=0.01$，使用近似离散化的方法对例 2.10 中的系统进行离散化。

2-6 计算线性时变系统 $\dot{\boldsymbol{x}}=\begin{bmatrix}\frac{1}{4}t^3 & \frac{1}{2}t\\\frac{1}{2}t & \frac{1}{4}t^3\end{bmatrix}\boldsymbol{x}$ 的状态转移矩阵。

2-7 使用 Z 反变换法对下述系统进行离散化

$$\dot{\boldsymbol{x}}=\begin{bmatrix}3 & 2 & 2\\0 & 1 & 3\\0 & 0 & 2\end{bmatrix}\boldsymbol{x}+\begin{bmatrix}0\\0\\1\end{bmatrix}u(t)$$

其中，$\boldsymbol{x}(0)=\begin{bmatrix}1\\0\\1\end{bmatrix}$，$u(t)=0$。

2-8 计算下述系统的 $\boldsymbol{\Phi}(k)$ 和单位阶跃输入下的解。

$$\boldsymbol{x}(k+1)=\begin{bmatrix}-1 & -\frac{1}{2} & -1\\0 & -1 & 0\\1 & -1 & -3\end{bmatrix}\boldsymbol{x}(k)+\begin{bmatrix}1\\0\\0\end{bmatrix}u(k),\quad \boldsymbol{x}(0)=\begin{bmatrix}0\\0\\1\end{bmatrix}$$

2-9 已知某系统的状态空间表达式为 $\dot{\boldsymbol{x}}=\boldsymbol{A}\boldsymbol{x}$，其中

$$\boldsymbol{x}(0)=\begin{bmatrix}\alpha\\\beta\end{bmatrix},\quad \boldsymbol{A}=\begin{bmatrix}a-\frac{1}{2} & \frac{1}{2}\\-\frac{1}{2} & a+\frac{1}{2}\end{bmatrix}$$

(1) 求解 $\boldsymbol{x}(t)$。

(2) a、α、β 满足什么条件时$\lim\limits_{t\to\infty}\boldsymbol{x}(t)$存在？求此时的$\lim\limits_{t\to\infty}\boldsymbol{x}(t)$。

2-10 已知某系统的状态空间表达式为 $\dot{\boldsymbol{x}}=\boldsymbol{A}\boldsymbol{x}$，其中

$$\boldsymbol{A}=\begin{bmatrix}4a & 0 & a \\ 0 & 4a & a \\ -a & -a & 2a\end{bmatrix}$$

(1) 求矩阵 $\boldsymbol{A}$ 的特征值。

(2) a 满足什么条件时，对于 $\boldsymbol{x}$ 的任意初值，$\lim\limits_{t\to\infty}\boldsymbol{x}(t)$都存在？

2-11 结合自动控制思想，说明状态空间表达式及其解在控制系统分析问题中分别用于解决什么问题。

第3章　线性系统的能控性和能观性分析

3.1　引　言

能控性和能观性揭示了系统的内部结构关系，是由卡尔曼（Kalman）于1960年首先提出来的，在现代控制理论的研究和实践中具有重要的意义，是最优控制和最优估计的设计基础。在现代控制工程中，有两个基本问题经常引起设计者的讨论，其一就是加入适当的控制作用后，系统能否在有限时间内从任意初始状态转移到期望的状态上，即系统是否具有通过控制作用随意支配状态的能力；其二就是通过在一定时间内对系统输出的观测，是否可以判断系统的初始状态，即系统是否具有通过观测系统输出来估计状态的能力。而这就是线性系统的能控性和能观性问题。

3.2　线性定常系统的能控性

3.2.1　能控性定义

能控性指的是系统在控制作用$\boldsymbol{u}(t)$的控制下状态$\boldsymbol{x}(t)$的转移情况，而与系统输出$\boldsymbol{y}(t)$无关。

设线性时变系统的状态方程为

$$\dot{\boldsymbol{x}}(t)=\boldsymbol{A}(t)\boldsymbol{x}(t)+\boldsymbol{B}(t)\boldsymbol{u}(t) \tag{3.1}$$

式中，$\boldsymbol{x}(t)$为n维状态变量，$\boldsymbol{u}(t)$为r维输入向量，$\boldsymbol{A}(t)$为$n\times n$维系统矩阵，$\boldsymbol{B}(t)$为$n\times r$维输入矩阵。如果存在一个无约束的控制输入$\boldsymbol{u}(t)$，能在有限时间$[t_0,t_1]$内，使系统由某一初始状态$\boldsymbol{x}(t_0)$转移到指定的任意状态$\boldsymbol{x}(t_1)$，则称此状态在时间$[t_0,t_1]$内是能控的。若系统的所有状态都是能控的，则称此系统是状态完全能控的，即系统能控。

一般地，在线性定常连续系统中，为便于计算，可以假设初始时刻$t_0=0$，初始状态为$\boldsymbol{x}(0)$，而任意终端就指定为零状态，即$\boldsymbol{x}(t_1)=\boldsymbol{0}$。

也可假设$\boldsymbol{x}(t_0)=\boldsymbol{0}$，而$\boldsymbol{x}(t_1)$为任意终端状态，换句话说，若存在一个无约束控制作用$\boldsymbol{u}(t)$，在有限时间$[t_0,t_1]$内，能将$\boldsymbol{x}(t)$由零状态控制到任意$\boldsymbol{x}(t_1)$。在这种情况下，称为状态的能达性。在线性定常连续系统中，能控性与能达性是互逆的，即能控性和能达性是等价的。

3.2.2　线性定常连续系统能控性判据

1. 判别矩阵秩判据

设线性定常连续系统的状态方程为

$$\dot{\boldsymbol{x}}(t)=\boldsymbol{A}\boldsymbol{x}(t)+\boldsymbol{B}\boldsymbol{u}(t) \tag{3.2}$$

式中，$\boldsymbol{x}(t)$为n维状态变量，$\boldsymbol{u}(t)$为r维输入向量，$\boldsymbol{A}$为$n\times n$维常数矩阵，$\boldsymbol{B}$为$n\times r$维常数矩阵。其能控的充分必要条件是由$\boldsymbol{A}$和$\boldsymbol{B}$构成的能控性判别矩阵：

$$\boldsymbol{M}=[\boldsymbol{B} \quad \boldsymbol{AB} \quad \boldsymbol{A}^2\boldsymbol{B} \quad \cdots \quad \boldsymbol{A}^{n-1}\boldsymbol{B}] \tag{3.3}$$

满秩，即 $\mathrm{rank}\boldsymbol{M}=n$；否则，当 $\mathrm{rank}\boldsymbol{M}<n$ 时，系统为不能控的。

证明：式(3.2)的解为

$$\boldsymbol{x}(t)=\boldsymbol{\Phi}(t-t_0)\boldsymbol{x}(t_0)+\int_{t_0}^{t}\boldsymbol{\Phi}(t-\tau)\boldsymbol{Bu}(\tau)\mathrm{d}\tau, \qquad t \geqslant t_0 \tag{3.4}$$

根据能控性的定义，对任意的初始状态向量 $\boldsymbol{x}(t_0)$，应能找到输入 $\boldsymbol{u}(t)$，使初始状态在有限时间 $t_f \geqslant t_0$ 内转移到零状态 $\boldsymbol{x}(t_f)=\boldsymbol{0}$，上式可写成

$$\boldsymbol{\Phi}(t_f-t_0)\boldsymbol{x}(t_0)+\int_{t_0}^{t_f}\boldsymbol{\Phi}(t_f-\tau)\boldsymbol{Bu}(\tau)\mathrm{d}\tau=0 \tag{3.5}$$

即

$$\boldsymbol{x}(t_0)=-\int_{t_0}^{t_f}\boldsymbol{\Phi}(t_0-\tau)\boldsymbol{Bu}(\tau)\mathrm{d}\tau \tag{3.6}$$

根据凯莱一哈密顿定理：$\boldsymbol{A}$ 的任何次幂，可由 $\boldsymbol{A}$ 的 $0,1,\cdots,(n-1)$ 次幂线性表示，即对任意 m，有

$$\boldsymbol{A}^m=\sum_{j=0}^{n-1}\alpha_{jm}\boldsymbol{A}^j \tag{3.7}$$

又因

$$\boldsymbol{\Phi}(t)=\mathrm{e}^{\boldsymbol{A}t}=\sum_{m=0}^{n-1}\frac{1}{m!}\boldsymbol{A}^m t^m \tag{3.8}$$

故

$$\boldsymbol{\Phi}(t)=\sum_{m=0}^{\infty}\frac{t^m}{m!}\cdot\sum_{j=0}^{n-1}\alpha_{jm}\boldsymbol{A}^j=\sum_{j=0}^{n-1}\boldsymbol{A}^j\cdot\sum_{m=0}^{\infty}\alpha_{jm}\frac{t^m}{m!}=\sum_{j=0}^{n-1}\beta_j(t)\boldsymbol{A}^j \tag{3.9}$$

其中

$$\beta_j(t)=\sum_{m=0}^{\infty}\alpha_{jm}\frac{t^m}{m!} \tag{3.10}$$

将上式代入式(3.6)，有

$$\boldsymbol{x}(t_0)=-\sum_{j=0}^{n-1}\boldsymbol{A}^j\boldsymbol{B}\int_{t_0}^{t_f}\beta_j(t_0-\tau)\boldsymbol{u}(\tau)\mathrm{d}\tau=-\sum_{j=0}^{n-1}\boldsymbol{A}^j\boldsymbol{B}\boldsymbol{\omega}_m \tag{3.11}$$

其中

$$\boldsymbol{\omega}_m=\int_{t_0}^{t_f}\beta_j(t_0-\tau)\boldsymbol{u}(\tau)\mathrm{d}\tau \tag{3.12}$$

因为 $\boldsymbol{u}(t)$ 为 r 维向量，又是定积分，所以 $\boldsymbol{\omega}_m$ 也是 r 维向量，将式(3.11)写成矩阵形式，有

$$\boldsymbol{x}(t_0)=-[\boldsymbol{B} \quad \boldsymbol{AB} \quad \boldsymbol{A}^2\boldsymbol{B} \quad \cdots \quad \boldsymbol{A}^{n-1}\boldsymbol{B}]\begin{bmatrix}\omega_0\\ \omega_1\\ \vdots\\ \omega_{n-1}\end{bmatrix} \tag{3.13}$$

$$\boldsymbol{M}=[\boldsymbol{B} \quad \boldsymbol{AB} \quad \boldsymbol{A}^2\boldsymbol{B} \quad \cdots \quad \boldsymbol{A}^{n-1}\boldsymbol{B}] \tag{3.14}$$

根据线性代数理论，在非齐次线性方程中，有解的充分必要条件是它的系数矩阵 $\boldsymbol{M}$ 和增广矩阵 $[\boldsymbol{M}|\boldsymbol{x}(t_0)]$ 的秩相等，即

$$\mathrm{rank}\boldsymbol{M}=\mathrm{rank}[\boldsymbol{M}|x(t_0)] \tag{3.15}$$

考虑到 $\boldsymbol{x}(t_0)$ 是任意给定的，欲使上面的关系式成立，$\boldsymbol{M}$ 必须是满秩的，即 $\mathrm{rank}\boldsymbol{M}=n$，否

则不能保证上式成立。于是系统(3.2)状态完全能控的充分必要条件是能控性判别矩阵 **M** 满秩，即

$$\mathrm{rank}\boldsymbol{M}=\mathrm{rank}[\boldsymbol{B}\quad \boldsymbol{AB}\quad \boldsymbol{A}^2\boldsymbol{B}\quad \cdots\quad \boldsymbol{A}^{n-1}\boldsymbol{B}]=n$$

【例 3.1】 系统的状态方程如下

$$\dot{\boldsymbol{x}}=\begin{bmatrix}0 & 1\\ -3 & -4\end{bmatrix}\boldsymbol{x}+\begin{bmatrix}0\\1\end{bmatrix}u$$

试判断其是否能控。

解:能控性判别矩阵为

$$\boldsymbol{M}=[\boldsymbol{B}\quad \boldsymbol{AB}]=\begin{bmatrix}0 & 1\\ 1 & -4\end{bmatrix}$$

$$\mathrm{rank}\boldsymbol{M}=\mathrm{rank}\begin{bmatrix}0 & 1\\ 1 & -4\end{bmatrix}=2$$

故系统能控。

【例 3.2】 如图 3.1 所示电路，以电压 $u_1(t)$、$u_2(t)$为输入量，建立以电容 C 电压 $u_C(t)$、电感 L 电流 $i_L(t)$为状态变量，以 $u_{R1}(t)$、$u_{R2}(t)$为输出量的状态空间表达式。

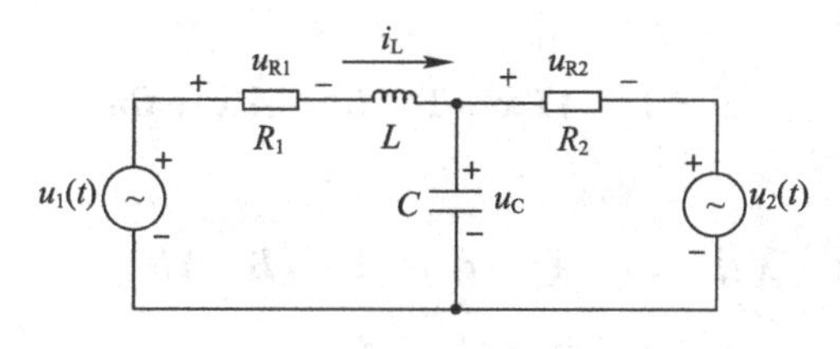

图 3.1 电路图

解:令 $x_1=u_C(t)$，$x_2=i_L(t)$，$y_1=u_{R1}(t)$，$y_2=u_{R2}(t)$，由电路可得向量一矩阵形式的系统状态空间表达式为

$$\begin{cases}\begin{bmatrix}\dot{x}_1\\ \dot{x}_2\end{bmatrix}=\begin{bmatrix}-\dfrac{R_1+R_2}{R_1R_2C_1} & \dfrac{1}{R_2C_1}\\ \dfrac{1}{R_2C_2} & -\dfrac{1}{R_2C_2}\end{bmatrix}\begin{bmatrix}x_1\\ x_2\end{bmatrix}+\begin{bmatrix}\dfrac{1}{R_1C_1}\\ 0\end{bmatrix}u\\ y=[0\quad 1]\begin{bmatrix}x_1\\ x_2\end{bmatrix}\end{cases}$$

其能控性判别矩阵 $\boldsymbol{M}=[\boldsymbol{B}\quad \boldsymbol{AB}]=\begin{bmatrix}\dfrac{1}{R_1C_1} & \dfrac{R_1+R_2}{R_1^2R_2C_1^2}\\ 0 & \dfrac{1}{R_1R_2C_1C_2}\end{bmatrix}$

显然，只要电路中任一电阻或电容不为 0，判别矩阵 **M** 为满秩，系统即能控。

【例 3.3】 系统的状态方程如下

$$\dot{\boldsymbol{x}}(t)=\begin{bmatrix}0 & 1 & 0\\ 0 & 0 & 1\\ -a_1 & -a_2 & -a_3\end{bmatrix}x+\begin{bmatrix}0\\0\\1\end{bmatrix}u$$

试判断其能控性。

解: $\boldsymbol{B}=\begin{bmatrix}0\\0\\1\end{bmatrix}$， $\boldsymbol{AB}=\begin{bmatrix}0\\1\\-a_3\end{bmatrix}$， $\boldsymbol{A}^2\boldsymbol{B}=\begin{bmatrix}1\\-a_3\\-a_2+a_3^2\end{bmatrix}$

故能控性判别矩阵

$$M=\begin{bmatrix}0 & 0 & 1\\ 0 & 1 & -a_2\\ 1 & -a_2 & -a_2+a_3^2\end{bmatrix}$$

为下三角矩阵，斜对角元素为1，因此不论 a_2 和 a_3 取何值，$\operatorname{rank}\boldsymbol{M}=3=n$，系统都能控。

2. 约当标准型判据

关于线性定常连续系统能控性的判据很多，除上述的判别矩阵秩判据外，下面给出一种较为直观的方法，将系统进行状态变换，把状态方程转化为约当标准型。

线性定常系统如下

$$\dot{\boldsymbol{x}}=\boldsymbol{A}\boldsymbol{x}+\boldsymbol{B}\boldsymbol{u} \tag{3.16}$$

式中，$\boldsymbol{x}$ 为 n 维状态变量，$\boldsymbol{u}$ 为 r 维输入向量，$\boldsymbol{A}$ 为 $n\times n$ 维常数矩阵，$\boldsymbol{B}$ 为 $n\times r$ 维常数矩阵。

该线性系统经过线性非奇异变换后，其能控性不发生改变。

该系统的能控性判别矩阵为 $\boldsymbol{M}=[\boldsymbol{B}\quad \boldsymbol{A}\boldsymbol{B}\quad \boldsymbol{A}^2\boldsymbol{B}\quad \cdots\quad \boldsymbol{A}^{n-1}\boldsymbol{B}]$，对式(3.16)进行线性非奇异变换

$$\boldsymbol{x}=\boldsymbol{T}\bar{\boldsymbol{x}} \tag{3.17}$$

变换后的系统状态方程为

$$\dot{\bar{\boldsymbol{x}}}=\boldsymbol{T}^{-1}\boldsymbol{A}\boldsymbol{T}\bar{\boldsymbol{x}}+\boldsymbol{T}^{-1}\boldsymbol{B}\boldsymbol{u}=\bar{\boldsymbol{A}}\bar{\boldsymbol{x}}+\bar{\boldsymbol{B}}\boldsymbol{u} \tag{3.18}$$

其能控性判别矩阵为

$$\bar{\boldsymbol{M}}=[\bar{\boldsymbol{B}}\quad \bar{\boldsymbol{A}}\bar{\boldsymbol{B}}\quad \cdots\quad \bar{\boldsymbol{A}}^{n-1}\bar{\boldsymbol{B}}]=\boldsymbol{T}^{-1}[\boldsymbol{B}\quad \boldsymbol{A}\boldsymbol{B}\quad \cdots\quad \boldsymbol{A}^{n-1}\boldsymbol{B}] \tag{3.19}$$

其中，$\bar{\boldsymbol{B}}=\boldsymbol{T}^{-1}\boldsymbol{B}$，$\bar{\boldsymbol{A}}=\boldsymbol{T}^{-1}\boldsymbol{A}\boldsymbol{T}$，由于 $\boldsymbol{T}^{-1}$ 非奇异，则有

$$\operatorname{rank}\bar{\boldsymbol{M}}=\operatorname{rank}(\boldsymbol{T}^{-1}\boldsymbol{M})=\operatorname{rank}\boldsymbol{M} \tag{3.20}$$

上式表明，系统经过线性非奇异变换后，与变换前能控性判别矩阵的秩相同，因此不改变系统的能控性。

若线性定常系统(3.16)，其系统矩阵 $\boldsymbol{A}$ 的特征值 $\lambda_1,\lambda_2,\cdots,\lambda_n$ 互异，可将其经过线性非奇异变换 $x=T\bar{x}$，变换为

$$\dot{\bar{\boldsymbol{x}}}=\boldsymbol{T}^{-1}\boldsymbol{A}\boldsymbol{T}\bar{\boldsymbol{x}}+\boldsymbol{T}^{-1}\boldsymbol{B}\boldsymbol{u}=\bar{\boldsymbol{A}}\bar{\boldsymbol{x}}+\bar{\boldsymbol{B}}\boldsymbol{u}=\begin{bmatrix}\lambda_1 & & & \\ & \lambda_2 & & \\ & & \ddots & \\ & & & \lambda_n\end{bmatrix}\bar{\boldsymbol{x}}+\bar{\boldsymbol{B}}\boldsymbol{u} \tag{3.21}$$

上式为对角标准型，因此系统(3.16)完全能控的充分必要条件是经过线性非奇异变换得到的式(3.21)中，矩阵 $\bar{\boldsymbol{B}}$ 不含元素全为零的行。

【例 3.4】 判断下列系统的能控性。

(1) $\begin{bmatrix}\dot{x}_1\\ \dot{x}_2\\ \dot{x}_3\end{bmatrix}=\begin{bmatrix}1 & 0 & 0\\ 0 & 2 & 0\\ 0 & 0 & 3\end{bmatrix}\begin{bmatrix}x_1\\ x_2\\ x_3\end{bmatrix}+\begin{bmatrix}3\\ 4\\ 5\end{bmatrix}\boldsymbol{u}$　　(2) $\begin{bmatrix}\dot{x}_1\\ \dot{x}_2\\ \dot{x}_3\end{bmatrix}=\begin{bmatrix}1 & 0 & 0\\ 0 & 2 & 0\\ 0 & 0 & 3\end{bmatrix}\begin{bmatrix}x_1\\ x_2\\ x_3\end{bmatrix}+\begin{bmatrix}0\\ 4\\ 5\end{bmatrix}\boldsymbol{u}$

(3) $\begin{bmatrix}\dot{x}_1\\ \dot{x}_2\\ \dot{x}_3\end{bmatrix}=\begin{bmatrix}1 & 0 & 0\\ 0 & 2 & 0\\ 0 & 0 & 3\end{bmatrix}\begin{bmatrix}x_1\\ x_2\\ x_3\end{bmatrix}+\begin{bmatrix}0 & 3\\ 4 & 0\\ 5 & 5\end{bmatrix}\begin{bmatrix}u_1\\ u_2\end{bmatrix}$　　(4) $\begin{bmatrix}\dot{x}_1\\ \dot{x}_2\\ \dot{x}_3\end{bmatrix}=\begin{bmatrix}1 & 0 & 0\\ 0 & 2 & 0\\ 0 & 0 & 3\end{bmatrix}\begin{bmatrix}x_1\\ x_2\\ x_3\end{bmatrix}+\begin{bmatrix}0 & 0\\ 4 & 0\\ 5 & 5\end{bmatrix}\begin{bmatrix}u_1\\ u_2\end{bmatrix}$

解:上述 4 个系统矩阵 $\boldsymbol{A}$ 均为特征值互异的对角标准型,系统(1)和系统(3)中输入矩阵 $\boldsymbol{B}$ 中不含有元素全为零的行,故系统能控;系统(2)和系统(4)中输入矩阵 $\boldsymbol{B}$ 的第一行全为零,即状态变量 x_1 与控制 u 没有直接关联,又与状态 x_2、x_3 之间不存在耦合关系,所以 x_1 不能控,从而系统不能控。

若线性定常系统(3.16)的系统矩阵 $\boldsymbol{A}$ 具有重特征值,即 m_1 个 λ_1,m_2 个 λ_2,…,m_k 个 λ_k,$m_1+m_2+\cdots+m_k=n$,经过线性非奇异变换为如下约当标准型

$$\dot{\bar{x}}=\boldsymbol{T}^{-1}\boldsymbol{A}\boldsymbol{T}\bar{x}+\boldsymbol{T}^{-1}\boldsymbol{B}\boldsymbol{u}=\bar{\boldsymbol{A}}\bar{x}+\bar{\boldsymbol{B}}\boldsymbol{u}=\begin{bmatrix}\boldsymbol{J}_1 & & & \\ & \boldsymbol{J}_2 & & \\ & & \ddots & \\ & & & \boldsymbol{J}_k\end{bmatrix}\bar{x}+\bar{\boldsymbol{B}}\boldsymbol{u} \tag{3.22}$$

其中,$\boldsymbol{J}_i(i=1,2,\cdots,k)$为 m_i 重特征值λ_i 的 m_i 阶约当块。那么系统(3.16)状态完全能控的充分必要条件是:在经过线性非奇异变换得到的约当标准型(3.22)中,输入矩阵 $\bar{\boldsymbol{B}}$ 中与每个约当块$\boldsymbol{J}_i(i=1,2,\cdots,k)$最后一行相对应的各行元素不全为零。

【例 3.5】 判断下列系统的能控性。

(1) $\begin{bmatrix}\dot{x}_1\\ \dot{x}_2\end{bmatrix}=\begin{bmatrix}-2 & 1\\ 0 & -2\end{bmatrix}\begin{bmatrix}x_1\\ x_2\end{bmatrix}+\begin{bmatrix}0\\ 2\end{bmatrix}u$　　(2) $\begin{bmatrix}\dot{x}_1\\ \dot{x}_2\end{bmatrix}=\begin{bmatrix}-2 & 1\\ 0 & -2\end{bmatrix}\begin{bmatrix}x_1\\ x_2\end{bmatrix}+\begin{bmatrix}2\\ 0\end{bmatrix}u$

(3) $\begin{bmatrix}\dot{x}_1\\ \dot{x}_2\\ \dot{x}_3\\ \dot{x}_4\end{bmatrix}=\begin{bmatrix}-2 & 1 & 0 & 0\\ 0 & -2 & 0 & 0\\ 0 & 0 & -3 & 1\\ 0 & 0 & 0 & -3\end{bmatrix}\begin{bmatrix}x_1\\ x_2\\ x_3\\ x_4\end{bmatrix}+\begin{bmatrix}0 & 0\\ 0 & 1\\ 1 & 0\\ 0 & 3\end{bmatrix}\begin{bmatrix}u_1\\ u_2\end{bmatrix}$

(4) $\begin{bmatrix}\dot{x}_1\\ \dot{x}_2\\ \dot{x}_3\\ \dot{x}_4\end{bmatrix}=\begin{bmatrix}-2 & 1 & 0 & 0\\ 0 & -2 & 0 & 0\\ 0 & 0 & -3 & 0\\ 0 & 0 & 0 & -5\end{bmatrix}\begin{bmatrix}x_1\\ x_2\\ x_3\\ x_4\end{bmatrix}+\begin{bmatrix}0 & 1\\ 0 & 0\\ 1 & 0\\ 0 & 1\end{bmatrix}\begin{bmatrix}u_1\\ u_2\end{bmatrix}$

解:系统(1)只有一个约当块,矩阵 $\boldsymbol{B}$ 与约当块最后一行对应的那一行元素为 2,因此系统能控;系统(2)的矩阵 $\boldsymbol{B}$ 与约当块最后一行对应的那一行元素为 0,因此系统不能控;系统(3)有两个约当块,第一个约当块最后一行对应矩阵 $\boldsymbol{B}$ 相应行的元素为$[0\quad 1]$,第二个约当块最后一行对应矩阵 $\boldsymbol{B}$ 相应行的元素为$[0\quad 3]$,因此系统能控。

系统(4)既有重特征值又有单特征值,此时要综合对角标准型判据和约当标准型判据对系统进行判断。该系统矩阵中有一个约当块和一个对角块,对角块对应矩阵 $\boldsymbol{B}$ 不含有元素全为零的行,而约当块最后一行对应矩阵 $\boldsymbol{B}$ 相应行的元素为$[0\quad 0]$,因此系统不能控。

若线性定常系统(3.16)的系统矩阵 $\boldsymbol{A}$ 具有重特征值且$\bar{\boldsymbol{A}}=\boldsymbol{T}^{-1}\boldsymbol{A}\boldsymbol{T}$ 为约当标准型,其中,$\bar{\boldsymbol{A}}$ 中有两个或以上与同一特征值对应的约当块,则此时系统状态完全能控的充分必要条件是 $\bar{\boldsymbol{B}}$ 中与每个约当块最后一行相对应的各行都不是元素全为零的行;同时,$\bar{\boldsymbol{B}}$ 中对应 $\bar{\boldsymbol{A}}$ 中相同特征值的全部约当块的最后一行之间线性无关。特别注意的是,任意一个 1 阶矩阵都可视为 1 阶约当块,因此对角矩阵可视为是约当矩阵的特例。

【例 3.6】 判断下列系统的能控性。

(1) $\begin{bmatrix}\dot{x}_1\\ \dot{x}_2\end{bmatrix}=\begin{bmatrix}-1 & 0\\ 0 & -1\end{bmatrix}\begin{bmatrix}x_1\\ x_2\end{bmatrix}+\begin{bmatrix}4\\ 2\end{bmatrix}u$ (2) $\begin{bmatrix}\dot{x}_1\\ \dot{x}_2\\ \dot{x}_3\end{bmatrix}=\begin{bmatrix}-1 & 1 & 0\\ 0 & -1 & 0\\ 0 & 0 & -1\end{bmatrix}\begin{bmatrix}x_1\\ x_2\\ x_3\end{bmatrix}+\begin{bmatrix}0\\ 1\\ 2\end{bmatrix}u$

(3) $\begin{bmatrix}\dot{x}_1\\ \dot{x}_2\\ \dot{x}_3\\ \dot{x}_4\end{bmatrix}=\begin{bmatrix}-2 & 1 & 0 & 0\\ 0 & -2 & 0 & 0\\ 0 & 0 & -2 & 1\\ 0 & 0 & 0 & -2\end{bmatrix}\begin{bmatrix}x_1\\ x_2\\ x_3\\ x_4\end{bmatrix}+\begin{bmatrix}1 & 2\\ 2 & 1\\ 1 & 0\\ 4 & 2\end{bmatrix}\begin{bmatrix}u_1\\ u_2\end{bmatrix}$

(4) $\begin{bmatrix}\dot{x}_1\\ \dot{x}_2\\ \dot{x}_3\\ \dot{x}_4\\ \dot{x}_5\\ \dot{x}_6\\ \dot{x}_7\end{bmatrix}=\begin{bmatrix}-2 & 1 & 0 & 0 & 0 & 0 & 0\\ 0 & -2 & 0 & 0 & 0 & 0 & 0\\ 0 & 0 & -2 & 0 & 0 & 0 & 0\\ 0 & 0 & 0 & -2 & 0 & 0 & 0\\ 0 & 0 & 0 & 0 & 3 & 1 & 0\\ 0 & 0 & 0 & 0 & 0 & 3 & 0\\ 0 & 0 & 0 & 0 & 0 & 0 & 3\end{bmatrix}\begin{bmatrix}x_1\\ x_2\\ x_3\\ x_4\\ x_5\\ x_6\\ x_7\end{bmatrix}+\begin{bmatrix}0 & 0 & 0\\ 1 & 0 & 0\\ 0 & 1 & 0\\ 0 & 0 & 4\\ 0 & 0 & 0\\ 2 & 0 & 3\\ 4 & 0 & 6\end{bmatrix}\begin{bmatrix}u_1\\ u_2\\ u_3\end{bmatrix}$

解:(1)系统矩阵 $\boldsymbol{A}$ 虽为对角矩阵,但对角元素相同,可看作特征值相同的两个 1 阶约当块,两个约当块最后一行对应的矩阵 $\boldsymbol{B}$ 相应行向量元素 4 与 2 线性相关,因此系统不能控。

(2) 系统的 3 重特征值-1分布在两个约当块$\begin{bmatrix}-1 & 1\\ 0 & -1\end{bmatrix}$和$[-1]$中,两个约当块最后一行对应的矩阵 $\boldsymbol{B}$ 相应行向量元素 1 与 2 线性相关,因此系统不能控。

(3) 系统中 4 重特征值-2分布在两个约当块$\begin{bmatrix}-2 & 1\\ 0 & -2\end{bmatrix}$和$\begin{bmatrix}-2 & 1\\ 0 & -2\end{bmatrix}$中,两个约当块最后一行对应的矩阵 $\boldsymbol{B}$ 相应行向量$[2\quad 1]$和$[4\quad 2]$线性相关,因此系统不能控。

(4) 系统中 4 重特征值-2分布在 3 个约当块$\begin{bmatrix}-2 & 1\\ 0 & -2\end{bmatrix}$、$[-2]$和$[-2]$中,3 个约当块最后一行对应的矩阵 $\boldsymbol{B}$ 相应行向量$[1\quad 0\quad 0]$、$[0\quad 1\quad 0]$和$[0\quad 0\quad 4]$三者线性无关;再分析 3 重特征值 3,其分布在两个约当块$\begin{bmatrix}3 & 1\\ 0 & 3\end{bmatrix}$和$[3]$中,这两个约当块最后一行对应的矩阵 $\boldsymbol{B}$ 相应行向量$[2\quad 0\quad 3]$和$[4\quad 0\quad 6]$线性相关,因此系统不能控。

【例 3.7】 用约当标准型判据判断以下系统是否能控。

$$\begin{bmatrix}\dot{x}_1\\ \dot{x}_2\end{bmatrix}=\begin{bmatrix}-4 & 5\\ 1 & 0\end{bmatrix}\begin{bmatrix}x_1\\ x_2\end{bmatrix}+\begin{bmatrix}-5\\ 1\end{bmatrix}u$$

解:把状态方程变换为约当标准型,特征值为

$$|\lambda\boldsymbol{I}-\boldsymbol{A}|=\begin{vmatrix}\lambda+4 & -5\\ -1 & \lambda\end{vmatrix}=\lambda^2+4\lambda-5=(\lambda+5)(\lambda-1)=0$$

解得 $\lambda_1=-5,\lambda_2=1$。

变换矩阵为

$$T=[t_1 \quad t_2]=\begin{bmatrix}-5 & 1\\ 1 & 1\end{bmatrix}, \qquad T^{-1}=\begin{bmatrix}-\frac{5}{6} & \frac{1}{6}\\ \frac{1}{6} & \frac{5}{6}\end{bmatrix}$$

有

$$T^{-1}B=\begin{bmatrix}-\frac{5}{6} & \frac{1}{6}\\ \frac{1}{6} & \frac{5}{6}\end{bmatrix}\begin{bmatrix}-5\\ 1\end{bmatrix}=\begin{bmatrix}1\\ 0\end{bmatrix}$$

经过变换后的状态方程为

$$\dot{\bar{x}}=\bar{A}\bar{x}+\bar{B}u=T^{-1}AT\bar{x}+T^{-1}Bu=\begin{bmatrix}-5 & 0\\ 0 & 1\end{bmatrix}\begin{bmatrix}\bar{x}_1\\ \bar{x}_2\end{bmatrix}+\begin{bmatrix}1\\ 0\end{bmatrix}u$$

$\bar{B}$中第二行元素为 0,故系统不完全能控。

3.2.3 线性定常连续系统的输出能控性

系统能控性是针对系统的状态而言的。然而在控制系统的分析、设计和实际运行中,往往是对系统的输出实行控制,因此,在研究状态能控性的同时,也有必要研究系统的输出能控性。

1. 输出能控性定义

设线性定常连续系统

$$\begin{cases}\dot{x}=Ax+Bu\\ y=Cx+Du\end{cases} \tag{3.23}$$

式中,x 为 n 维状态向量,u 为 r 维输入向量,y 为 m 维输入向量,A 为 $n\times n$ 维常数矩阵,B 为 $n\times r$ 维常数矩阵,C 为 $m\times n$ 维常数矩阵,D 为 $m\times r$ 维常数矩阵。

如果存在一个没有约束的控制 $u(t)$,在有限时间间隔$[t_0,t_1]$内,使任一给定的初始输出 $y(t_0)$转移到任一指定的期望的最终输出 $y(t_1)$,那么式(3.23)描述的系统是输出完全能控的,简称输出能控。

2. 输出能控性判据

可以证明,式(3.23)描述的系统,其输出完全能控的充分必要条件为:输出能控性判别矩阵 $M'=[CB \quad CAB \quad \cdots \quad CA^{n-1}B \quad D]$的秩等于输出向量的维数 m,即

$$\mathrm{rank}M'=\mathrm{rank}[CB \quad CAB \quad \cdots \quad CA^{n-1}B \quad D]=m \tag{3.24}$$

应该指出,对输出能控性来说,状态能控性既不是必要的,也不是充分的,即状态能控性与输出能控性之间没有必然的联系。

【例 3.8】 判断以下线性定常连续系统的输出能控性。

$$\begin{cases}\begin{bmatrix}\dot{x}_1\\ \dot{x}_2\end{bmatrix}=\begin{bmatrix}-4 & 5\\ 1 & 0\end{bmatrix}\begin{bmatrix}x_1\\ x_2\end{bmatrix}+\begin{bmatrix}-5\\ 1\end{bmatrix}u\\ y=[1 \quad 0]\begin{bmatrix}x_1\\ x_2\end{bmatrix}+u\end{cases}$$

解:系统输出能控性判别矩阵为

$$M'=[CB \quad CAB \quad D]$$

其中

$$CB=[1\quad 0]\begin{bmatrix}-5\\1\end{bmatrix}=-5$$

$$CAB=[1\quad 0]\begin{bmatrix}-4 & 5\\1 & 0\end{bmatrix}\begin{bmatrix}-5\\1\end{bmatrix}=25$$

$$M'=[CB\quad CAB\quad D]=[-5\quad 25\quad 1]$$

显然，输出能控性判别矩阵的秩等于1，与其输出变量的数目相同，故系统输出完全能控。

3.3 线性定常系统的能观性

控制系统大多采用反馈控制形式。在现代控制理论中，把反映系统内部运动状态的状态向量作为被控量，而且它们不一定是实际上可观测到的物理量，至于输出量则是状态向量的线性组合，这就产生了从输出量 $\boldsymbol{y}(t)$ 到状态量 $\boldsymbol{x}(t)$ 的能观测问题。

3.3.1 能观性定义

能观性是指输出量 $\boldsymbol{y}(t)$ 反映状态量 $\boldsymbol{x}(t)$ 的能力，与控制作用没有直接关系。设线性时变系统

$$\begin{cases}\dot{\boldsymbol{x}}=\boldsymbol{A}(t)\boldsymbol{x}+\boldsymbol{B}(t)\boldsymbol{u}\\ \boldsymbol{y}=\boldsymbol{C}(t)\boldsymbol{x}+\boldsymbol{D}(t)\boldsymbol{u}\end{cases}\tag{3.25}$$

式中，$\boldsymbol{x}$ 为 n 维状态向量，$\boldsymbol{u}$ 为 r 维输入向量，$\boldsymbol{y}$ 为 m 维输入向量，$\boldsymbol{A}(t)$ 为 $n\times n$ 维系统矩阵，$\boldsymbol{B}(t)$ 为 $n\times r$ 维输入矩阵，$\boldsymbol{C}(t)$ 为 $m\times n$ 维常数矩阵，$\boldsymbol{D}(t)$ 为 $m\times r$ 维常数矩阵。

对任意给定的输入 $\boldsymbol{u}$，如果在有限观测时间 $t_1>t_0$，使得根据 $[t_0,t_1]$ 期间的输出 $\boldsymbol{y}(t)$ 能唯一地确定系统在初始时刻的状态 $\boldsymbol{x}(t_0)$，则称状态 $\boldsymbol{x}(t_0)$ 是能观测的。若系统的每一个状态都是能观测的，则称系统是状态完全能观测的，或简称是能观的。

能观性表示的是 $\boldsymbol{y}(t)$ 反映状态向量 $\boldsymbol{x}(t)$ 的能力，考虑到控制作用所引起的输出是可以计算出的，所以在分析能观测问题时，不妨令 $\boldsymbol{u}=\boldsymbol{0}$，这样只需从齐次状态方程和输出方程出发，即

$$\begin{cases}\dot{\boldsymbol{x}}=\boldsymbol{A}(t)\boldsymbol{x}\\ \boldsymbol{y}=\boldsymbol{C}(t)\boldsymbol{x}\end{cases}\tag{3.26}$$

从输出方程可以看出，如果输出量 $\boldsymbol{y}$ 的维数等于状态向量的维数，即 $m=n$，并且 $\boldsymbol{C}$ 是非奇异矩阵，则求解状态是十分简单的，即 $\boldsymbol{x}(t)=\boldsymbol{C}^{-1}\boldsymbol{y}(t)$。显然，这是不需要观测时间的。可是在一般情况下，输出量的维数总是小于状态向量的个数，即 $m<n$。为了能唯一地求出 n 个状态变量，不得不在不同的时刻多测量几组输出数据，使之能构成 n 个方程式。若时间相隔太近，则输出所构成的 n 个方程虽然在结构上是独立的，但其数值可能相差无几，从而破坏了其独立性。因此，在能观性定义中，观测时间应满足 $t_1\geqslant t_0$ 的要求。

在定义中之所以把能观性规定为对初始状态的确定，这是因为一旦确定了初始状态，便可以根据给定的控制量，利用状态方程的解

$$\boldsymbol{x}(t)=\boldsymbol{\Phi}(t-t_0)\boldsymbol{x}(t_0)+\int_{t_0}^{t}\boldsymbol{\Phi}(t-\tau)\boldsymbol{B}\boldsymbol{u}(\tau)\mathrm{d}\tau\tag{3.27}$$

求出各个瞬时的状态。

3.3.2 线性定常连续系统能观性判据

1. 判别矩阵秩判据

设线性定常连续系统在输入 $\boldsymbol{u}(t)=0$ 时齐次状态方程和输出方程为

$$\begin{cases}\dot{\boldsymbol{x}}=\boldsymbol{A}\boldsymbol{x}\\ \boldsymbol{y}=\boldsymbol{C}\boldsymbol{x}\end{cases} \tag{3.28}$$

式中，$\boldsymbol{x}$ 为 n 维状态向量，$\boldsymbol{y}$ 为 m 维输出向量，$\boldsymbol{A}$ 为 $n\times n$ 维系统矩阵，$\boldsymbol{C}$ 为 $m\times n$ 维输入矩阵，其中，$\boldsymbol{x}(0)=\boldsymbol{x}_0$，$t\geqslant 0$。

则其状态方程的解为

$$\boldsymbol{x}(t)=\mathrm{e}^{\boldsymbol{A}t}\boldsymbol{x}(0) \tag{3.29}$$

代入式(3.28)，得

$$\boldsymbol{y}(t)=\boldsymbol{C}\mathrm{e}^{\boldsymbol{A}t}\boldsymbol{x}(0) \tag{3.30}$$

将 $\mathrm{e}^{\boldsymbol{A}t}$ 改写为 $\boldsymbol{A}$ 的有限项形式，即

$$\mathrm{e}^{\boldsymbol{A}t}=\sum_{k=0}^{n-1}a_k(t)\boldsymbol{A}^k \tag{3.31}$$

代入式(3.30)，有

$$\boldsymbol{y}(t)=\sum_{k=0}^{n-1}a_k(t)\boldsymbol{C}\boldsymbol{A}^k\boldsymbol{x}(0) \tag{3.32}$$

展开为

$$\boldsymbol{y}(t)=a_0(t)\boldsymbol{C}\boldsymbol{x}(0)+a_1(t)\boldsymbol{C}\boldsymbol{A}\boldsymbol{x}(0)+\cdots+a_{n-1}(t)\boldsymbol{C}\boldsymbol{A}^{n-1}\boldsymbol{x}(0) \tag{3.33}$$

显然，如果系统能观测，那么在给定时间间隔$[0,t_1]$内，给定输出 $\boldsymbol{y}(t)$，就可由上式唯一确定出 $\boldsymbol{x}(0)$。这就要求 $mn\times n$ 维矩阵(能观性判别矩阵)

$$\boldsymbol{N}=\begin{bmatrix}\boldsymbol{C}\\ \boldsymbol{C}\boldsymbol{A}\\ \vdots\\ \boldsymbol{C}\boldsymbol{A}^{n-1}\end{bmatrix}$$

满秩，即

$$\mathrm{rank}\boldsymbol{N}=\mathrm{rank}\begin{bmatrix}\boldsymbol{C}\\ \boldsymbol{C}\boldsymbol{A}\\ \vdots\\ \boldsymbol{C}\boldsymbol{A}^{n-1}\end{bmatrix}=n$$

【例 3.9】 判断以下线性定常连续系统的能观性。

$$\begin{cases}\begin{bmatrix}\dot{x}_1\\ \dot{x}_2\end{bmatrix}=\begin{bmatrix}2 & 1\\ 1 & 1\end{bmatrix}\begin{bmatrix}x_1\\ x_2\end{bmatrix}+\begin{bmatrix}-1\\ 1\end{bmatrix}u\\ \begin{bmatrix}y_1\\ y_2\end{bmatrix}=\begin{bmatrix}1 & 0\\ 1 & 0\end{bmatrix}\begin{bmatrix}x_1\\ x_2\end{bmatrix}\end{cases}$$

解：系统的能观性判别矩阵为

$$\boldsymbol{N}=\begin{bmatrix}\boldsymbol{C}\\ \boldsymbol{C}\boldsymbol{A}\end{bmatrix}=\begin{bmatrix}1 & 0\\ 1 & 0\\ 2 & 1\\ 2 & 1\end{bmatrix}$$

因为 $\mathrm{rank}\boldsymbol{N}=2=n$，所以该系统能观。

2. 约当标准型判据

有如下系统

$$\begin{cases}\dot{\boldsymbol{x}}=\boldsymbol{A}\boldsymbol{x}+\boldsymbol{B}\boldsymbol{u}\\ \boldsymbol{y}=\boldsymbol{C}\boldsymbol{x}+\boldsymbol{D}\boldsymbol{u}\end{cases} \tag{3.34}$$

其能观性判别矩阵为

$$\boldsymbol{N}=\begin{bmatrix}\boldsymbol{C}\\ \boldsymbol{C}\boldsymbol{A}\\ \vdots\\ \boldsymbol{C}\boldsymbol{A}^{n-1}\end{bmatrix}$$

对式(3.34)进行线性非奇异变换

$$\boldsymbol{x}=\boldsymbol{T}\bar{\boldsymbol{x}} \tag{3.35}$$

变换后的系统状态方程为

$$\begin{cases}\dot{\bar{\boldsymbol{x}}}=\boldsymbol{T}^{-1}\boldsymbol{A}\boldsymbol{T}\bar{\boldsymbol{x}}+\boldsymbol{T}^{-1}\boldsymbol{B}\boldsymbol{u}=\bar{\boldsymbol{A}}\bar{\boldsymbol{x}}+\bar{\boldsymbol{B}}\boldsymbol{u}\\ \boldsymbol{y}=\boldsymbol{C}\boldsymbol{T}\bar{\boldsymbol{x}}+\boldsymbol{D}\boldsymbol{u}=\bar{\boldsymbol{C}}\bar{\boldsymbol{x}}+\boldsymbol{D}\boldsymbol{u}\end{cases} \tag{3.36}$$

其能观性判别矩阵为

$$\bar{\boldsymbol{N}}=\begin{bmatrix}\bar{\boldsymbol{C}}\\ \bar{\boldsymbol{C}}\bar{\boldsymbol{A}}\\ \vdots\\ \bar{\boldsymbol{C}}\bar{\boldsymbol{A}}^{n-1}\end{bmatrix}=\begin{bmatrix}\boldsymbol{C}\boldsymbol{T}\\ \boldsymbol{C}\boldsymbol{T}(\boldsymbol{T}^{-1}\boldsymbol{A}\boldsymbol{T})\\ \vdots\\ \boldsymbol{C}\boldsymbol{T}(\boldsymbol{T}^{-1}\boldsymbol{A}\boldsymbol{T})^{n-1}\end{bmatrix}=\boldsymbol{N}\boldsymbol{T} \tag{3.37}$$

故有

$$\text{rank}\bar{\boldsymbol{N}}=\text{rank}(\boldsymbol{N}\boldsymbol{T})=\text{rank}\boldsymbol{N} \tag{3.38}$$

上式表明，系统经过线性非奇异变换后，与变换前能观性判别矩阵的秩相同，因此线性非奇异变换不改变系统的能观性。

若线性定常连续系统在输入 $\boldsymbol{u}(t)=\boldsymbol{0}$ 时为式(3.28)，系统矩阵 $\boldsymbol{A}$ 的特征值$\lambda_1,\lambda_2,\cdots,\lambda_n$ 互异，可将其经过线性非奇异变换 $\boldsymbol{x}=\boldsymbol{T}\bar{\boldsymbol{x}}$ 转换为如下对角标准型

$$\begin{cases}\dot{\bar{\boldsymbol{x}}}=\boldsymbol{T}^{-1}\boldsymbol{A}\boldsymbol{T}\bar{\boldsymbol{x}}=\bar{\boldsymbol{A}}\bar{\boldsymbol{x}}=\begin{bmatrix}\lambda_1 & & & \\ & \lambda_2 & & \\ & & \ddots & \\ & & & \lambda_n\end{bmatrix}\bar{\boldsymbol{x}}\\ \boldsymbol{y}=\boldsymbol{C}\boldsymbol{T}\bar{\boldsymbol{x}}=\bar{\boldsymbol{C}}\bar{\boldsymbol{x}}\end{cases} \tag{3.39}$$

因此系统完全能观的充分必要条件是经过线性非奇异变换得到的对角标准型(3.39)中，矩阵 $\bar{\boldsymbol{C}}$ 不含元素全为零的列。

【例 3.10】 判断下列系统的能观性。

(1) $\begin{cases}\begin{bmatrix}\dot{x}_1\\\dot{x}_2\\\dot{x}_3\end{bmatrix}=\begin{bmatrix}-1&0&0\\0&-2&0\\0&0&-3\end{bmatrix}\begin{bmatrix}x_1\\x_2\\x_3\end{bmatrix}\\y=\begin{bmatrix}4&5&6\end{bmatrix}\begin{bmatrix}x_1\\x_2\\x_3\end{bmatrix}\end{cases}$ (2) $\begin{cases}\begin{bmatrix}\dot{x}_1\\\dot{x}_2\\\dot{x}_3\end{bmatrix}=\begin{bmatrix}-1&0&0\\0&-2&0\\0&0&-3\end{bmatrix}\begin{bmatrix}x_1\\x_2\\x_3\end{bmatrix}\\y=\begin{bmatrix}4&0&6\end{bmatrix}\begin{bmatrix}x_1\\x_2\\x_3\end{bmatrix}\end{cases}$

(3) $\begin{cases}\begin{bmatrix}\dot{x}_1\\\dot{x}_2\\\dot{x}_3\end{bmatrix}=\begin{bmatrix}-1&0&0\\0&-2&0\\0&0&-3\end{bmatrix}\begin{bmatrix}x_1\\x_2\\x_3\end{bmatrix}\\\begin{bmatrix}y_1\\y_2\end{bmatrix}=\begin{bmatrix}1&2&0\\4&5&0\end{bmatrix}\begin{bmatrix}x_1\\x_2\\x_3\end{bmatrix}\end{cases}$ (4) $\begin{cases}\begin{bmatrix}\dot{x}_1\\\dot{x}_2\\\dot{x}_3\end{bmatrix}=\begin{bmatrix}-1&0&0\\0&-2&0\\0&0&-3\end{bmatrix}\begin{bmatrix}x_1\\x_2\\x_3\end{bmatrix}\\\begin{bmatrix}y_1\\y_2\end{bmatrix}=\begin{bmatrix}1&2&3\\4&5&6\end{bmatrix}\begin{bmatrix}x_1\\x_2\\x_3\end{bmatrix}\end{cases}$

解:以上 4 个系统的系统矩阵 $\boldsymbol{A}$ 的特征值互异,系统(1)和系统(4)的矩阵 $\boldsymbol{C}$ 中都没有元素全为零的列,故系统(1)和系统(4)能观;系统(2)和系统(3)由于矩阵 $\boldsymbol{C}$ 中有元素全为零的列(第二列、第三列),故系统(2)和系统(3)不能观。

若线性定常连续系统在输入 $\boldsymbol{u}(t)=\boldsymbol{0}$ 时为式(3.28),其系统矩阵 $\boldsymbol{A}$ 具有重特征值,即 m_1 个 λ_1,m_2 个 λ_2,…,m_k 个 λ_k,$m_1+m_2+\cdots+m_k=n$,经过线性非奇异变换为如下约当标准型

$$\begin{cases}\dot{\bar{\boldsymbol{x}}}=\boldsymbol{T}^{-1}\boldsymbol{A}\boldsymbol{T}\bar{\boldsymbol{x}}=\bar{\boldsymbol{A}}\bar{\boldsymbol{x}}=\begin{bmatrix}\boldsymbol{J}_1&&&\\&\boldsymbol{J}_2&&\\&&\ddots&\\&&&\boldsymbol{J}_k\end{bmatrix}\bar{\boldsymbol{x}}\\\boldsymbol{y}=\boldsymbol{C}\boldsymbol{T}\bar{\boldsymbol{x}}=\bar{\boldsymbol{C}}\bar{\boldsymbol{x}}\end{cases}\tag{3.40}$$

其中,$\boldsymbol{J}_i(i=1,2,\cdots,k)$为 m_i 重特征值λ_i 的 m_i 阶约当块。那么系统(3.28)完全能观的充分必要条件是:在经过线性非奇异变换得到的约当标准型(3.40)中,矩阵 $\bar{\boldsymbol{C}}$ 中与每个约当标准块 $\boldsymbol{J}_i(i=1,2,\cdots,k)$的第一列相对应的各列元素不全为零。

【例 3.11】 判断下列系统的能观性。

(1) $\begin{cases}\begin{bmatrix}\dot{x}_1\\\dot{x}_2\end{bmatrix}=\begin{bmatrix}-1&1\\0&-1\end{bmatrix}\begin{bmatrix}x_1\\x_2\end{bmatrix}\\y=\begin{bmatrix}1&0\end{bmatrix}\begin{bmatrix}x_1\\x_2\end{bmatrix}\end{cases}$ (2) $\begin{cases}\begin{bmatrix}\dot{x}_1\\\dot{x}_2\end{bmatrix}=\begin{bmatrix}-1&1\\0&-1\end{bmatrix}\begin{bmatrix}x_1\\x_2\end{bmatrix}\\y=\begin{bmatrix}0&1\end{bmatrix}\begin{bmatrix}x_1\\x_2\end{bmatrix}\end{cases}$

(3) $\begin{cases}\begin{bmatrix}\dot{x}_1\\\dot{x}_2\\\dot{x}_3\\\dot{x}_4\end{bmatrix}=\begin{bmatrix}-2&0&0&0\\0&-1&0&0\\0&0&-3&1\\0&0&0&-3\end{bmatrix}\begin{bmatrix}x_1\\x_2\\x_3\\x_4\end{bmatrix}\\\begin{bmatrix}y_1\\y_2\end{bmatrix}=\begin{bmatrix}1&2&0&3\\3&5&0&0\end{bmatrix}\begin{bmatrix}x_1\\x_2\\x_3\\x_4\end{bmatrix}\end{cases}$ (4) $\begin{cases}\begin{bmatrix}\dot{x}_1\\\dot{x}_2\\\dot{x}_3\\\dot{x}_4\end{bmatrix}=\begin{bmatrix}-2&0&0&0\\0&-1&0&0\\0&0&-3&1\\0&0&0&-3\end{bmatrix}\begin{bmatrix}x_1\\x_2\\x_3\\x_4\end{bmatrix}\\\begin{bmatrix}y_1\\y_2\end{bmatrix}=\begin{bmatrix}1&2&3&0\\3&5&0&0\end{bmatrix}\begin{bmatrix}x_1\\x_2\\x_3\\x_4\end{bmatrix}\end{cases}$

解:显然,系统(1)和系统(4)能观测,系统(2)和系统(3)不能观测,其中,系统(3)的约当块$\begin{bmatrix}-3&1\\0&-3\end{bmatrix}$第一列对应于矩阵 $\bar{\boldsymbol{C}}$ 中第三列元素全为零。

若线性定常系统(3.28)的系统矩阵 $\boldsymbol{A}$ 具有重特征值且$\bar{\boldsymbol{A}}=\boldsymbol{T}^{-1}\boldsymbol{A}\boldsymbol{T}$ 为约当标准型,其中,$\bar{\boldsymbol{A}}$中有两个或以上与同一特征值对应的约当块,则此时系统完全能观的充分必要条件是 $\bar{\boldsymbol{C}}$ 中与每个约当块第一列相对应的各列都不是元素全为零的列;同时,$\bar{\boldsymbol{C}}$ 中对应$\bar{\boldsymbol{A}}$中相同特征值的全部约当块的第一列之间线性无关。

【例 3.12】 判断下列系统的能观性。

(1) $\begin{cases}\begin{bmatrix}\dot{x}_1\\\dot{x}_2\\\dot{x}_3\end{bmatrix}=\begin{bmatrix}-1&0&0\\0&-1&0\\0&0&-3\end{bmatrix}\begin{bmatrix}x_1\\x_2\\x_3\end{bmatrix}\\\begin{bmatrix}y_1\\y_2\end{bmatrix}=\begin{bmatrix}1&4&3\\4&5&-1\end{bmatrix}\begin{bmatrix}x_1\\x_2\\x_3\end{bmatrix}\end{cases}$ (2) $\begin{cases}\begin{bmatrix}\dot{x}_1\\\dot{x}_2\\\dot{x}_3\\\dot{x}_4\end{bmatrix}=\begin{bmatrix}-2&0&0&0\\0&-2&0&0\\0&0&-2&1\\0&0&0&-2\end{bmatrix}\begin{bmatrix}x_1\\x_2\\x_3\\x_4\end{bmatrix}\\\begin{bmatrix}y_1\\y_2\end{bmatrix}=\begin{bmatrix}1&2&2&3\\3&5&6&0\end{bmatrix}\begin{bmatrix}x_1\\x_2\\x_3\\x_4\end{bmatrix}\end{cases}$

解:系统(1)中,对应于二重特征值−1 的 2 个约当块的首列,矩阵 $\boldsymbol{C}$ 的两个列向量$\begin{bmatrix}1\\4\end{bmatrix}$和$\begin{bmatrix}4\\5\end{bmatrix}$线性无关;单特征值−3 对应的矩阵 $\boldsymbol{C}$ 的列向量为$\begin{bmatrix}3\\-1\end{bmatrix}$,故系统能观。

系统(2)中,4 重特征值−2 分布在 3 个约当块中,这 3 个约当块首列对应矩阵 $\boldsymbol{C}$ 的 3 个列向量$\begin{bmatrix}1\\3\end{bmatrix}$、$\begin{bmatrix}2\\5\end{bmatrix}$和$\begin{bmatrix}2\\6\end{bmatrix}$线性相关,故系统不能观。

3.4 线性定常离散系统的能控性与能观性

对于连续系统经过离散化获得的离散系统,其能控性与能观性的概念与连续系统所讨论的基本相似,本节仅限于对线性定常离散系统的能控性、能观性进行分析。

3.4.1 线性定常离散系统的能控性

对于线性定常离散系统

$$x(k+1)=Gx(k)+hu(k) \tag{3.41}$$

式中，$x(k)$为n维状态向量，$u(k)$为r维输出向量，G为$n\times n$维系统矩阵，h为$m\times n$维输入矩阵。根据能控性定义，在有限个采样周期内，若能找到阶梯控制信号，将某个任意初始状态转移到零状态，那么系统是状态完全能控的，若系统的所有状态都是能控的，则称此系统是状态完全能控的。

线性定常离散系统(3.41)，若G为非奇异矩阵，则状态完全能控的充分必要条件是其能控性判别矩阵

$$M=[h \quad Gh \quad \cdots \quad G^{n-2}h \quad G^{n-1}h] \tag{3.42}$$

满秩，即 $\text{rank}M=n$。

【例 3.13】 已知单输入线性定常离散系统的状态方程为

$$x(k+1)=\begin{bmatrix}1 & 0 & 0\\0 & 2 & -2\\-1 & 1 & 0\end{bmatrix}x(k)+\begin{bmatrix}2\\1\\1\end{bmatrix}u(k)$$

试判断其能控性。

解：系统矩阵G的行列式不为零，故G为非奇异矩阵，根据系统能控性判据有

$$M=[h \quad Gh \quad G^2h]=\begin{bmatrix}2 & 2 & 2\\1 & 0 & 2\\1 & -1 & -2\end{bmatrix}$$

$$\text{rank}M=\text{rank}\begin{bmatrix}2 & 2 & 2\\1 & 0 & 2\\1 & -1 & -2\end{bmatrix}=3=n$$

故系统状态完全能控。

【例 3.14】 已知多输入线性定常离散系统的状态方程为

$$x(k+1)=\begin{bmatrix}1 & 2 & 1\\0 & 1 & 0\\1 & 0 & 1\end{bmatrix}x(k)+\begin{bmatrix}1 & 0 & 0\\0 & 1 & 0\\0 & 0 & 1\end{bmatrix}\begin{bmatrix}u_1(k)\\u_2(k)\\u_3(k)\end{bmatrix}$$

试判断其能控性。

解：系统矩阵G的行列式不为零，故G为非奇异矩阵，根据系统能控性判据有

$$h=\begin{bmatrix}1 & 0 & 0\\0 & 1 & 0\\0 & 0 & 1\end{bmatrix},Gh=\begin{bmatrix}1 & 2 & 1\\0 & 1 & 0\\1 & 0 & 1\end{bmatrix},G^2h=\begin{bmatrix}2 & 4 & 2\\0 & 1 & 0\\2 & 2 & 2\end{bmatrix}$$

$$\text{rank}M=3=n$$

M为一个$3\times(3\times3)=3\times9$的矩阵，显然上式是满秩的，即$M$的秩等于3，故系统是能控的。

3.4.2 线性定常离散系统的能观性

设线性定常离散系统在输入$u=0$时的齐次状态方程和输出方程分别为

$$\begin{cases}\boldsymbol{x}(k+1)=\boldsymbol{G}\boldsymbol{x}(k)\\ \boldsymbol{y}(k)=\boldsymbol{C}\boldsymbol{x}(k)\end{cases} \tag{3.43}$$

式中，$\boldsymbol{x}(k)$为n维状态向量，$\boldsymbol{y}(k)$为r维输出向量，$\boldsymbol{G}$为$n\times n$维系统矩阵，$\boldsymbol{C}$为$m\times n$维输入矩阵。根据能观性定义，如果知道有限采样周期内的输出$\boldsymbol{y}(t)$，就能唯一地确定任意初始状态向量$\boldsymbol{x}(0)$，则系统是完全能观的。

线性定常离散系统完全能观的充分必要条件是其能观性判别矩阵

$$\boldsymbol{N}=\begin{bmatrix}\boldsymbol{C}\\ \boldsymbol{C}\boldsymbol{G}\\ \vdots\\ \boldsymbol{C}\boldsymbol{G}^{n-1}\end{bmatrix} \quad 或 \quad \boldsymbol{N}^{\mathrm{T}}=[\boldsymbol{C}^{\mathrm{T}} \quad \boldsymbol{G}^{\mathrm{T}}\boldsymbol{C}^{\mathrm{T}} \quad \cdots \quad (\boldsymbol{G}^{n-1})^{\mathrm{T}}\boldsymbol{C}^{\mathrm{T}}] \tag{3.44}$$

的秩为n，即$\mathrm{rank}\boldsymbol{N}=n$。

【例 3.15】 已知线性定常离散系统为

$$\begin{cases}\boldsymbol{x}(k+1)=\begin{bmatrix}2 & 0 & 1\\ -1 & -2 & 0\\ 0 & 1 & 2\end{bmatrix}\boldsymbol{x}(k)\\ \boldsymbol{y}(k)=\begin{bmatrix}1 & 0 & 0\\ 0 & 1 & 0\end{bmatrix}\boldsymbol{x}(k)\end{cases}$$

试判断系统的能观性。

解：系统的能观性判别矩阵

$$\boldsymbol{N}=\begin{bmatrix}\boldsymbol{C}\\ \boldsymbol{C}\boldsymbol{G}\\ \boldsymbol{C}\boldsymbol{G}^2\end{bmatrix}=\begin{bmatrix}1 & 0 & 0\\ 0 & 1 & 0\\ 2 & 0 & 1\\ -1 & -2 & 0\\ 4 & 1 & 4\\ 0 & 4 & -1\end{bmatrix}$$

矩阵$\boldsymbol{N}$的前三行线性无关，$\mathrm{rank}\boldsymbol{N}=3=n$，故系统能观。

3.5 对偶原理

能控性与能观性有其内在关系，这种关系是由卡尔曼提出的对偶原理确定的，利用对偶关系可以把对系统能控性分析转化为对其对偶系统能观性的分析。

3.5.1 对偶关系

有两个系统，一个系统$\sum_1(\boldsymbol{A}_1,\boldsymbol{B}_1,\boldsymbol{C}_1)$为

$$\begin{cases}\dot{\boldsymbol{x}}_1=\boldsymbol{A}_1\boldsymbol{x}_1+\boldsymbol{B}_1\boldsymbol{u}_1\\ \boldsymbol{y}_1=\boldsymbol{C}_1\boldsymbol{x}_1\end{cases} \tag{3.45}$$

另一个系统$\sum_2(\boldsymbol{A}_2,\boldsymbol{B}_2,\boldsymbol{C}_2)$为

$$\begin{cases}\dot{\boldsymbol{x}}_2=\boldsymbol{A}_2\boldsymbol{x}_2+\boldsymbol{B}_2\boldsymbol{u}_2\\ \boldsymbol{y}_2=\boldsymbol{C}_2\boldsymbol{x}_2\end{cases} \tag{3.46}$$

式中，$\boldsymbol{x}_1,\boldsymbol{x}_2$ 为 n 维状态向量；$\boldsymbol{u}_1,\boldsymbol{u}_2$ 分别为 r 与 m 维控制向量；$\boldsymbol{y}_1,\boldsymbol{y}_2$ 分别为 m 与 r 维输出向量；$\boldsymbol{A}_1,\boldsymbol{A}_2$ 为 $n\times n$ 维系数矩阵；$\boldsymbol{B}_1,\boldsymbol{B}_2$ 分别为 $n\times r$ 与 $n\times m$ 维控制矩阵；$\boldsymbol{C}_1,\boldsymbol{C}_2$ 分别为 $m\times n$ 与 $r\times n$ 维输出矩阵。若满足

$$\boldsymbol{A}_2=\boldsymbol{A}_1^{\mathrm{T}},\boldsymbol{B}_2=\boldsymbol{C}_1^{\mathrm{T}},\boldsymbol{C}_2=\boldsymbol{B}_1^{\mathrm{T}} \tag{3.47}$$

则称$\sum_1(\boldsymbol{A}_1,\boldsymbol{B}_1,\boldsymbol{C}_1)$与$\sum_2(\boldsymbol{A}_2,\boldsymbol{B}_2,\boldsymbol{C}_2)$是互为对偶的。

显然，$\sum_1(\boldsymbol{A}_1,\boldsymbol{B}_1,\boldsymbol{C}_1)$是一个 r 维输入 m 维输出的 n 阶系统，其对偶系统$\sum_2(\boldsymbol{A}_2,\boldsymbol{B}_2,\boldsymbol{C}_2)$是一个 m 维输入 r 维输出的 n 阶系统。图 3.2 是对偶系统$\sum_1(\boldsymbol{A}_1,\boldsymbol{B}_1,\boldsymbol{C}_1)$和$\sum_2(\boldsymbol{A}_2,\boldsymbol{B}_2,\boldsymbol{C}_2)$的模拟结构图，从图中可以看出，互为对偶的两个系统，输入端与输出端互换，信号传递方向相反；信号引出点和综合点互换，对应的矩阵转置。

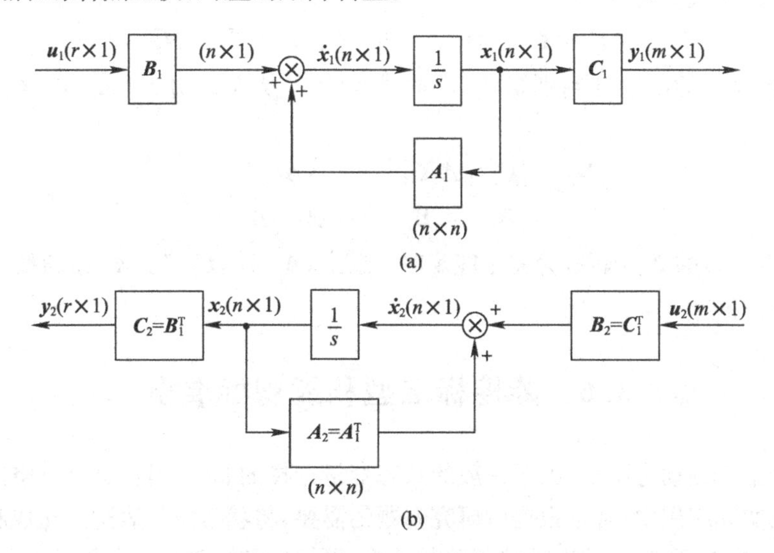

图 3.2　对偶系统的模拟结构图

再从传递函数阵来看对偶系统的关系，根据图 3.2(a)，其传递函数阵 $\boldsymbol{G}_1(s)$为 $m\times r$ 维矩阵，即

$$\boldsymbol{G}_1(s)=\boldsymbol{C}_1(s\boldsymbol{I}-\boldsymbol{A}_1)^{-1}\boldsymbol{B}_1 \tag{3.48}$$

根据图 3.2(b)，其传递函数阵 $\boldsymbol{G}_2(s)$为 $r\times m$ 维矩阵，即

$$\begin{aligned}\boldsymbol{G}_2(s)&=\boldsymbol{C}_2(s\boldsymbol{I}-\boldsymbol{A}_2)^{-1}\boldsymbol{B}_2\\&=\boldsymbol{B}_1^{\mathrm{T}}(s\boldsymbol{I}-\boldsymbol{A}_1^{\mathrm{T}})^{-1}\boldsymbol{C}_1^{\mathrm{T}}\\&=\boldsymbol{B}_1^{\mathrm{T}}[(s\boldsymbol{I}-\boldsymbol{A}_1)^{-1}]^{\mathrm{T}}\boldsymbol{C}_1^{\mathrm{T}}\end{aligned} \tag{3.49}$$

对 $\boldsymbol{G}_2(s)$取转置

$$[\boldsymbol{G}_2(s)]^{\mathrm{T}}=\boldsymbol{C}_1(s\boldsymbol{I}-\boldsymbol{A}_1)^{-1}\boldsymbol{B}_1=\boldsymbol{G}_1(s) \tag{3.50}$$

由此可知，对偶系统的传递函数阵是互为转置的。

同样可求得系统输入—状态的传递函数阵$(s\boldsymbol{I}-\boldsymbol{A}_1)^{-1}\boldsymbol{B}_1$，是与其对偶系统的状态—输出的传递函数阵 $\boldsymbol{C}_2(s\boldsymbol{I}-\boldsymbol{A}_1)^{-1}$互为转置的；而原系统的状态—输出的传递函数阵 $\boldsymbol{C}_1(s\boldsymbol{I}-\boldsymbol{A}_1)^{-1}$，是与其对偶系统的输入—状态的传递函数阵$(s\boldsymbol{I}-\boldsymbol{A}_2)^{-1}\boldsymbol{B}_2$ 互为转置的。

此外，还应指出，互为对偶的系统，其特征方程式是相同的，即

$$|s\boldsymbol{I}-\boldsymbol{A}_1|=|s\boldsymbol{I}-\boldsymbol{A}_2|$$

因为

$$|s\boldsymbol{I}-\boldsymbol{A}_1|=|s\boldsymbol{I}-\boldsymbol{A}_1^{\mathrm{T}}|=|s\boldsymbol{I}-\boldsymbol{A}_2|$$

3.5.2 对偶原理

$\sum_1(\boldsymbol{A}_1,\boldsymbol{B}_1,\boldsymbol{C}_1)$和$\sum_2(\boldsymbol{A}_2,\boldsymbol{B}_2,\boldsymbol{C}_2)$是互为对偶的两个系统，则$\sum_1(\boldsymbol{A}_1,\boldsymbol{B}_1,\boldsymbol{C}_1)$的能控性等价于$\sum_2(\boldsymbol{A}_2,\boldsymbol{B}_2,\boldsymbol{C}_2)$的能观性。或者说，若$\sum_1(\boldsymbol{A}_1,\boldsymbol{B}_1,\boldsymbol{C}_1)$是状态完全能控的(完全能观的)，则$\sum_2(\boldsymbol{A}_2,\boldsymbol{B}_2,\boldsymbol{C}_2)$是状态完全能观的(完全能控的)。

证明：对$\sum_2(\boldsymbol{A}_2,\boldsymbol{B}_2,\boldsymbol{C}_2)$而言，能控性判别矩阵

$$\boldsymbol{M}_2=[\boldsymbol{B}_2 \quad \boldsymbol{A}_2\boldsymbol{B}_2 \quad \cdots \quad \boldsymbol{A}_2^{n-1}\boldsymbol{B}_2]_{n\times rn}$$

的秩为n，则系统状态为完全能控的。

将式(3.41)代入上式有

$$\boldsymbol{M}_2=[\boldsymbol{C}_1^{\mathrm{T}} \quad \boldsymbol{A}_1^{\mathrm{T}}\boldsymbol{C}_1^{\mathrm{T}} \quad \cdots \quad (\boldsymbol{A}_1^{\mathrm{T}})^{n-1}\boldsymbol{C}_1^{\mathrm{T}}]=\boldsymbol{N}_1^{\mathrm{T}}$$

说明$\sum_1(\boldsymbol{A}_1,\boldsymbol{B}_1,\boldsymbol{C}_1)$的能观性判别矩阵$\boldsymbol{N}_1$的秩也为$n$，从而说明$\sum_1(\boldsymbol{A}_1,\boldsymbol{B}_1,\boldsymbol{C}_1)$是完全能观的。同理有

$$\begin{aligned}\boldsymbol{N}_2^{\mathrm{T}}&=[\boldsymbol{C}_2^{\mathrm{T}} \quad \boldsymbol{A}_2^{\mathrm{T}}\boldsymbol{C}_2^{\mathrm{T}} \quad \cdots \quad (\boldsymbol{A}_2^{\mathrm{T}})^{n-1}\boldsymbol{C}_2^{\mathrm{T}}]\\&=[\boldsymbol{B}_1 \quad \boldsymbol{A}_1\boldsymbol{B}_1 \quad \cdots \quad \boldsymbol{A}_1^{n-1}\boldsymbol{B}_1]\end{aligned}$$

即若$\sum_2(\boldsymbol{A}_2,\boldsymbol{B}_2,\boldsymbol{C}_2)$的$\boldsymbol{N}_2$满秩，为完全能观时，则$\sum_1(\boldsymbol{A}_1,\boldsymbol{B}_1,\boldsymbol{C}_1)$的$\boldsymbol{M}_2$亦满秩而为状态完全能控。

3.6 能控标准型和能观标准型

对于一个给定的动态系统，由于一般的状态变量选择的非唯一性，其状态空间表达式也不是唯一的。在实际应用中，常常根据所研究问题的需要，将状态空间表达式化成相应的几种标准形式：如约当标准型，对于状态转移矩阵的计算、可控性和可观性的分析是十分方便的；而对于系统的状态反馈则化成能控标准型是比较方便的；对子系统状态观测器的设计及系统辨识，则将系统状态空间表达式化成能观标准型是方便的。把状态空间表达式化成能控标准型(能观标准型)的理论根据是状态的非奇异变换不改变其能控性(能观性)，只有系统是状态完全能控的(能观的)才能化成能控(能观)标准型。

3.6.1 单输入系统的能控标准型

对于一般的n维定常系统

$$\begin{cases}\dot{\boldsymbol{x}}=\boldsymbol{A}\boldsymbol{x}+\boldsymbol{B}\boldsymbol{u}\\\boldsymbol{y}=\boldsymbol{C}\boldsymbol{x}\end{cases} \tag{3.51}$$

如果系统是状态完全能控的，即满足

$$\operatorname{rank}[\boldsymbol{B} \quad \boldsymbol{A}\boldsymbol{B} \quad \cdots \quad \boldsymbol{A}^{n-1}\boldsymbol{B}]=n$$

则能控性判别矩阵中至少有n个n维列向量是线性无关的，因此在这nr个列向量中选取n个线性无关的列向量，以某种线性组合，仍能导出一组n个线性无关的列向量，从而得到状态空间表达式的能控标准型。对于单输入单输出系统，在能控判别矩阵中只有唯一的一组线性无关向量。

若式(3.51)为线性定常单输入系统，且能控，则存在线性非奇异变换：

$$\boldsymbol{x}=\boldsymbol{T}_{\mathrm{c}}\bar{\boldsymbol{x}} \tag{3.52}$$

$$T_c=[A^{n-1}B \quad A^{n-2}B \quad \cdots \quad AB \quad B]\begin{bmatrix} 1 & & & & \\ a_{n-1} & 1 & & \mathbf{0} & \\ \vdots & \vdots & \ddots & & \\ a_2 & a_3 & \cdots & 1 & \vdots \\ a_1 & a_2 & \cdots & a_{n-1} & 1 \end{bmatrix} \tag{3.53}$$

使其状态空间表达式(3.51)转换为能控标准型：

$$\begin{cases} \dot{\bar{x}}=\bar{A}\bar{x}+\bar{B}u \\ y=\bar{C}\bar{x} \end{cases} \tag{3.54}$$

其中

$$\bar{A}=T_c^{-1}AT_c^{-1}=\begin{bmatrix} 0 & 1 & \cdots & 0 & 0 \\ 0 & 0 & \cdots & 0 & 0 \\ \vdots & \vdots & \ddots & \vdots & \vdots \\ 0 & 0 & \cdots & 0 & 1 \\ -a_0 & -a_1 & \cdots & -a_{n-2} & -a_{n-1} \end{bmatrix} \tag{3.55}$$

$$\bar{B}=T_c^{-1}B=\begin{bmatrix} 0 \\ 0 \\ \vdots \\ 0 \\ 1 \end{bmatrix} \tag{3.56}$$

$$\bar{C}=CT_c=[\beta_0 \quad \beta_1 \quad \cdots \quad \beta_{n-1}] \tag{3.57}$$

其中，$a_i(i=0,1,\cdots,n-1)$为特征多项式

$$|\lambda I-A|=\lambda^n+a_{n-1}\lambda^{n-1}+\cdots+a_1\lambda+a_0$$

的各项系数。

$\beta_i(i=0,1,\cdots,n-1)$是 CT_c 相乘的结果，即

$$\begin{cases} \beta_0=C(A^{n-1}B+a_{n-1}A^{n-2}B+\cdots+a_1B) \\ \vdots \\ \beta_{n-2}=C(AB+a_{n-1}B) \\ \beta_{n-1}=CB \end{cases} \tag{3.58}$$

证明：因系统是能控的，故 n 个 n 维列向量 $B,AB,\cdots,A^{n-1}B$ 是线性无关的。按下列组合方式构成的 n 个新向量 $e_1,e_2,\cdots,e_n$ 也是线性无关的：

$$\begin{cases} e_1=A^{n-1}B+a_{n-1}A^{n-2}B+a_{n-2}A^{n-3}B+\cdots+a_1B \\ e_2=A^{n-2}B+a_{n-1}A^{n-3}B+\cdots+a_2B \\ \vdots \\ e_{n-1}=AB+a_{n-1}B \\ e_n=B \end{cases} \tag{3.59}$$

式中，$a_i(i=0,1,\cdots,n-1)$是特征多项式的各项系数。

由 $e_1,e_2,\cdots,e_n$ 组成变换矩阵

$$T_c=[\boldsymbol{e}_1 \quad \boldsymbol{e}_2 \quad \cdots \quad \boldsymbol{e}_n] \tag{3.60}$$

由 $\bar{A}=T_c^{-1}AT_c$，得

$$T_c\bar{A}=AT_c=A[\boldsymbol{e}_1 \quad \boldsymbol{e}_2 \quad \cdots \quad \boldsymbol{e}_n]=[A\boldsymbol{e}_1 \quad A\boldsymbol{e}_2 \quad \cdots \quad A\boldsymbol{e}_n] \tag{3.61}$$

把式(3.59)分别代入上式，有

$$\begin{aligned}
A\boldsymbol{e}_1 &=A(A^{n-1}B+a_{n-1}A^{n-2}B+\cdots+a_1B)\\
&=(A^nB+a_{n-1}A^{n-1}B+\cdots+a_1AB+a_0B)-a_0B\\
&=-a_0\boldsymbol{e}_n\\
A\boldsymbol{e}_2 &=A(A^{n-2}B+a_{n-1}A^{n-3}B+\cdots+a_2B)\\
&=(A^{n-1}B+a_{n-1}A^{n-2}B+\cdots+a_2AB+a_1B)-a_1B\\
&=\boldsymbol{e}_1-a_1\boldsymbol{e}_n\\
&\vdots\\
A\boldsymbol{e}_{n-1} &=A(AB+a_{n-1}B)\\
&=(A^2B+a_{n-1}AB+a_{n-2}B)-a_{n-2}B\\
&=\boldsymbol{e}_{n-2}-a_{n-2}\boldsymbol{e}_n\\
A\boldsymbol{e}_n &=AB=(AB+a_{n-1}B)-a_{n-1}B\\
&=\boldsymbol{e}_{n-1}-a_{n-1}\boldsymbol{e}_n
\end{aligned}$$

把上述 $A\boldsymbol{e}_1, A\boldsymbol{e}_2, \cdots, A\boldsymbol{e}_n$ 代入式(3.61)，有

$$\begin{aligned}
T_c\bar{A} &=[A\boldsymbol{e}_1 \quad A\boldsymbol{e}_2 \quad \cdots \quad A\boldsymbol{e}_n]\\
&=[-a_0\boldsymbol{e}_n \quad (\boldsymbol{e}_1-a_1\boldsymbol{e}_n) \quad \cdots \quad (\boldsymbol{e}_{n-1}-a_{n-1}\boldsymbol{e}_n)]\\
&=[\boldsymbol{e}_1 \quad \boldsymbol{e}_2 \quad \cdots \quad \boldsymbol{e}_n]\begin{bmatrix} 0 & 1 & 0 & \cdots & 0 & 0\\ 0 & 0 & 1 & \cdots & 0 & 0\\ \vdots & \vdots & \vdots & \ddots & \vdots & \vdots\\ 0 & 0 & 0 & \cdots & 0 & 1\\ -a_0 & -a_1 & -a_2 & \cdots & -a_{n-2} & -a_{n-1} \end{bmatrix}
\end{aligned}$$

又因为变换后的输入矩阵

$$\bar{B}=T_c^{-1}B$$

有

$$T_c\bar{B}=B$$

把式(3.59)中 $B=\boldsymbol{e}_n$ 代入，有

$$T_c\bar{B}=[\boldsymbol{e}_1 \quad \boldsymbol{e}_2 \quad \cdots \quad \boldsymbol{e}_n]\begin{bmatrix}0\\0\\ \vdots\\1\end{bmatrix}$$

有

$$\bar{B}=\begin{bmatrix}0\\0\\ \vdots\\1\end{bmatrix}$$

显然

$$T_c=[A^{n-1}B\quad A^{n-2}B\quad \cdots\quad B]\begin{bmatrix}1 & & & \\ a_{n-1} & \ddots & \mathbf{0} & \\ \vdots & \ddots & \ddots & \\ a_1 & \cdots & a_{n-1} & 1\end{bmatrix}$$

实现能控标准型变换的核心是构造线性非奇异变换矩阵。采用能控标准型(3.54)求单输入单输出系统的传递函数，即

$$G(s)=\frac{\beta_{n-1}s^{n-1}+\beta_{n-2}s^{n-2}+\cdots+\beta_1 s+\beta_0}{s^n+a_{n-1}s^{n-1}+\cdots+a_1 s+a_0} \tag{3.62}$$

从式(3.62)可以看出，传递函数分母多项式的各项系数是能控标准型$\Sigma(\bar{A},\bar{B},\bar{C})$系统矩阵的最后一行的元素的负值；分子多项式的各项系数是$\Sigma(\bar{A},\bar{B},\bar{C})$输出矩阵的元素。那么根据传递函数的分母多项式和分子多项式的系数，可以直接写出式(3.62)所示的能控标准型实现$\Sigma(\bar{A},\bar{B},\bar{C})$。

【例 3.16】 已知单输入线性定常系统的状态方程为

$$\begin{cases}\begin{bmatrix}\dot{x}_1\\ \dot{x}_2\end{bmatrix}=\begin{bmatrix}1 & -1\\ 2 & 0\end{bmatrix}\begin{bmatrix}x_1\\ x_2\end{bmatrix}+\begin{bmatrix}1\\ 1\end{bmatrix}u\\ y=[1\quad 1]\begin{bmatrix}x_1\\ x_2\end{bmatrix}\end{cases}$$

将其变换为能控标准型。

解:先判断系统的能控性

$$M=[B\quad AB]=\begin{bmatrix}1 & 0\\ 1 & 2\end{bmatrix}$$

因为 $\mathrm{rank}M=2=n$，故系统能控，可转化为能控标准型。系统的特征多项式为

$$|\lambda I-A|=\lambda^2-\lambda+2$$

有 $a_0=2,a_1=-1$。

根据式(3.55)、式(3.56)和式(3.57)，可得

$$\bar{A}=\begin{bmatrix}0 & 1\\ -a_0 & -a_1\end{bmatrix}=\begin{bmatrix}0 & 1\\ -2 & 1\end{bmatrix}$$

$$\bar{B}=\begin{bmatrix}0\\ 1\end{bmatrix}$$

$$\bar{C}=CT_c=C[AB\quad B]\begin{bmatrix}1 & 0\\ a_1 & 1\end{bmatrix}=[1\quad 1]\begin{bmatrix}0 & 1\\ 2 & 1\end{bmatrix}\begin{bmatrix}1 & 0\\ -1 & 1\end{bmatrix}=[0\quad 2]$$

因此，有能控标准型

$$\begin{cases}\dot{\bar{x}}=\begin{bmatrix}0 & 1\\ -2 & 1\end{bmatrix}\bar{x}+\begin{bmatrix}0\\ 1\end{bmatrix}u\\ y=[0\quad 2]\bar{x}\end{cases}$$

可直接写出该系统的传递函数为

$$G(s)=\frac{\beta_1 s+\beta_0}{a_1 s+a_0}=\frac{2s}{-s+2}$$

3.6.2 单输出系统的能观标准型

一个可观测系统，与变换为能控标准型的条件相似，只有当系统是状态完全能观时，即有

$$\mathrm{rank}[\boldsymbol{C}^{\mathrm{T}} \quad \boldsymbol{A}^{\mathrm{T}}\boldsymbol{C}^{\mathrm{T}} \quad \cdots \quad (\boldsymbol{A}^{\mathrm{T}})^{n-1}\boldsymbol{C}^{\mathrm{T}}]^{\mathrm{T}}=n$$

系统的状态空间表达式才可能导出能观标准型。

若线性定常系统

$$\begin{cases}\dot{\boldsymbol{x}}=\boldsymbol{A}\boldsymbol{x}+\boldsymbol{B}\boldsymbol{u}\\ \boldsymbol{y}=\boldsymbol{C}\boldsymbol{x}\end{cases} \tag{3.63}$$

是能观的，则存在非奇异变换

$$\boldsymbol{x}=\boldsymbol{T}_{\mathrm{o}}\tilde{\boldsymbol{x}} \tag{3.64}$$

使其状态空间表达式(3.63)化成

$$\begin{cases}\dot{\tilde{\boldsymbol{x}}}=\tilde{\boldsymbol{A}}\tilde{\boldsymbol{x}}+\tilde{\boldsymbol{B}}\boldsymbol{u}\\ \boldsymbol{y}=\tilde{\boldsymbol{C}}\tilde{\boldsymbol{x}}\end{cases} \tag{3.65}$$

其中

$$\tilde{\boldsymbol{A}}=\boldsymbol{T}_{\mathrm{o}}^{-1}\boldsymbol{A}\boldsymbol{T}_{\mathrm{o}}=\begin{bmatrix}0 & 0 & \cdots & 0 & -a_0\\ 1 & 0 & \cdots & 0 & -a_1\\ 0 & 1 & \cdots & 0 & -a_2\\ \vdots & \vdots & \ddots & \vdots & \vdots\\ 0 & 0 & \cdots & 1 & -a_{n-1}\end{bmatrix} \tag{3.66}$$

$$\tilde{\boldsymbol{B}}=\boldsymbol{T}_{\mathrm{o}}^{-1}\boldsymbol{B}=\begin{bmatrix}\boldsymbol{\beta}_0\\ \boldsymbol{\beta}_1\\ \vdots\\ \boldsymbol{\beta}_{n-1}\end{bmatrix} \tag{3.67}$$

$$\tilde{\boldsymbol{C}}=\boldsymbol{C}\boldsymbol{T}_{\mathrm{o}}=[1 \quad 0 \quad 0 \quad \cdots \quad 0] \tag{3.68}$$

称形如式(3.65)的状态空间表达式为能观标准型。其中，$a_i(i=0,1,\cdots,n-1)$是矩阵 $\boldsymbol{A}$ 的特征多项式的各项系数；变换矩阵 $\boldsymbol{T}_{\mathrm{o}}^{-1}$ 为

$$\boldsymbol{T}_{\mathrm{o}}^{-1}=\boldsymbol{N}=\begin{bmatrix}\boldsymbol{C}\\ \boldsymbol{C}\boldsymbol{A}\\ \vdots\\ \boldsymbol{C}\boldsymbol{A}^{n-1}\end{bmatrix} \tag{3.69}$$

3.6.3 非奇异线性变换的不变特性

若系统的状态方程为

$$\begin{cases}\dot{\boldsymbol{x}}=\boldsymbol{A}\boldsymbol{x}+\boldsymbol{B}\boldsymbol{u}\\ \boldsymbol{y}=\boldsymbol{C}\boldsymbol{x}+\boldsymbol{D}\boldsymbol{u}\end{cases} \tag{3.70}$$

存在非奇异变换：$\boldsymbol{x}=\boldsymbol{T}\bar{\boldsymbol{x}}$，变换后的系统为

$$\begin{cases}\dot{\bar{\boldsymbol{x}}}=\bar{\boldsymbol{A}}\bar{\boldsymbol{x}}+\bar{\boldsymbol{B}}\boldsymbol{u}\\ \boldsymbol{y}=\bar{\boldsymbol{C}}\bar{\boldsymbol{x}}\end{cases} \tag{3.71}$$

1. 系统特征值不变性

对变换前的系统，设特征值为λ，特征值和系统矩阵$\boldsymbol{A}$满足

$$|\lambda \boldsymbol{I}-\boldsymbol{A}|=0$$

对变换后的系统，设相应的特征值为$\bar{\lambda}$，则

$$|\bar{\lambda}\boldsymbol{I}-\bar{\boldsymbol{A}}|=|\bar{\lambda}\boldsymbol{I}-\boldsymbol{TAT}^{-1}|=|\bar{\lambda}\boldsymbol{TT}^{-1}-\boldsymbol{TAT}^{-1}|=|\boldsymbol{T}(\bar{\lambda}\boldsymbol{I}-\boldsymbol{A})\boldsymbol{T}^{-1}|=|\bar{\lambda}\boldsymbol{I}-\boldsymbol{A}|=0$$

因此，$\lambda=\bar{\lambda}$，即系统的特征值不变。

2. 系统传递函数阵不变性

系统变换后的传递函数阵为

$$\begin{aligned}\bar{\boldsymbol{G}}(s)&=\bar{\boldsymbol{C}}(s\boldsymbol{I}-\bar{\boldsymbol{A}})^{-1}\bar{\boldsymbol{B}}+\bar{\boldsymbol{D}}\\&=\boldsymbol{CT}^{-1}(s\boldsymbol{I}-\boldsymbol{TAT}^{-1})^{-1}\boldsymbol{TB}+\boldsymbol{D}\\&=\boldsymbol{C}[\boldsymbol{T}^{-1}(s\boldsymbol{I}-\boldsymbol{TAT}^{-1})^{-1}\boldsymbol{T}]^{-1}\boldsymbol{B}+\boldsymbol{D}\\&=\boldsymbol{C}(s\boldsymbol{I}-\boldsymbol{A})^{-1}\boldsymbol{B}+\boldsymbol{D}\\&=\boldsymbol{G}(s)\end{aligned}$$

结论：任意等价的状态空间模型都是同一传递函数阵的实现，即一个传递函数阵有无穷多个状态空间实现。

3. 系统能控性不变

系统变换后的能控性判别矩阵的秩为

$$\begin{aligned}\text{rank}\bar{\boldsymbol{M}}&=\text{rank}[\bar{\boldsymbol{B}}\quad \bar{\boldsymbol{A}}\bar{\boldsymbol{B}}\quad \cdots\quad \bar{\boldsymbol{A}}^{n-1}\bar{\boldsymbol{B}}]\\&=\text{rank}[\boldsymbol{TB}\quad \boldsymbol{TAT}^{-1}\boldsymbol{TB}\quad \cdots\quad (\boldsymbol{TAT}^{-1})^{n-1}\boldsymbol{TB}]\\&=\text{rank}[\boldsymbol{TB}\quad \boldsymbol{TAB}\quad \cdots\quad \boldsymbol{TA}^{n-1}\boldsymbol{B}]\\&=\text{rank}\boldsymbol{T}[\boldsymbol{B}\quad \boldsymbol{AB}\quad \cdots\quad \boldsymbol{A}^{n-1}\boldsymbol{B}]\end{aligned}$$

由于$\boldsymbol{T}$为非奇异变换矩阵，$\text{rank}\boldsymbol{T}=n$，因此$\text{rank}\bar{\boldsymbol{M}}=\text{rank}(\boldsymbol{B}\quad \boldsymbol{AB}\quad \cdots\quad \boldsymbol{A}^{n-1}\boldsymbol{B})=\text{rank}\boldsymbol{M}$，即经线性非奇异变换后系统的能控性不变。

4. 系统能观性不变

系统变换后的能观性判别矩阵的秩为

$$\begin{aligned}\text{rank}\bar{\boldsymbol{N}}&=\text{rank}[\bar{\boldsymbol{C}}\quad \bar{\boldsymbol{C}}\bar{\boldsymbol{A}}\quad \cdots\quad \bar{\boldsymbol{C}}\bar{\boldsymbol{A}}^{n-1}]^{\mathrm{T}}\\&=\text{rank}[\bar{\boldsymbol{C}}^{\mathrm{T}}\quad \bar{\boldsymbol{A}}^{\mathrm{T}}\bar{\boldsymbol{C}}^{\mathrm{T}}\quad \cdots\quad (\bar{\boldsymbol{A}}^{n-1})^{\mathrm{T}}\bar{\boldsymbol{C}}^{\mathrm{T}}]\\&=\text{rank}[(\boldsymbol{CT}^{-1})^{\mathrm{T}}\quad (\boldsymbol{TAT}^{-1})^{\mathrm{T}}(\boldsymbol{CT}^{-1})^{\mathrm{T}}\quad \cdots\quad ((\boldsymbol{TAT}^{-1})^{n-1})^{\mathrm{T}}(\boldsymbol{CT}^{-1})^{\mathrm{T}}]\\&=\text{rank}[(\boldsymbol{T}^{-1})^{\mathrm{T}}\boldsymbol{C}^{\mathrm{T}}\quad (\boldsymbol{T}^{-1})^{\mathrm{T}}\boldsymbol{A}^{\mathrm{T}}\boldsymbol{C}^{\mathrm{T}}\quad \cdots\quad (\boldsymbol{T}^{-1})^{\mathrm{T}}(\boldsymbol{A}^{n-1})^{\mathrm{T}}\boldsymbol{C}^{\mathrm{T}}]\\&=\text{rank}[(\boldsymbol{T}^{-1})^{\mathrm{T}}(\boldsymbol{C}\quad \boldsymbol{CA}\quad \cdots\quad \boldsymbol{CA}^{n-1})]^{\mathrm{T}}\end{aligned}$$

由于$\boldsymbol{T}^{-1}$为非奇异变换矩阵，$\text{rank}\boldsymbol{T}^{-1}=n$，因此$\text{rank}\bar{\boldsymbol{N}}=\text{rank}[\boldsymbol{C}\quad \boldsymbol{CA}\quad \cdots\quad \boldsymbol{CA}^{n-1}]^{-1}=\text{rank}\boldsymbol{N}$，即经线性非奇异变换后系统的能观性不变。

3.7 线性系统的结构分解

如果一个系统是不完全能控的，则其状态空间中所有的能控状态构成能控子空间，其余为不能控子空间。如果一个系统是不完全能观的，则其状态空间中所有能观测的状态构成能观

子空间，其余为不能观子空间。但是，在一般形式下，这些子空间并没有被明显地分解出来。线性非奇异变换不改变系统的能控性和能观性，因此可通过线性非奇异变换将系统的状态空间按能控性和能观性进行结构分解。

把线性系统的状态空间按能控性和能观性进行结构分解是状态空间分析中的一项重要内容。在理论上它揭示了状态空间的本质特征，为最小实现问题的提出提供了理论依据。实践上，它与系统的状态反馈、系统镇定等问题的解决都有密切的关系。

3.7.1 按能控性分解

设状态不完全能控的线性定常系统

$$\begin{cases}\dot{\boldsymbol{x}}=\boldsymbol{A}\boldsymbol{x}+\boldsymbol{B}\boldsymbol{u}\\ \boldsymbol{y}=\boldsymbol{C}\boldsymbol{x}\end{cases} \tag{3.72}$$

式中，$\boldsymbol{x}$ 为 n 维状态向量，$\boldsymbol{u}$ 为 r 维控制向量，$\boldsymbol{y}$ 为 m 维输出向量，$\boldsymbol{A}$ 为 $n\times n$ 维系统矩阵，$\boldsymbol{B}$ 为 $n\times r$维输入矩阵，$\boldsymbol{C}$ 为 $m\times n$ 维输入矩阵。其能控性判别矩阵：

$$\boldsymbol{M}=[\boldsymbol{B}\quad \boldsymbol{AB}\quad \cdots\quad \boldsymbol{A}^{n-1}\boldsymbol{B}]$$

的秩 $\mathrm{rank}\boldsymbol{M}=n_1<n$，则存在非奇异变换

$$\boldsymbol{x}=\boldsymbol{P}\hat{\boldsymbol{x}} \tag{3.73}$$

将状态空间表达式(3.72)变换为

$$\begin{cases}\dot{\hat{\boldsymbol{x}}}=\hat{\boldsymbol{A}}\hat{\boldsymbol{x}}+\hat{\boldsymbol{B}}\boldsymbol{u}\\ \boldsymbol{y}=\hat{\boldsymbol{C}}\hat{\boldsymbol{x}}\end{cases} \tag{3.74}$$

其中，$\hat{\boldsymbol{x}}=\begin{bmatrix}\hat{\boldsymbol{x}}_1\\ \hat{\boldsymbol{x}}_2\end{bmatrix}$，$\hat{\boldsymbol{x}}_1$ 为 n_1 维能控状态子向量；$\hat{\boldsymbol{x}}_2$ 为$(n-n_1)$维不能控状态子向量。

$$\hat{\boldsymbol{A}}=\boldsymbol{P}^{-1}\boldsymbol{A}\boldsymbol{P}=\begin{bmatrix}\hat{\boldsymbol{A}}_{11} & \hat{\boldsymbol{A}}_{12}\\ \boldsymbol{0} & \hat{\boldsymbol{A}}_{22}\end{bmatrix} \tag{3.75}$$

$$\hat{\boldsymbol{B}}=\boldsymbol{P}\boldsymbol{B}=\begin{bmatrix}\hat{\boldsymbol{B}}_1\\ \boldsymbol{0}\end{bmatrix} \tag{3.76}$$

$$\hat{\boldsymbol{C}}=\boldsymbol{C}\boldsymbol{P}=[\hat{\boldsymbol{C}}_1\ \vdots\ \hat{\boldsymbol{C}}_2] \tag{3.77}$$

式中，$\hat{\boldsymbol{A}}_{11}$，$\hat{\boldsymbol{A}}_{12}$，$\hat{\boldsymbol{A}}_{22}$分别为 $n_1\times n_1$，$n_1\times(n-n_1)$，$(n-n_1)\times(n-n_1)$维子矩阵；$\hat{\boldsymbol{B}}_1$ 为 $n_1\times r$ 维子矩阵；$\hat{\boldsymbol{C}}_1$，$\hat{\boldsymbol{C}}_2$ 分别为 $m\times n_1$，$m\times(n-n_1)$维子矩阵。

系统状态空间表达式变换为式(3.74)后，系统状态空间就被分解成能控和不能控两部分，其中 n_1 维能控子空间

$$\dot{\hat{\boldsymbol{x}}}_1=\hat{\boldsymbol{A}}_{11}\hat{\boldsymbol{x}}_1+\hat{\boldsymbol{B}}_1\boldsymbol{u}+\hat{\boldsymbol{A}}_{12}\hat{\boldsymbol{x}}_2$$

而$(n-n_1)$维不能控子空间

$$\dot{\hat{\boldsymbol{x}}}_2=\hat{\boldsymbol{A}}_{22}\hat{\boldsymbol{x}}_2$$

系统能控性的结构划分如图 3.3 所示，因为 $\boldsymbol{u}$ 对$\hat{\boldsymbol{x}}_2$不起作用，若不考虑$(n-n_1)$维子系统，

便可得到一个低维的能控系统。

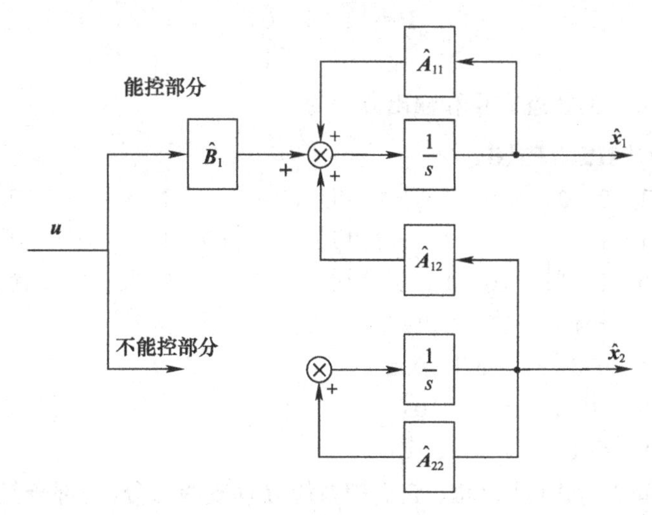

图 3.3　系统能控性的结构划分

而非奇异变换矩阵 $\boldsymbol{P}$ 则为

$$\boldsymbol{P}=[\boldsymbol{P}_1 \quad \boldsymbol{P}_2 \quad \cdots \quad \boldsymbol{P}_{n_1} \quad \boldsymbol{P}_{n_1+1} \quad \cdots \quad \boldsymbol{P}_n] \tag{3.78}$$

其中 n 个列向量可以按如下方式构成：前 n_1 个列向量 $\boldsymbol{P}_1,\boldsymbol{P}_2,\cdots,\boldsymbol{P}_{n_1}$ 是能控性判别矩阵 $\boldsymbol{M}$ 中的 n_1 个线性无关的列，另外的 $(n-n_1)$ 个列 $\boldsymbol{P}_{n_1+1},\cdots,\boldsymbol{P}_n$ 在确保 $\boldsymbol{P}$ 为非奇异的条件下，完全是任意的。

【例 3.17】 设线性定常系统如下

$$\begin{cases}\dot{\boldsymbol{x}}=\begin{bmatrix}0 & 0 & -1\\1 & 0 & -3\\0 & 1 & -3\end{bmatrix}\boldsymbol{x}+\begin{bmatrix}1\\1\\0\end{bmatrix}\boldsymbol{u}\\ \boldsymbol{y}=[0 \quad 1 \quad -2]\boldsymbol{x}\end{cases}$$

判别其能控性；若系统不能控，试将系统按能控性进行分解。

解：系统能控性判别矩阵为

$$\boldsymbol{M}=[\boldsymbol{B} \quad \boldsymbol{AB} \quad \boldsymbol{A}^2\boldsymbol{B}]=\begin{bmatrix}1 & 0 & -1\\1 & 1 & -3\\0 & 1 & -2\end{bmatrix}$$

因为 $\mathrm{rank}\boldsymbol{M}=2=n_1<n=3$，故系统状态不完全能控。

按照式(3.78)构造非奇异变换矩阵 $\boldsymbol{P}$，在 $\boldsymbol{M}$ 中取两个线性无关的列向量为 $\boldsymbol{P}$ 的前两列，即

$$\boldsymbol{P}_1=\begin{bmatrix}1\\1\\0\end{bmatrix},\quad \boldsymbol{P}_2=\begin{bmatrix}0\\1\\1\end{bmatrix}$$

为保证 $\boldsymbol{P}$ 为非奇异，取任意 $\boldsymbol{P}_3=\begin{bmatrix}0\\0\\1\end{bmatrix}$，即

$$P=\begin{bmatrix}1&0&0\\1&1&0\\0&1&1\end{bmatrix}$$

系统按能控性分解的状态方程和输出方程为

$$\begin{aligned}\dot{\hat{x}}&=P^{-1}AP\hat{x}+P^{-1}Bu\\&=\begin{bmatrix}1&0&0\\1&1&0\\0&1&1\end{bmatrix}^{-1}\begin{bmatrix}0&0&-1\\1&0&-3\\0&1&-3\end{bmatrix}\begin{bmatrix}1&0&0\\1&1&0\\0&1&1\end{bmatrix}\hat{x}+\begin{bmatrix}1&0&0\\1&1&0\\0&1&1\end{bmatrix}^{-1}\begin{bmatrix}1\\1\\0\end{bmatrix}u\\&=\left[\begin{array}{cc:c}0&-1&-1\\1&-2&-2\\\hdashline 0&0&-1\end{array}\right]\hat{x}+\begin{bmatrix}1\\0\\0\end{bmatrix}u\end{aligned}$$

$$y=CP\hat{x}=\left[\begin{array}{cc:c}1&-1&-2\end{array}\right]\hat{x}$$

从系统状态空间表达式可以看出，它们把系统分解成两部分，一部分是二维能控子系统，另一部分是一维不能控子系统。

3.7.2 按能观性分解

设状态不完全能观的线性定常系统

$$\begin{cases}\dot{x}=Ax+Bu\\y=Cx\end{cases}\tag{3.79}$$

式中，x 为 n 维状态向量，u 为 r 维控制向量，y 为 m 维输出向量，A 为 $n\times n$ 维系统矩阵，B 为 $n\times r$维输入矩阵，C 为 $m\times n$ 维输入矩阵。其能观性判别矩阵

$$N=\begin{bmatrix}C\\CA\\\vdots\\CA^{n-1}\end{bmatrix}$$

的秩 rank$N=n_1<n$，则存在非奇异变换

$$x=R\tilde{x}\tag{3.80}$$

将状态空间表达式(3.79)变换为

$$\begin{cases}\dot{\tilde{x}}=\tilde{A}\tilde{x}+\tilde{B}u\\y=\tilde{C}\tilde{x}\end{cases}\tag{3.81}$$

式中 $\tilde{x}=\left[\begin{array}{c}\tilde{x}_1\\\hdashline\tilde{x}_2\end{array}\right]$，其中$\tilde{x}_1$ 为 n_1 维能观状态子向量，$\tilde{x}_2$ 为$(n-n_1)$维不能观状态子向量。

$$A=R^{-1}AR=\left[\begin{array}{c:c}\tilde{A}_{11}&0\\\hdashline\tilde{A}_{21}&\tilde{A}_{22}\end{array}\right]\tag{3.82}$$

$$\tilde{B}=R^{-1}B=\left[\begin{array}{c}\tilde{B}_1\\\hdashline\tilde{B}_2\end{array}\right]\tag{3.83}$$

$$\tilde{C}=CR=\left[\begin{array}{c:c}\tilde{C}_1&\mathbf{0}\end{array}\right]\tag{3.84}$$

式中，$\tilde{A}_{11}$，$\tilde{A}_{21}$，$\tilde{A}_{22}$分别为 $n_1 \times n_1$，$(n-n_1) \times n_1$，$(n-n_1) \times (n-n_1)$维子矩阵；$\tilde{B}_1$，$\tilde{B}_2$ 分别为 $n_1 \times r$、$(n-n_1) \times r$ 维子矩阵；$\tilde{C}_1$ 为 $m \times n_1$ 维子矩阵。

经上述变换后，系统分解为能观的 n_1 维子系统

$$\begin{cases} \dot{\tilde{x}}_1 = \tilde{A}_{11}\tilde{x}_1 + \tilde{B}_1 u \\ y = \tilde{C}_1 \tilde{x}_1 \end{cases}$$

和不能观的 $n-n_1$ 维子系统

$$\dot{\tilde{x}}_2 = \tilde{A}_{21}\tilde{x}_1 + \tilde{A}_{22}\tilde{x}_2 + \tilde{B}_2 u$$

图 3.4 是系统按能观性分解结构图。显然，若不考虑 $n-n_1$ 维不能观的子系统，便得到一个 n_1 维的能观子系统。

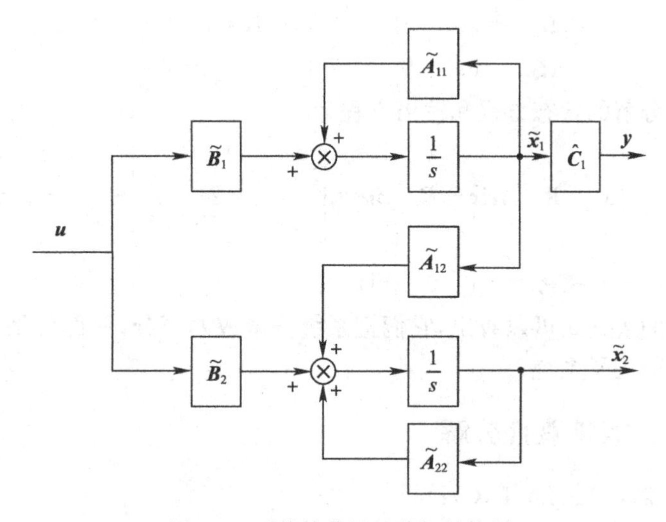

图 3.4　系统按能观性分解结构图

非奇异变换矩阵 R 的逆矩阵按如下构造：

$$R^{-1} = \begin{bmatrix} R_1 \\ R_2 \\ \vdots \\ R_{n_1} \\ \vdots \\ R_n \end{bmatrix} \tag{3.85}$$

其中，前 n_1 个行向量 $R_1, R_2, \cdots, R_{n_1}$ 是能观性判别矩阵 N 中 n_1 个线性无关的行，另外的 $(n-n_1)$个行向量 $R_{n_1+1}, \cdots, R_n$ 在确保R^{-1}为非奇异的条件下，完全是任意的。

【例 3.18】 设线性定常系统如下

$$\begin{cases} \dot{x} = \begin{bmatrix} 0 & 0 & -1 \\ 1 & 0 & -3 \\ 0 & 1 & -3 \end{bmatrix} x + \begin{bmatrix} 1 \\ 1 \\ 0 \end{bmatrix} u \\ y = \begin{bmatrix} 0 & 1 & -2 \end{bmatrix} x \end{cases}$$

判别其能观性；若系统不能观，试将系统按能观性进行分解。

解：系统能观性判别矩阵为

$$N=\begin{bmatrix}C\\CA\\CA^2\end{bmatrix}=\begin{bmatrix}0&1&-2\\1&-2&-3\\-2&3&-4\end{bmatrix}$$

因为 $\mathrm{rank}N=2=n_1<n=3$，故系统状态不完全能观。

按照式(3.85)构造非奇异变换矩阵 R^{-1}，在 N 中取两个线性无关的行向量为 R^{-1} 的前两行，即

$$R_1=[0\quad 1\quad -2],R_2=[1\quad -2\quad -3]$$

为保证 R^{-1} 为非奇异，取任意 $R_3=[1\quad 0\quad 0]$，即

$$R^{-1}=\begin{bmatrix}R_1\\R_2\\R_3\end{bmatrix}=\begin{bmatrix}0&1&-2\\1&-2&3\\1&0&0\end{bmatrix},\quad R=\begin{bmatrix}0&0&1\\-3&-2&2\\-2&-1&1\end{bmatrix}$$

系统按能观性分解的状态方程和输出方程为

$$\begin{cases}\dot{\tilde{x}}_2=R^{-1}AR\tilde{x}+R^{-1}\tilde{B}u=\left[\begin{array}{cc:c}0&1&0\\-1&-2&0\\\hdashline 2&1&-1\end{array}\right]\tilde{x}+\begin{bmatrix}1\\-1\\0\end{bmatrix}u\\ y=CR\tilde{x}=[1\quad 0\ \vdots\ 0]\tilde{x}\end{cases}$$

从系统状态空间表达式可以看出，它们把系统分解成两部分，一部分是二维能观子系统，另一部分是一维不能观子系统。

3.7.3 按能控且能观性分解

设 n 维线性定常系统 $\Sigma(A,B,C)$：

$$\begin{cases}\dot{x}=Ax+Bu\\y=Cx\end{cases}\tag{3.86}$$

式中，x 为 n 维状态向量，u 为 r 维控制向量，y 为 m 维输出向量，A 为 $n\times n$ 维系统矩阵，B 为 $n\times r$维输入矩阵，C 为 $m\times n$ 维输入矩阵。系统为状态不完全能控和不完全能观的，若对该系统同时按能控性和能观性进行分解，则可以把系统分解成能控且能观、能控不能观、不能控能观、不能控不能观 4 部分。当然，并非所有系统都能分解成这 4 部分。

则存在非奇异变换

$$x=T\bar{x}\tag{3.87}$$

把式(3.86)的状态空间表达式变换为

$$\begin{cases}\dot{\bar{x}}=\bar{A}\bar{x}+\bar{B}u\\y=\bar{C}\bar{x}\end{cases}\tag{3.88}$$

其中

$$\bar{A}=T^{-1}AT=\begin{bmatrix}A_{11}&\mathbf{0}&A_{13}&\mathbf{0}\\A_{21}&A_{22}&A_{23}&A_{24}\\\mathbf{0}&\mathbf{0}&A_{33}&\mathbf{0}\\\mathbf{0}&\mathbf{0}&A_{43}&A_{44}\end{bmatrix}\tag{3.89}$$

$$\bar{\boldsymbol{B}}=\boldsymbol{T}^{-1}\boldsymbol{B}=\begin{bmatrix}\boldsymbol{B}_1\\ \boldsymbol{B}_2\\ \boldsymbol{0}\\ \boldsymbol{0}\end{bmatrix} \tag{3.90}$$

$$\bar{\boldsymbol{C}}=\boldsymbol{CT}=[\boldsymbol{C}_1\quad \boldsymbol{0}\quad \boldsymbol{C}_3\quad \boldsymbol{0}] \tag{3.91}$$

从 $\bar{\boldsymbol{A}}$，$\bar{\boldsymbol{B}}$，$\bar{\boldsymbol{C}}$ 的结构可以看出，整个状态空间分为能控且能观、能控不能观、不能控能观、不能控不能观 4 个子系统，分别用$\boldsymbol{x}_{co}$，$\boldsymbol{x}_{c\bar{o}}$，$\boldsymbol{x}_{\bar{c}o}$，$\boldsymbol{x}_{\bar{c}\bar{o}}$表示，于是式(3.88)可以写成

$$\begin{cases}\begin{bmatrix}\dot{\boldsymbol{x}}_{co}\\ \dot{\boldsymbol{x}}_{c\bar{o}}\\ \dot{\boldsymbol{x}}_{\bar{c}o}\\ \dot{\boldsymbol{x}}_{\bar{c}\bar{o}}\end{bmatrix}=\begin{bmatrix}\boldsymbol{A}_{11} & \boldsymbol{0} & \boldsymbol{A}_{13} & \boldsymbol{0}\\ \boldsymbol{A}_{21} & \boldsymbol{A}_{22} & \boldsymbol{A}_{23} & \boldsymbol{A}_{24}\\ \boldsymbol{0} & \boldsymbol{0} & \boldsymbol{A}_{33} & \boldsymbol{0}\\ \boldsymbol{0} & \boldsymbol{0} & \boldsymbol{A}_{43} & \boldsymbol{A}_{44}\end{bmatrix}\begin{bmatrix}\boldsymbol{x}_{co}\\ \boldsymbol{x}_{c\bar{o}}\\ \boldsymbol{x}_{\bar{c}o}\\ \boldsymbol{x}_{\bar{c}\bar{o}}\end{bmatrix}+\begin{bmatrix}\boldsymbol{B}_1\\ \boldsymbol{B}_2\\ \boldsymbol{0}\\ \boldsymbol{0}\end{bmatrix}\boldsymbol{u}\\ \boldsymbol{y}=[\boldsymbol{C}_1\quad \boldsymbol{0}\quad \boldsymbol{C}_3\quad \boldsymbol{0}]\begin{bmatrix}\boldsymbol{x}_{co}\\ \boldsymbol{x}_{c\bar{o}}\\ \boldsymbol{x}_{\bar{c}o}\\ \boldsymbol{x}_{\bar{c}\bar{o}}\end{bmatrix}\end{cases} \tag{3.92}$$

系统(3.92)的结构分解图如图 3.5 所示，从图可以清楚看出 4 个子系统传递信息的情况。在系统的输入 $\boldsymbol{u}$ 和输出 $\boldsymbol{y}$ 之间，只存在一条唯一的单向控制通道，即 $\boldsymbol{u}\rightarrow\boldsymbol{B}_1\rightarrow\sum_1\rightarrow\boldsymbol{C}_1\rightarrow\boldsymbol{y}$。显然，反映系统输入、输出特性的传递函数阵 $\boldsymbol{G}(s)$ 只能反映系统中能控且能观的那个子系统的动力学特性，即整个线性定常系统(3.86)的传递函数阵 $\boldsymbol{G}(s)$ 与其能控且能观子系统的传递函数阵相同，即

$$\boldsymbol{G}(s)=\boldsymbol{C}(s\boldsymbol{I}-\boldsymbol{A})^{-1}\boldsymbol{B}=\boldsymbol{C}_1(s\boldsymbol{I}-\boldsymbol{A}_{11})^{-1}\boldsymbol{B}_1 \tag{3.93}$$

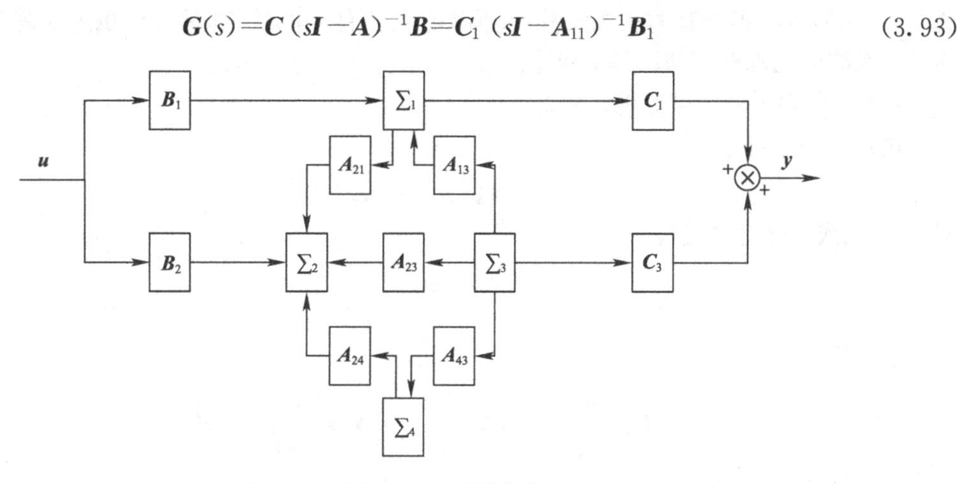

图 3.5　系统(3.92)的结构分解图

从而也说明，传递函数阵只是对系统的一种不完全的描述。如果在系统中添加(或去掉)不能控或不能观的子系统，并不影响系统的传递函数阵。因而根据给定传递函数阵求对应的状态空间表达式，其可对应无穷多个。但是其中维数最小的那个状态空间表达式是最常用的，这就是最小实现问题。

对于不能控且不能观系统，式(3.88)通过变换矩阵 $\boldsymbol{T}$ 确定之后，只需经过一次变换便可对系统同时按能控性和能观性进行结构分解，其步骤如下：

(1) 首先将系统$\sum(\boldsymbol{A},\boldsymbol{B},\boldsymbol{C})$按能控性分解

引入线性非奇异变换

$$\boldsymbol{x}=\boldsymbol{T}_{c}\begin{bmatrix}\boldsymbol{x}_{c}\\ \boldsymbol{x}_{\bar{c}}\end{bmatrix} \tag{3.94}$$

将系统变换为

$$\begin{cases}\begin{bmatrix}\dot{\boldsymbol{x}}_{c}\\ \dot{\boldsymbol{x}}_{\bar{c}}\end{bmatrix}=\boldsymbol{T}_{c}^{-1}\boldsymbol{A}\boldsymbol{T}_{c}\begin{bmatrix}\boldsymbol{x}_{c}\\ \boldsymbol{x}_{\bar{c}}\end{bmatrix}+\boldsymbol{T}_{c}^{-1}\boldsymbol{B}\boldsymbol{u}=\begin{bmatrix}\bar{\boldsymbol{A}}_{1} & \bar{\boldsymbol{A}}_{2}\\ \boldsymbol{0} & \bar{\boldsymbol{A}}_{4}\end{bmatrix}\begin{bmatrix}\boldsymbol{x}_{c}\\ \boldsymbol{x}_{\bar{c}}\end{bmatrix}+\begin{bmatrix}\bar{\boldsymbol{B}}\\ \boldsymbol{0}\end{bmatrix}\boldsymbol{u}\\ \boldsymbol{y}=\boldsymbol{C}\boldsymbol{T}_{c}\begin{bmatrix}\boldsymbol{x}_{c}\\ \boldsymbol{x}_{\bar{c}}\end{bmatrix}=\begin{bmatrix}\bar{\boldsymbol{C}}_{1} & \bar{\boldsymbol{C}}_{2}\end{bmatrix}\begin{bmatrix}\boldsymbol{x}_{c}\\ \boldsymbol{x}_{\bar{c}}\end{bmatrix}\end{cases} \tag{3.95}$$

其中，$\boldsymbol{x}_{c}$ 为能控状态向量；$\boldsymbol{x}_{\bar{c}}$为不能控状态向量；$\boldsymbol{T}_{c}$ 是基于系统$\sum(\boldsymbol{A},\boldsymbol{B},\boldsymbol{C})$的能控性判别矩阵根据式(3.78)构造的。

(2) 将不能控的子系统按能观性分解

引入线性非奇异变换

$$\boldsymbol{x}_{\bar{c}}=\boldsymbol{T}_{o2}\begin{bmatrix}\boldsymbol{x}_{\bar{c}o}\\ \boldsymbol{x}_{\bar{c}\bar{o}}\end{bmatrix}$$

将不能控子系统变换为

$$\begin{cases}\begin{bmatrix}\dot{\boldsymbol{x}}_{\bar{c}o}\\ \dot{\boldsymbol{x}}_{\bar{c}\bar{o}}\end{bmatrix}=\boldsymbol{T}_{o2}^{-1}\boldsymbol{A}\boldsymbol{T}_{o2}\begin{bmatrix}\boldsymbol{x}_{\bar{c}o}\\ \boldsymbol{x}_{\bar{c}\bar{o}}\end{bmatrix}=\begin{bmatrix}\boldsymbol{A}_{33} & \boldsymbol{0}\\ \boldsymbol{A}_{43} & \boldsymbol{A}_{44}\end{bmatrix}\begin{bmatrix}\boldsymbol{x}_{\bar{c}o}\\ \boldsymbol{x}_{\bar{c}\bar{o}}\end{bmatrix}\\ \boldsymbol{y}=\bar{\boldsymbol{C}}_{2}\boldsymbol{T}_{o2}\begin{bmatrix}\boldsymbol{x}_{\bar{c}o}\\ \boldsymbol{x}_{\bar{c}\bar{o}}\end{bmatrix}=\begin{bmatrix}\boldsymbol{C}_{3} & \boldsymbol{0}\end{bmatrix}\begin{bmatrix}\boldsymbol{x}_{\bar{c}o}\\ \boldsymbol{x}_{\bar{c}\bar{o}}\end{bmatrix}\end{cases}$$

式中，$\boldsymbol{x}_{\bar{c}o}$为不能控但能观的状态向量；$\boldsymbol{x}_{\bar{c}\bar{o}}$为不能控不能观的状态向量；$\boldsymbol{T}_{o2}$的逆矩阵 $\boldsymbol{T}_{o2}^{-1}$基于不能控子系统的能观性判别矩阵来构造。

(3) 将能控子系统按能观性分解

由式(3.95)有

$$\dot{\boldsymbol{x}}_{c}=\bar{\boldsymbol{A}}_{1}\boldsymbol{x}_{c}+\bar{\boldsymbol{A}}_{2}\boldsymbol{x}_{\bar{c}}+\bar{\boldsymbol{B}}\boldsymbol{u}$$

对 $\boldsymbol{x}_{c}$ 引入线性非奇异变换

$$\boldsymbol{x}_{c}=\boldsymbol{T}_{o1}\begin{bmatrix}\boldsymbol{x}_{co}\\ \boldsymbol{x}_{c\bar{o}}\end{bmatrix}$$

经过变换后，有

$$\boldsymbol{T}_{o1}\begin{bmatrix}\dot{\boldsymbol{x}}_{co}\\ \dot{\boldsymbol{x}}_{c\bar{o}}\end{bmatrix}=\bar{\boldsymbol{A}}_{1}\boldsymbol{T}_{o1}\begin{bmatrix}\boldsymbol{x}_{co}\\ \boldsymbol{x}_{c\bar{o}}\end{bmatrix}+\bar{\boldsymbol{A}}_{2}\boldsymbol{T}_{o2}\begin{bmatrix}\boldsymbol{x}_{\bar{c}o}\\ \boldsymbol{x}_{\bar{c}\bar{o}}\end{bmatrix}+\bar{\boldsymbol{B}}\boldsymbol{u}$$

上式两边左乘 $\boldsymbol{T}_{o1}^{-1}$，有

$$\begin{cases}\begin{bmatrix}\dot{\boldsymbol{x}}_{co}\\ \dot{\boldsymbol{x}}_{c\bar{o}}\end{bmatrix}=\boldsymbol{T}_{o1}^{-1}\bar{\boldsymbol{A}}_{1}\boldsymbol{T}_{o1}\begin{bmatrix}\boldsymbol{x}_{co}\\ \boldsymbol{x}_{c\bar{o}}\end{bmatrix}+\boldsymbol{T}_{o1}^{-1}\bar{\boldsymbol{A}}_{2}\boldsymbol{T}_{o2}\begin{bmatrix}\boldsymbol{x}_{\bar{c}o}\\ \boldsymbol{x}_{\bar{c}\bar{o}}\end{bmatrix}+\boldsymbol{T}_{o1}^{-1}\bar{\boldsymbol{B}}\boldsymbol{u}\\ \qquad=\begin{bmatrix}\boldsymbol{A}_{11} & \boldsymbol{0}\\ \boldsymbol{A}_{21} & \boldsymbol{A}_{22}\end{bmatrix}\begin{bmatrix}\boldsymbol{x}_{co}\\ \boldsymbol{x}_{c\bar{o}}\end{bmatrix}+\begin{bmatrix}\boldsymbol{A}_{13} & \boldsymbol{0}\\ \boldsymbol{A}_{23} & \boldsymbol{A}_{24}\end{bmatrix}\begin{bmatrix}\boldsymbol{x}_{\bar{c}o}\\ \boldsymbol{x}_{\bar{c}\bar{o}}\end{bmatrix}+\begin{bmatrix}\boldsymbol{B}_{1}\\ \boldsymbol{B}_{2}\end{bmatrix}\boldsymbol{u}\\ \boldsymbol{y}=\bar{\boldsymbol{C}}\boldsymbol{T}_{o1}\begin{bmatrix}\boldsymbol{x}_{co}\\ \boldsymbol{x}_{c\bar{o}}\end{bmatrix}=\begin{bmatrix}\boldsymbol{C}_{1} & \boldsymbol{0}\end{bmatrix}\begin{bmatrix}\boldsymbol{x}_{co}\\ \boldsymbol{x}_{c\bar{o}}\end{bmatrix}\end{cases}$$

式中，$\boldsymbol{x}_{co}$为能控且能观状态；$\boldsymbol{x}_{c\bar{o}}$为能控不能观状态；$\boldsymbol{T}_{o1}$的逆矩阵$\boldsymbol{T}_{o1}^{-1}$为根据式(3.85)构造的按能观性分解的变换矩阵。

综合以上3次变换，便可导出系统同时按能控性和能观性进行结构分解的表达式为

$$\begin{cases}\begin{bmatrix}\dot{\boldsymbol{x}}_{co}\\\dot{\boldsymbol{x}}_{c\bar{o}}\\\dot{\boldsymbol{x}}_{\bar{c}o}\\\dot{\boldsymbol{x}}_{\bar{c}\bar{o}}\end{bmatrix}=\begin{bmatrix}\boldsymbol{A}_{11}&\boldsymbol{0}&\boldsymbol{A}_{13}&\boldsymbol{0}\\\boldsymbol{A}_{21}&\boldsymbol{A}_{22}&\boldsymbol{A}_{23}&\boldsymbol{A}_{24}\\\boldsymbol{0}&\boldsymbol{0}&\boldsymbol{A}_{33}&\boldsymbol{0}\\\boldsymbol{0}&\boldsymbol{0}&\boldsymbol{A}_{43}&\boldsymbol{A}_{44}\end{bmatrix}\begin{bmatrix}\boldsymbol{x}_{co}\\\boldsymbol{x}_{c\bar{o}}\\\boldsymbol{x}_{\bar{c}o}\\\boldsymbol{x}_{\bar{c}\bar{o}}\end{bmatrix}+\begin{bmatrix}\boldsymbol{B}_1\\\boldsymbol{B}_2\\\boldsymbol{0}\\\boldsymbol{0}\end{bmatrix}\boldsymbol{u}\\\boldsymbol{y}=\begin{bmatrix}\boldsymbol{C}_1&\boldsymbol{0}&\boldsymbol{C}_3&\boldsymbol{0}\end{bmatrix}\begin{bmatrix}\boldsymbol{x}_{co}\\\boldsymbol{x}_{c\bar{o}}\\\boldsymbol{x}_{\bar{c}o}\\\boldsymbol{x}_{\bar{c}\bar{o}}\end{bmatrix}\end{cases}$$

【例3.19】 设线性定常系统如下

$$\begin{cases}\dot{\boldsymbol{x}}=\begin{bmatrix}0&0&-1\\1&0&-3\\0&1&-3\end{bmatrix}\boldsymbol{x}+\begin{bmatrix}1\\1\\0\end{bmatrix}\boldsymbol{u}\\\boldsymbol{y}=\begin{bmatrix}0&1&-2\end{bmatrix}\boldsymbol{x}\end{cases}$$

状态不完全能控和不完全能观，试将系统按能控性和能观性进行结构分解。

解：例3.17将系统按能控性分解

$$\boldsymbol{P}=\begin{bmatrix}1&0&0\\1&1&0\\0&1&1\end{bmatrix}$$

$$\begin{cases}\begin{bmatrix}\dot{\boldsymbol{x}}_c\\\dot{\boldsymbol{x}}_{\bar{c}}\end{bmatrix}=\left[\begin{array}{cc:c}0&-1&-1\\1&-2&-2\\\hdashline 0&0&-1\end{array}\right]\begin{bmatrix}\boldsymbol{x}_c\\\boldsymbol{x}_{\bar{c}}\end{bmatrix}+\begin{bmatrix}1\\0\\0\end{bmatrix}\boldsymbol{u}\\\boldsymbol{y}=\left[\begin{array}{cc:c}1&-1&-2\end{array}\right]\begin{bmatrix}\boldsymbol{x}_c\\\boldsymbol{x}_{\bar{c}}\end{bmatrix}\end{cases}$$

由上式可得，不能控子系统$\dot{\boldsymbol{x}}_{\bar{c}}$为1维，且能观，因此无须再进行分解。

将能控子系统按能观性进行分解

$$\begin{cases}\dot{\boldsymbol{x}}_c=\begin{bmatrix}0&-1\\1&-2\end{bmatrix}\boldsymbol{x}_c+\begin{bmatrix}-1\\-2\end{bmatrix}\boldsymbol{x}_{\bar{c}}+\begin{bmatrix}1\\0\end{bmatrix}\boldsymbol{u}\\\boldsymbol{y}=\begin{bmatrix}1&-1\end{bmatrix}\boldsymbol{x}_c\end{cases}$$

则上式能观性判别矩阵为

$$\boldsymbol{T}_{o1}=\begin{bmatrix}1&-1\\-1&1\end{bmatrix}$$

其秩$\text{rank}\boldsymbol{T}_{o1}=1$，能控子系统中能观状态为1维，构造

$$\boldsymbol{T}_{o1}^{-1}=\begin{bmatrix}1&-1\\0&1\end{bmatrix}$$

将能控子系统按能观性分解为

$$
\begin{cases}
\begin{bmatrix}\dot{x}_{co}\\ \dot{x}_{c\bar{o}}\end{bmatrix}=\begin{bmatrix}1 & -1\\ 0 & 1\end{bmatrix}\begin{bmatrix}0 & -1\\ 1 & -2\end{bmatrix}\begin{bmatrix}1 & -1\\ 0 & 1\end{bmatrix}^{-1}\begin{bmatrix}x_{co}\\ x_{c\bar{o}}\end{bmatrix}+\begin{bmatrix}1 & -1\\ 0 & 1\end{bmatrix}\begin{bmatrix}-1\\ -2\end{bmatrix}x_{\bar{c}o}+\begin{bmatrix}1 & -1\\ 0 & 1\end{bmatrix}\begin{bmatrix}1\\ 0\end{bmatrix}u \\
\qquad =\begin{bmatrix}-1 & 0\\ 1 & -1\end{bmatrix}\begin{bmatrix}x_{co}\\ x_{c\bar{o}}\end{bmatrix}+\begin{bmatrix}1\\ -2\end{bmatrix}x_{\bar{c}o}+\begin{bmatrix}1\\ 0\end{bmatrix}u \\
y=\begin{bmatrix}1 & -1\end{bmatrix}\begin{bmatrix}1 & -1\\ 0 & 1\end{bmatrix}^{-1}\begin{bmatrix}x_{co}\\ x_{c\bar{o}}\end{bmatrix}=\begin{bmatrix}1 & 0\end{bmatrix}\begin{bmatrix}x_{co}\\ x_{c\bar{o}}\end{bmatrix}
\end{cases}
$$

系统按能控和能观分解的状态空间表达式为

$$
\begin{cases}
\begin{bmatrix}\dot{x}_{co}\\ \dot{x}_{c\bar{o}}\\ \dot{x}_{\bar{c}o}\end{bmatrix}=\begin{bmatrix}-1 & 0 & 1\\ 1 & -1 & -2\\ 0 & 0 & -1\end{bmatrix}\begin{bmatrix}x_{co}\\ x_{c\bar{o}}\\ x_{\bar{c}o}\end{bmatrix}+\begin{bmatrix}1\\ 0\\ 0\end{bmatrix}u \\
y=\begin{bmatrix}1 & 0 & -2\end{bmatrix}\begin{bmatrix}x_{co}\\ x_{c\bar{o}}\\ x_{\bar{c}o}\end{bmatrix}
\end{cases}
$$

以上结构分解的思路是先按能控性分解后再按能观性分解，也可先按照能观性分解后再按照能控性进行分解。

3.8 传递函数阵的状态空间实现

反映系统输入、输出信息传递关系的传递函数阵只能表征系统中能控且能观子系统的动力学行为。对于某一给定的传递函数阵，可有无穷多的状态空间表达式与之对应，即一个传递函数阵描述着无穷多个内部不同结构的系统。从工程的观点看，在无穷多个内部不同结构的系统中，其中维数最小的一类系统就是所谓最小实现问题。

3.8.1 实现问题的基本概念

对于给定传递函数阵 $\boldsymbol{G}(s)$，若有一状态空间表达式

$$
\begin{cases}\dot{\boldsymbol{x}}=\boldsymbol{A}\boldsymbol{x}+\boldsymbol{B}\boldsymbol{u}\\ \boldsymbol{y}=\boldsymbol{C}\boldsymbol{x}+\boldsymbol{D}\boldsymbol{u}\end{cases} \tag{3.96}
$$

使

$$
\boldsymbol{G}(s)=\boldsymbol{C}(s\boldsymbol{I}-\boldsymbol{A})^{-1}\boldsymbol{B}+\boldsymbol{D}
$$

成立，则称该状态空间表达式为传递函数阵 $\boldsymbol{G}(s)$ 的一个实现。

应该指出，并不是任意一个传递函数阵 $\boldsymbol{G}(s)$ 都可以找到其实现，通常它必须满足物理可实现性条件，即：

① 传递函数阵 $\boldsymbol{G}(s)$ 中每一项的分子、分母多项式的系数均为实常数。

② $\boldsymbol{G}(s)$ 中每一项分子多项式的次数低于或等于分母多项式的次数。当分子多项式的次数低于分母多项式的次数时，称为严格真有理分式。若 $\boldsymbol{G}(s)$ 中所有项都为严格真有理分式，其实现具为 $\sum(\boldsymbol{A},\boldsymbol{B},\boldsymbol{C})$ 的形式。当 $\boldsymbol{G}(s)$ 中哪怕有一项的分子多项式的次数等于分母多项式的次数时，其实现就具有 $\sum(\boldsymbol{A},\boldsymbol{B},\boldsymbol{C},\boldsymbol{D})$ 的形式，且输出矩阵 $\boldsymbol{D}$ 为

$$
\boldsymbol{D}=\lim_{s\to\infty}\boldsymbol{G}(s) \tag{3.97}
$$

根据上述物理可实现性条件，对于其子项不是严格真有理分式的传递函数阵，应首先按式(3.97)算出矩阵 $\boldsymbol{D}$，使 $\boldsymbol{G}(s)-\boldsymbol{D}$ 为严格真有理分式的矩阵，即

$$\boldsymbol{G}(s)-\boldsymbol{D}=\boldsymbol{C}(s\boldsymbol{I}-\boldsymbol{A})^{-1}\boldsymbol{B}$$

然后根据 $\boldsymbol{G}(s)-\boldsymbol{D}$ 寻求形式为 $\sum(\boldsymbol{A},\boldsymbol{B},\boldsymbol{C})$ 的实现。

3.8.2 系统的标准型实现

对于一个单输入单输出系统，若给出系统的传递函数，便可以直接写出其能控标准型实现和能观标准型实现。如果将这些标准型实现推广到多输入多输出系统，则必须把 $m\times r$ 维的传递函数阵写成和单输入单输出系统的传递函数相类似的形式，即

$$\boldsymbol{G}(s)=\frac{\boldsymbol{\beta}_{n-1}s^{n-1}+\boldsymbol{\beta}_{n-2}s^{n-2}+\cdots+\boldsymbol{\beta}_1 s+\boldsymbol{\beta}_0}{s^n+a_{n-1}s^{n-1}+\cdots+a_1 s+a_0} \tag{3.98}$$

式中，$\boldsymbol{\beta}_j(j=0,1,\cdots,n-1)$ 为 $m\times r$ 维常数矩阵；分母多项式为该传递函数阵的特征多项式。显然，$\boldsymbol{G}(s)$ 是一个严格真有理分式的矩阵。

对于式(3.98)形式的传递函数阵的能控标准型实现为

$$\boldsymbol{A}_{\mathrm{c}}=\begin{bmatrix}\boldsymbol{0}_r & \boldsymbol{I}_r & \boldsymbol{0}_r & \cdots & \boldsymbol{0}_r\\ \boldsymbol{0}_r & \boldsymbol{0}_r & \boldsymbol{I}_r & \cdots & \boldsymbol{0}_r\\ \vdots & \vdots & \vdots & \ddots & \vdots\\ \boldsymbol{0}_r & \boldsymbol{0}_r & \boldsymbol{0}_r & \cdots & \boldsymbol{I}_r\\ -a_0\boldsymbol{I}_r & -a_1\boldsymbol{I}_r & -a_2\boldsymbol{I}_r & \cdots & -a_{n-1}\boldsymbol{I}_r\end{bmatrix},\quad \boldsymbol{B}_{\mathrm{c}}=\begin{bmatrix}\boldsymbol{0}_r\\ \boldsymbol{0}_r\\ \vdots\\ \boldsymbol{0}_r\\ \boldsymbol{I}_r\end{bmatrix} \tag{3.99}$$

$$\boldsymbol{C}_{\mathrm{c}}=[\boldsymbol{\beta}_0\quad \boldsymbol{\beta}_0\quad \cdots\quad \boldsymbol{\beta}_{n-1}]$$

其能观标准型实现为

$$\boldsymbol{A}_{\mathrm{o}}=\begin{bmatrix}\boldsymbol{0}_m & \boldsymbol{0}_m & \cdots & \boldsymbol{0}_m & -a_0\boldsymbol{I}_m\\ \boldsymbol{I}_m & \boldsymbol{0}_m & \cdots & \boldsymbol{0}_m & -a_1\boldsymbol{I}_m\\ \boldsymbol{0}_m & \boldsymbol{I}_m & \cdots & \boldsymbol{0}_m & -a_2\boldsymbol{I}_m\\ \vdots & \vdots & \ddots & \vdots & \vdots\\ \boldsymbol{0}_m & \boldsymbol{0}_m & \cdots & \boldsymbol{I}_m & -a_{n-1}\boldsymbol{I}_m\end{bmatrix},\boldsymbol{B}_{\mathrm{o}}=\begin{bmatrix}\boldsymbol{\beta}_0\\ \boldsymbol{\beta}_1\\ \boldsymbol{\beta}_2\\ \vdots\\ \boldsymbol{\beta}_{n-1}\end{bmatrix} \tag{3.100}$$

$$\boldsymbol{C}_{\mathrm{o}}=[\boldsymbol{0}_m\quad \boldsymbol{0}_m\quad \cdots\quad \boldsymbol{0}_m\quad \boldsymbol{I}_m] \tag{3.101}$$

式中，$\boldsymbol{I}_r$ 和 $\boldsymbol{I}_m$ 分别为 r 维和 m 维的单位矩阵。

显然可见，能控标准型实现的维数是 $n\times r$，能观标准型实现的维数是 $n\times m$。多输入多输出系统的能观标准型和能控标准型在形式上具有对偶关系，但两者并非简单的转置，这一点和单输入单输出系统不同，读者必须注意。

3.8.3 传递函数阵的最小实现

由于传递函数阵只能表征系统中能控且能观的子系统的动力学行为，对于一个可实现的传递函数阵来说，将有无穷多的状态空间表达式与之对应。从工程角度看，如何寻求维数最小的实现，具有重要的现实意义。

传递函数阵 $\boldsymbol{G}(s)$ 的一个实现 $\sum(\boldsymbol{A},\boldsymbol{B},\boldsymbol{C})$ 为最小实现的充分必要条件是 $\sum(\boldsymbol{A},\boldsymbol{B},\boldsymbol{C})$ 既是能控的又是能观的，由此，确定任何一个具有严格真有理分式的传递函数阵 $\boldsymbol{G}(s)$ 的最小实现可按照如下步骤进行：

① 对给定传递函数阵 $\boldsymbol{G}(s)$，先初选出一种实现 $\sum(\boldsymbol{A},\boldsymbol{B},\boldsymbol{C})$，通常最方便的是选取能控标

准型实现或能观标准型实现。

② 对上面初选的实现$\sum(\boldsymbol{A},\boldsymbol{B},\boldsymbol{C})$，找出其完全能控且完全能观子系统，于是这个能控且能观子系统就是$\boldsymbol{G}(s)$的最小实现。

【例 3.20】 求如下线性定常连续系统传递函数阵的最小实现。

$$\boldsymbol{G}(s)=\begin{bmatrix}\dfrac{1}{(s+1)(s+2)} & \dfrac{1}{(s+2)(s+4)}\end{bmatrix}$$

解:$\boldsymbol{G}(s)$是严格真有理分式，按式(3.98)进行转换有

$$\boldsymbol{G}(s)=\begin{bmatrix}\dfrac{(s+4)}{(s+1)(s+2)(s+4)} & \dfrac{(s+1)}{(s+4)(s+2)(s+1)}\end{bmatrix}$$

$$=\frac{1}{(s+4)(s+2)(s+1)}\begin{bmatrix}(s+4) & (s+1)\end{bmatrix}$$

$$=\frac{1}{s^3+7s^2+14s+8}\{\begin{bmatrix}1 & 1\end{bmatrix}s+\begin{bmatrix}4 & 1\end{bmatrix}\}$$

其中，$a_0=8,a_1=14,a_2=7$;$\boldsymbol{\beta}_0=\begin{bmatrix}4 & 1\end{bmatrix}$,$\boldsymbol{\beta}_1=\begin{bmatrix}1 & 1\end{bmatrix}$,$\boldsymbol{\beta}_2=\begin{bmatrix}0 & 0\end{bmatrix}$;输出向量的维数$m=1$,输入向量的维数$r=2$,采用能观标准型实现有

$$\boldsymbol{A}_o=\begin{bmatrix}\boldsymbol{0}_m & \boldsymbol{0}_m & -a_0\boldsymbol{I}_m\\ \boldsymbol{I}_m & \boldsymbol{0}_m & -a_1\boldsymbol{I}_m\\ \boldsymbol{0}_m & \boldsymbol{I}_m & -a_2\boldsymbol{I}_m\end{bmatrix}=\begin{bmatrix}0 & 0 & -8\\ 1 & 0 & -14\\ 0 & 1 & -7\end{bmatrix}$$

$$\boldsymbol{B}_o=\begin{bmatrix}\boldsymbol{\beta}_0\\ \boldsymbol{\beta}_1\\ \boldsymbol{\beta}_2\end{bmatrix}=\begin{bmatrix}4 & 1\\ 1 & 1\\ 0 & 0\end{bmatrix}$$

$$\boldsymbol{C}_o=\begin{bmatrix}\boldsymbol{0}_m & \boldsymbol{0}_m & \boldsymbol{I}_m\end{bmatrix}=\begin{bmatrix}0 & 0 & 1\end{bmatrix}$$

下面检验以上能观实现是否能控。

$$\boldsymbol{M}=\begin{bmatrix}\boldsymbol{B}_o & \boldsymbol{A}_o\boldsymbol{B}_o & \boldsymbol{A}_o^2\boldsymbol{B}_o\end{bmatrix}=\begin{bmatrix}4 & 1 & 0 & 0 & -8 & -8\\ 1 & 1 & 4 & 1 & -14 & -14\\ 0 & 0 & 1 & 1 & -3 & -6\end{bmatrix}$$

因为 $\mathrm{rank}\boldsymbol{M}=3=n$，所以实现$\sum(\boldsymbol{A}_o,\boldsymbol{B}_o,\boldsymbol{C}_o)$能控且能观，为最小实现。

3.8.4 传递函数阵能控性和能观性的分析

系统的能控且能观性与其传递函数阵的最小实现是同义的，对于单输入系统、单输出系统或者单输入单输出系统，要使系统是能控且能观的充分必要条件是其传递函数的分子、分母间没有零极点对消。可是对于多输入多输出系统来说，传递函数阵没有零极点对消，只是系统最小实现的充分条件，也就是说，即使出现零极点对消，这种系统仍有可能是能控且能观的，鉴于这个原因，本节只限于讨论单输入单输出系统的传递函数中零极点对消与状态能控且能观之间的关系。

对于一个单输入单输出系统$\sum(\boldsymbol{A},\boldsymbol{B},\boldsymbol{C})$:

$$\begin{cases}\dot{\boldsymbol{x}}=\boldsymbol{A}\boldsymbol{x}+\boldsymbol{B}u\\ y=\boldsymbol{C}\boldsymbol{x}\end{cases} \tag{3.102}$$

欲使其能控且能观的充分必要条件是传递函数

$$G(s)=\boldsymbol{C}(s\boldsymbol{I}-\boldsymbol{A})^{-1}\boldsymbol{B} \tag{3.103}$$

的分子、分母间没有零极点对消。

利用这个关系可以根据传递函数的分子和分母是否出现零极点对消，方便地判别相应的实现是否是能控且能观的。但是，如果传递函数出现了零极点对消现象(传递函数分子和分母有相同公因式)，还不能确定系统是不能控的还是不能观的。

【例 3.21】 已知系统的传递函数为

$$G(s)=\frac{Y(s)}{U(s)}=\frac{(s+2)}{(s+2)(s-1)}$$

试分别写出系统能控不能观、能观不能控、不能控不能观的状态空间表达式。

解：分子、分母有相同公因式$(s+2)$，系统状态是不完全能控或不完全能观的，或是既不完全能控又不完全能观的。若采用能控标准型实现，上述传递函数的实现可以是

$$\begin{cases}\dot{\boldsymbol{x}}=\begin{bmatrix}0 & 1\\ 2 & -1\end{bmatrix}\boldsymbol{x}+\begin{bmatrix}0\\ 1\end{bmatrix}u\\ y=\begin{bmatrix}2 & 1\end{bmatrix}\boldsymbol{x}\end{cases}$$

判断以上系统的能观性，能观性判别矩阵的秩 $\text{rank}\boldsymbol{N}=\text{rank}\begin{bmatrix}\boldsymbol{C}\\ \boldsymbol{CA}\end{bmatrix}=\text{rank}\begin{bmatrix}2 & 1\\ 2 & 1\end{bmatrix}=1$，故系统不能观。因此，上述实现不是最小实现。

若采用能观标准型实现，上述传递函数的实现可以是

$$\begin{cases}\dot{\boldsymbol{x}}=\begin{bmatrix}0 & 2\\ 1 & -1\end{bmatrix}\boldsymbol{x}+\begin{bmatrix}2\\ 1\end{bmatrix}u\\ y=\begin{bmatrix}0 & 1\end{bmatrix}\boldsymbol{x}\end{cases}$$

判断以上系统的能控性，能控性判别矩阵的秩 $\text{rank}\boldsymbol{M}=\text{rank}[\boldsymbol{B}\quad \boldsymbol{AB}]=\text{rank}\begin{bmatrix}2 & 2\\ 1 & 1\end{bmatrix}=1$，故系统不能控。因此，上述实现不是最小实现。

上述传递函数的实现还可以是

$$\begin{cases}\dot{\boldsymbol{x}}=\begin{bmatrix}-2 & 0\\ 0 & 1\end{bmatrix}\boldsymbol{x}+\begin{bmatrix}0\\ 1\end{bmatrix}u\\ y=\begin{bmatrix}0 & 1\end{bmatrix}\boldsymbol{x}\end{cases}$$

系统既不能控又不能观。由此可见，在经典控制理论中基于传递函数零极点对消原则的设计方法虽然简单直观，但是它破坏了系统状态的能控性或能观性。不能控部分的作用在某些情况下会引起系统品质变坏，甚至使系统变得不稳定。

3.9 MATLAB 在能控性和能观性分析中的应用

MATLAB 提供了用于能控性、能观性判定的专用函数。

1. ctrb( )函数

功能：根据系统状态空间表达式，生成能控性判别矩阵。

调用格式：ctrb(A,B)

2. obsv( )函数

功能：根据系统状态空间表达式，生成能观性判别矩阵。

调用格式：obsv(A,C)

或者通过给定状态空间模型 sys，直接获取 ctrb(sys)和 obsv(sys)。

【例 3.22】 已知系统的状态方程为：$\dot{x}=\begin{bmatrix}1 & -1 & 2\\2 & 3 & 1\\1 & 2 & 1\end{bmatrix}x+\begin{bmatrix}1\\2\\1\end{bmatrix}u$，判别系统的能控性。

解：MATLAB 程序如下：

```
A=[1 -1 2;2 3 1;1 2 1];
B=[1;2;1];
M=ctrb(A,B);
n=rank(M);
L=length(A);
if n==L
disp('the system is controllable')
else
disp('the system is uncontrollable')
end
```

程序执行结果如下：

```
The system is uncontrollable
```

表明系统状态不完全能控。

【例 3.23】 已知系统的状态方程为：$\dot{\boldsymbol{x}}=\begin{bmatrix}1 & -1 & 2\\2 & 3 & 1\\1 & 2 & 1\end{bmatrix}\boldsymbol{x}$，$\boldsymbol{y}=\begin{bmatrix}1 & 1 & 2\\2 & 1 & 2\end{bmatrix}\boldsymbol{x}$，判别系统的能观性。

解：MATLAB 程序如下：

```
A=[1,-1,2;2,3,1;1,2,1];
C=[1,1,2;2,1,2];
sys=ss(A,[],C,[]);
N=obsv(sys);
r=size(sys);
L=size(A);
if r==L
disp('the system is observable')
else
disp('the system is un observable')
end
```

程序执行结果如下：

```
The system is observable
```

表明系统状态完全能观。

小　结

本章所讨论的内容是现代控制理论的重要组成部分。以状态空间描述来分析系统的内部特性，可以揭示许多传递函数不能反映的系统特性。能控性和能观性是系统状态空间内部描述的两个基本特性，能控性说明系统输入对系统状态的影响能力，能观性说明系统输出反映系统内部状态的能力。本章主要介绍线性系统能控性和能观性的判据、对偶原理、标准型、结构分解及传递函数矩阵的状态空间实现。

人物小传——张钟俊

张钟俊(1915—1995)，自动控制学家，电力系统和自动化专家，中国自动控制、系统工程教育和研究的开拓者之一。1935 年获美国麻省理工学院硕士学位，1938 年获美国麻省理工学院科学博士学位，1948 年，张钟俊写成世界上第一本阐述网络综合原理的专著《网络综合》，同年在中国最早讲授自动控制课程《伺服机件》，1980 年 5 月当选为中国科学院学部委员(院士)。

张钟俊长期从事系统科学、控制理论与应用的研究，在将系统工程用于战略规划和将控制理论用于工程设计方面取得了丰富的成果和贡献，开创了中国自动控制教育和研究的先河。张钟俊是中国自动化发展进程的开拓者和带头人，也是中国系统工程的首批倡导者和践行者，为中国的电力系统、自动化技术和科学管理等领域培养了一大批专门人才，其影响有“北钱(钱学森)南张(张钟俊)”之说。

习　题　3

3-1　判别下列线性定常系统的能控性。

(1) $\dot{\boldsymbol{x}}=\begin{bmatrix}0 & 1 & 0\\0 & 0 & 1\\-2 & -3 & -1\end{bmatrix}\boldsymbol{x}+\begin{bmatrix}1\\0\\1\end{bmatrix}\boldsymbol{u}$

(2) $\dot{\boldsymbol{x}}=\begin{bmatrix}3 & 0 & 0 & 0\\0 & 2 & 0 & 0\\0 & 0 & 5 & 1\\0 & 0 & 0 & 5\end{bmatrix}\boldsymbol{x}+\begin{bmatrix}1 & 0\\0 & 2\\0 & 1\\1 & 0\end{bmatrix}\boldsymbol{u}$

(3) $\dot{\boldsymbol{x}}=\begin{bmatrix}6 & 1 & 0 & 0\\0 & 6 & 0 & 0\\0 & 0 & 4 & 1\\0 & 0 & 0 & 4\end{bmatrix}\boldsymbol{x}+\begin{bmatrix}0 & 0\\1 & 2\\0 & 0\\3 & 1\end{bmatrix}\boldsymbol{u}$

(4) $\dot{\boldsymbol{x}}=\begin{bmatrix}6 & 0 & 0 & 0\\0 & 4 & 0 & 0\\0 & 0 & 3 & 1\\0 & 0 & 0 & 3\end{bmatrix}\boldsymbol{x}+\begin{bmatrix}1 & 1\\0 & 1\\0 & 0\\1 & 2\end{bmatrix}\boldsymbol{u}$

3-2　判别下列线性定常系统的能观性。

(1) $\begin{cases}\dot{\boldsymbol{x}}=\begin{bmatrix}0 & 1 & 0\\0 & 0 & 1\\-2 & -3 & -1\end{bmatrix}\boldsymbol{x}\\ \boldsymbol{y}=\begin{bmatrix}1 & 2 & 2\end{bmatrix}\boldsymbol{x}\end{cases}$

(2) $\begin{cases}\dot{\boldsymbol{x}}=\begin{bmatrix}-2 & 1 & 0\\0 & -2 & 0\\0 & 0 & -2\end{bmatrix}\boldsymbol{x}\\ \boldsymbol{y}=\begin{bmatrix}2 & 0 & 2\\2 & 0 & 4\end{bmatrix}\boldsymbol{x}\end{cases}$

(3) $\begin{cases}\dot{\boldsymbol{x}}=\begin{bmatrix}1 & 2 & 2\\1 & 4 & 6\\2 & 2 & 7\end{bmatrix}\boldsymbol{x}\\ \boldsymbol{y}=\begin{bmatrix}1 & 0 & 0\\2 & 3 & 0\end{bmatrix}\boldsymbol{x}\end{cases}$

(4) $\begin{cases}\dot{\boldsymbol{x}}=\begin{bmatrix}1 & 0 & 0 & 0\\0 & 1 & 1 & 0\\0 & 0 & 1 & 0\\0 & 0 & 0 & 1\end{bmatrix}\boldsymbol{x}\\ \boldsymbol{y}=\begin{bmatrix}1 & 1 & 1 & 1\end{bmatrix}\boldsymbol{x}\end{cases}$

3-3 设线性系统的运动方程为

$$\ddot{y}+2\dot{y}+y=\dot{u}+u$$

选择状态变量为$\begin{cases}x_1=y\\x_2=\dot{y}-u\end{cases}$，试列写该系统的状态方程和输出方程，分析其能控性与能观性。

3-4 线性定常系统的状态空间表达式为

$$\begin{cases}\dot{\boldsymbol{x}}=\begin{bmatrix}a & b\\c & d\end{bmatrix}\boldsymbol{x}+\begin{bmatrix}0\\1\end{bmatrix}u\\ y=\begin{bmatrix}1 & 0\end{bmatrix}\boldsymbol{x}\end{cases}$$

试确定系统状态完全能控且完全能观时的 a、b、c、d 值。

3-5 线性定常能控系统的状态方程中的 $\boldsymbol{A}$,$\boldsymbol{B}$ 矩阵分别为

$$\boldsymbol{A}=\begin{bmatrix}1 & 1\\1 & -1\end{bmatrix},\quad \boldsymbol{B}=\begin{bmatrix}1\\1\end{bmatrix}$$

试将该状态方程变换为能控标准型。

3-6 已知能观测系统的 $\boldsymbol{A}$,$\boldsymbol{B}$,$\boldsymbol{C}$ 矩阵分别为

$$\boldsymbol{A}=\begin{bmatrix}1 & 1\\1 & -1\end{bmatrix},\quad \boldsymbol{B}=\begin{bmatrix}2\\1\end{bmatrix},\quad \boldsymbol{C}=\begin{bmatrix}-1 & 1\end{bmatrix}$$

试将该状态空间表达式变换为能观测标准型。

3-7 已知线性定常系统

$$\begin{cases}\dot{\boldsymbol{x}}=\begin{bmatrix}1 & 2 & 1\\0 & 1 & 0\\1 & -2 & 1\end{bmatrix}\boldsymbol{x}+\begin{bmatrix}0\\0\\1\end{bmatrix}u\\ y=\begin{bmatrix}1 & -1 & 1\end{bmatrix}\boldsymbol{x}\end{cases}$$

试按能控性或能观性对其进行结构分解。

3-8 已知系统的传递函数为

$$G(s)=\frac{s+a}{s^3+7s^2+16s+12}$$

(1) a 取何值时，使系统或为不能控系统，或为不能观系统；

(2) 在上述 a 的取值下，求使系统能观但不能控的 3 阶状态空间表达式。

3-9 已知线性定常系统的状态空间表达式为

$$\begin{cases}\begin{bmatrix}\dot{x}_1\\\dot{x}_2\end{bmatrix}=\begin{bmatrix}-4 & 5\\1 & 0\end{bmatrix}\begin{bmatrix}x_1\\x_2\end{bmatrix}+\begin{bmatrix}-2\\1\end{bmatrix}u\\ y=\begin{bmatrix}1 & -1\end{bmatrix}\begin{bmatrix}x_1\\x_2\end{bmatrix}+u\end{cases}$$

(1) 分析系统的能控性与能观性。

(2) 求系统的传递函数。

3-10　判断线性定常离散系统的能控性和能观性。

$$\begin{cases} \boldsymbol{x}(k+1)=\begin{bmatrix}1 & 2 & 3\\ 1 & 4 & 6\\ 2 & 1 & 7\end{bmatrix}\boldsymbol{x}(k)+\begin{bmatrix}1 & 9\\ 0 & 0\\ 2 & 0\end{bmatrix}\boldsymbol{u}(k) \\ \boldsymbol{y}(k)=\begin{bmatrix}1 & 0 & 0\\ 2 & 1 & 0\end{bmatrix}\boldsymbol{x}(k) \end{cases}$$

3-11　求下列传递函数阵的最小实现。

(1) $\boldsymbol{G}(s)=\begin{bmatrix}\dfrac{1}{s+1} & \dfrac{1}{s^2+4s+3}\end{bmatrix}$　　　(2) $\boldsymbol{G}(s)=\begin{bmatrix}\dfrac{1}{s} & \dfrac{1}{s}\\ \dfrac{1}{s} & \dfrac{1}{s^2}\end{bmatrix}$

3-12　系统状态方程为

$$\dot{\boldsymbol{x}}=\begin{bmatrix}0 & 1 & 0\\ 0 & 1 & 1\\ -2 & -4 & -3\end{bmatrix}\boldsymbol{x}+\begin{bmatrix}1 & 0\\ 0 & 1\\ 1 & 1\end{bmatrix}\boldsymbol{u}$$

试利用 MATLAB 判断系统的能控性。

3-13　系统状态空间表达式为

$$\dot{\boldsymbol{x}}=\begin{bmatrix}0 & 1 & 0\\ 0 & 0 & 1\\ -2 & -4 & -3\end{bmatrix}\boldsymbol{x},\ y=\begin{bmatrix}1 & 2 & 2\end{bmatrix}\boldsymbol{x}$$

试利用 MATLAB 判断系统的能观性。

3-14　系统状态空间表达式为

$$\begin{cases} \begin{bmatrix}\dot{x}_1\\ \dot{x}_2\\ \dot{x}_3\end{bmatrix}=\begin{bmatrix}-2 & 2 & -1\\ 0 & -2 & 0\\ 1 & -4 & 0\end{bmatrix}\begin{bmatrix}x_1\\ x_2\\ x_3\end{bmatrix}+\begin{bmatrix}0\\ 0\\ 1\end{bmatrix}u \\ y=\begin{bmatrix}1 & -1 & 1\end{bmatrix}\begin{bmatrix}x_1\\ x_2\\ x_3\end{bmatrix} \end{cases}$$

试利用 MATLAB 对系统进行结构分解。

3-15　线性定常系统的状态空间表达式为

$$\begin{cases} \dot{\boldsymbol{x}}=\begin{bmatrix}1 & 0 & 0\\ 2 & 2 & 3\\ -2 & 0 & 1\end{bmatrix}\boldsymbol{x}+\begin{bmatrix}1\\ 2\\ -2\end{bmatrix}u \\ y=\begin{bmatrix}1 & 1 & 2\end{bmatrix}\boldsymbol{x} \end{cases}$$

(1) 试利用 MATLAB 分析系统的能控性和能观性。

(2) 求系统的传递函数。

第4章　李雅普诺夫稳定性分析

4.1　引　　言

稳定性是系统正常工作的必要条件，经典控制理论中已经建立了代数判据、奈奎斯特判据、对数判据、根轨迹判据来判断线性定常系统的稳定性，但难以适用于非线性、时变系统。1892年，俄国著名数学家李雅普诺夫提出了稳定性理论，有效地解决了用其他方法所不能解决的问题。李雅普诺夫理论提出了判断系统稳定性的两种方法，即：

① 求出常微分方程的解，分析系统的稳定性(间接法)；

② 不需要求解常微分方程的解，而能提供稳定性的信息(直接法)。

特别地，直接法不需解常微分方程，给判断系统的稳定性带来了极大方便。此外，该方法通过构造一个李雅普诺夫函数，根据这个函数的性质来判断系统的稳定性，不但能用来分析线性定常系统的稳定性，而且能用来判断非线性系统和时变系统的稳定性。

4.2　稳　定　性

设系统的状态方程为

$$\dot{\boldsymbol{x}}=\boldsymbol{f}(\boldsymbol{x},t) \tag{4.1}$$

式中，$\boldsymbol{x}$ 为 $\boldsymbol{n}$ 维状态向量，且显含时间变量 t；$\boldsymbol{f}(\boldsymbol{x},t)$ 可为线性或非线性、定常或时变的 n 维向量函数，其展开式为

$$\dot{x}_i=f_i(x_1,x_2,\cdots,x_n,t),\quad i=1,2,\cdots,n \tag{4.2}$$

假定方程的解为 $\boldsymbol{x}(t;\boldsymbol{x}_0,t_0)$，式中 $\boldsymbol{x}_0$ 和 t_0 分别为初始状态向量和初始时刻，则初始条件 $\boldsymbol{x}_0$ 必满足 $\boldsymbol{x}(t_0;\boldsymbol{x}_0,t_0)=\boldsymbol{x}_0$。

4.2.1　平衡状态

李雅普诺夫关于稳定性的研究均是针对平衡状态而言的。对于所有 t，满足

$$\dot{\boldsymbol{x}}_{\mathrm{e}}=\boldsymbol{f}(\boldsymbol{x}_{\mathrm{e}},t)=\boldsymbol{0} \tag{4.3}$$

的状态 $\boldsymbol{x}_{\mathrm{e}}$ 称为平衡状态。平衡状态的各分量相对于时间不再发生变化。若已知状态方程，令 $\dot{\boldsymbol{x}}=\boldsymbol{0}$ 所求得的解 $\boldsymbol{x}$，便是一种平衡状态。

线性定常系统 $\dot{\boldsymbol{x}}=\boldsymbol{A}\boldsymbol{x}$，其平衡状态满足 $\boldsymbol{A}\boldsymbol{x}_{\mathrm{e}}=\boldsymbol{0}$，当 $\boldsymbol{A}$ 为非奇异矩阵时，系统只有唯一的零解，即只存在一个位于状态空间原点的平衡状态；若 $\boldsymbol{A}$ 为奇异矩阵，则系统存在无穷多个平衡状态。对于非线性系统，可能有一个或多个平衡状态。

4.2.2　李雅普诺夫意义下的稳定性

设系统初始状态位于以平衡状态 $\boldsymbol{x}_{\mathrm{e}}$ 为球心、δ 为半径的闭球域 $S(\delta)$ 内，即

$$\|\boldsymbol{x}_0-\boldsymbol{x}_{\mathrm{e}}\|\leqslant\delta,\qquad t=t_0 \tag{4.4}$$

若能使系统方程的解 $\boldsymbol{x}(t;\boldsymbol{x}_0,t_0)$ 在 $t\to\infty$ 的过程中，都位于以 $\boldsymbol{x}_e$ 为球心、任意规定的半径为 ε 的闭球域 $S(\varepsilon)$ 内，即

$$\|\boldsymbol{x}(t;x_0,t_0)-\boldsymbol{x}_0\|\leqslant\varepsilon,\qquad t\geqslant t_0 \tag{4.5}$$

则称系统的平衡状态 $\boldsymbol{x}_e$ 在李雅普诺夫意义下是稳定的。该定义的几何平面表示如图 4.1(a) 所示。式中 $\|\cdot\|$ 为欧几里得范数，其几何意义是空间距离的尺度。例如，$\|\boldsymbol{x}_0-\boldsymbol{x}_e\|$ 表示状态空间中 $\boldsymbol{x}_0$ 点至 $\boldsymbol{x}_e$ 点之间距离的尺度，其数学表达式为

$$\|\boldsymbol{x}_0-\boldsymbol{x}_e\|=[(x_{10}-x_{1e})^2+\cdots+(x_{n0}-x_{ne})^2]^{\frac{1}{2}} \tag{4.6}$$

实数 δ 与 ε 有关，通常也与 t_0 有关。如果 δ 与 t_0 无关，则称平衡状态是稳定的。

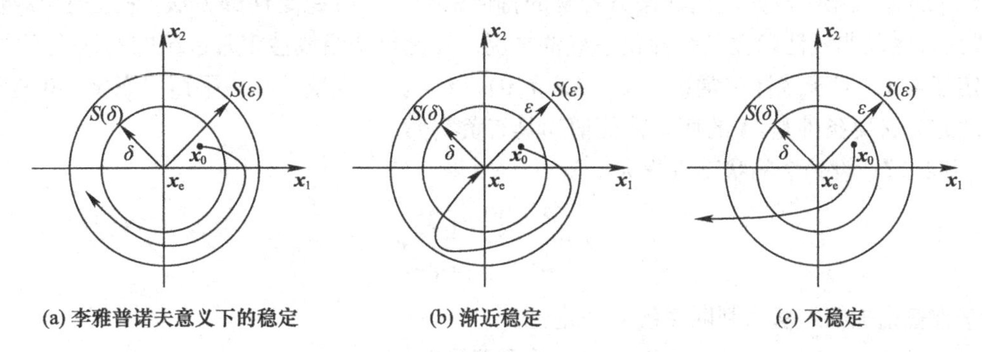

图 4.1　有关稳定性的几何平面表示

应当注意，按李雅普诺夫意义下的稳定性定义，当系统做不衰减的振荡运动时，将在平面上描绘出一条封闭曲线，但只要不超出 $S(\varepsilon)$，则认为是稳定的，这与经典控制理论中线性定常系统稳定性的定义是有差异的。经典控制理论中的稳定性，指的是渐近稳定性。

4.2.3　渐近稳定性

若系统的平衡状态 x_e 不仅具有李雅普诺夫意义下的稳定性，且有

$$\lim_{t\to\infty}\|\boldsymbol{x}(t;\boldsymbol{x}_0,t_0)-\boldsymbol{x}_e\|=\boldsymbol{0} \tag{4.7}$$

则称此平衡状态是渐近稳定的。这时，从 $S(\delta)$ 出发的轨迹不仅不会超出 $S(\varepsilon)$，且当 $t\to\infty$ 时收敛于 $\boldsymbol{x}_e$，其几何平面表示如图 4.1(b) 所示。经典控制理论中的稳定性，与此处的渐近稳定性对应。

若 δ 与 t_0 无关，且上式的极限过程与 t_0 无关，则称平衡状态是渐近稳定的。

4.2.4　大范围(全局)渐近稳定性

当初始条件扩展至整个状态空间，且平衡状态均具有渐近稳定性时，则称此平衡状态是大范围渐近稳定的。此时 $\delta\to\infty$，$S(\delta)\to\infty$。当 $t\to\infty$ 时，由状态空间中任一点出发的轨迹都收敛至 $\boldsymbol{x}_e$。

对于严格线性的系统，如果它是渐近稳定的，则必定是大范围渐近稳定的，这是因为线性系统的稳定性与初始条件的大小无关。而对于非线性系统来说，其稳定性往往与初始条件的大小密切相关，系统渐近稳定不一定是大范围渐近稳定。

4.2.5　不稳定性

如果对于某个实数 $\varepsilon>0$ 和任一个实数 $\delta>0$，不管这两个实数有多么小，在 $S(\delta)$ 内总存在

着一个状态 $\boldsymbol{x}_0$，使得由这一状态出发的轨迹超出 $S(\varepsilon)$，则称平衡状态 $\boldsymbol{x}_e$ 为不稳定的，如图 4.1(c)所示。

下面介绍李雅普诺夫理论中判断系统稳定性的方法。

4.3 李雅普诺夫稳定性判定方法

4.3.1 李雅普诺夫第一法(间接法)

李雅普诺夫第一法是利用状态方程解的特性来判断系统稳定性的方法，它适用于线性定常、线性时变及非线性函数可线性化系统的情况。在此仅介绍线性定常系统的特征值判据。

定理 4.1 对于线性定常系统 $\dot{\boldsymbol{x}}=\boldsymbol{A}\boldsymbol{x},\boldsymbol{x}(\boldsymbol{0})=\boldsymbol{x}_0,t\geqslant 0$，系统的唯一平衡状态 $\boldsymbol{x}_e=\boldsymbol{0}$ 是渐近稳定的充分必要条件是：$\boldsymbol{A}$ 的所有特征值均具有负实部。

【例 4.1】 设系统的状态方程为

$$\dot{\boldsymbol{x}}=\begin{bmatrix}-1 & -3\\ 1 & -2\end{bmatrix}\boldsymbol{x}$$

试用李雅普诺夫第一法来判断系统的稳定性。

解：原点($x_1=0,x_2=0$)是该系统唯一的平衡状态。

$$|\lambda\boldsymbol{I}-\boldsymbol{A}|=\begin{vmatrix}\lambda+1 & 3\\ -1 & \lambda+2\end{vmatrix}=\lambda^2+3\lambda+5$$

特征值为 $-\frac{3}{2}+\frac{\sqrt{11}}{2}\mathrm{j}$ 和 $-\frac{3}{2}-\frac{\sqrt{11}}{2}\mathrm{j}$。因为 $\boldsymbol{A}$ 的所有特征值均具有负实部，所以该系统渐近稳定。

【例 4.2】 设系统的状态方程为

$$\begin{cases}\dot{x}_1=2x_1+3x_2\\ \dot{x}_2=4x_1+3x_2\end{cases}$$

解：$\boldsymbol{x}_e=\boldsymbol{0}$ 是该系统唯一的平衡状态。

$$|\lambda\boldsymbol{I}-\boldsymbol{A}|=\begin{vmatrix}\lambda-2 & -3\\ -4 & \lambda-3\end{vmatrix}=(\lambda+1)(\lambda-6)$$

特征值为 -1 和 6。因为 $\boldsymbol{A}$ 的所有特征值并不都为负或零实部，所以该系统不稳定。

4.3.2 李雅普诺夫第二法(直接法)

从物理学的角度来看，若系统能量(含动能与位能)随时间推移而衰减，系统迟早会达到平衡状态。但是，要真正找到实际系统的能量函数表达式是非常困难的。为此，李雅普诺夫提出通过构造一个李雅普诺夫函数，若不显含 t，则记以 $V(\boldsymbol{x})$。它是一个标量函数，考虑到能量总大于零，故为正定函数。能量衰减特性用 $\dot{V}(\boldsymbol{x},t)$ 或 $\dot{V}(\boldsymbol{x})$ 表示。李雅普诺夫第二法利用 V 及 $\dot{V}$ 的符号特征，直接对平衡状态稳定性作出判断，无须求出系统状态方程的解，故称直接法。对于线性系统，通常用二次型函数 $\boldsymbol{x}^{\mathrm{T}}\boldsymbol{P}\boldsymbol{x}$ 作为李雅普诺夫函数。然而遗憾的是，对一般非线性系统仍未找到构造李雅普诺夫函数的通用方法。

1. 标量函数定号性

正定性:标量函数 $V(\boldsymbol{x})$对所有在域 S 中的非零状态 $\boldsymbol{x}$ 有 $V(\boldsymbol{x})>0$ 且 $V(\boldsymbol{0})=0$,则在域 S(域 S 包含状态空间的原点)内的标量函数 $V(\boldsymbol{x})$称为正定函数。

负定性:如果$-V(\boldsymbol{x})$是正定函数,则标量函数 $V(\boldsymbol{x})$称为负定函数。

正半定性:如果标量函数 $V(\boldsymbol{x})$除原点及某些状态处等于零外,在域 S 内的所有状态都是正定的,则 $V(\boldsymbol{x})$称为正半定函数。

负半定性:如果$-V(\boldsymbol{x})$是正半定函数,则标量函数 $V(\boldsymbol{x})$称为负半定函数。

不定性:如果在域 S 内,不论域 S 多么小,$V(\boldsymbol{x})$既可为正值也可为负值,则标量函数 $V(\boldsymbol{x})$称为不定函数。

2. 李雅普诺夫第二法主要定理

定理 4.2(定常系统大范围渐近稳定判别定理) 对于定常系统

$$\dot{\boldsymbol{x}}=\boldsymbol{f}(x),t\geqslant 0$$

其中 $\boldsymbol{f}(\boldsymbol{0})=\boldsymbol{0}$,如果存在一个具有连续一阶导数的标量函数 $V(\boldsymbol{x})$,$V(\boldsymbol{0})=0$,并且对状态空间的一切非零点 $\boldsymbol{x}$ 满足:①$V(\boldsymbol{x})$为正定的;②$\dot{V}(\boldsymbol{x},t)$为负定的;③当 $\|\boldsymbol{x}\|\to\infty$时,$V(\boldsymbol{x})\to\infty$,则系统的原点平衡状态是大范围渐近稳定的。

【例 4.3】 设系统的状态方程为

$$\begin{cases}\dot{x}_1=2x_2-3x_1(x_1^2+x_2^2)\\ \dot{x}_2=-2x_1-3x_2(x_1^2+x_2^2)\end{cases}$$

试确定系统的稳定性。

解:显然,原点($x_1=0,x_2=0$)是该系统唯一的平衡状态。选取正定标量函数 $V(\boldsymbol{x})$为

$$V(\boldsymbol{x})=x_1^2+x_2^2$$

则沿任意轨迹 $V(\boldsymbol{x})$对时间的导数

$$\dot{V}(\boldsymbol{x})=2x_1\dot{x}_1+2x_2\dot{x}_2=-6\ (x_1^2+x_2^2)^2$$

是负定的。这说明 $V(\boldsymbol{x})$沿任意轨迹是连续减小的,因此 $V(\boldsymbol{x})$是一个李雅普诺夫函数。由于当 $\|\boldsymbol{x}\|\to\infty$时 $V(\boldsymbol{x})\to\infty$,因此系统在原点处的平衡状态是大范围渐近稳定的。

【例 4.4】 已知系统的状态方程为

$$\begin{cases}\dot{x}_1=2x_2\\ \dot{x}_2=-3x_2(1-|x_1|)-2x_1\end{cases}$$

试确定系统的稳定性。

解:该系统唯一的平衡状态是原点($x_1=0,x_2=0$)。选取正定标量函数 $V(\boldsymbol{x})$为

$$V(\boldsymbol{x})=x_1^2+x_2^2$$

则沿任意轨迹 $V(\boldsymbol{x})$对时间的导数

$$\dot{V}(\boldsymbol{x})=2x_1\dot{x}_1+2x_2\dot{x}_2=-6x_2^2(1-|x_1|)$$

当$|x_1|=1$时,$\dot{V}(\boldsymbol{x})=0$,该系统零解是稳定的,但不是渐近稳定的;

当$|x_1|>1$时,$\dot{V}(\boldsymbol{x})>0$,该系统在单位圆外,是不稳定的;

当$|x_1|<1$时,$\dot{V}(\boldsymbol{x})$是负定的,在这个范围内系统的平衡状态是大范围渐近稳定的。

4.4 李雅普诺夫方法在线性系统中的应用

4.4.1 线性定常连续系统渐近稳定性的判别

设线性定常连续系统的状态方程为 $\dot{\boldsymbol{x}}=\boldsymbol{A}\boldsymbol{x},\boldsymbol{x}(\boldsymbol{0})=\boldsymbol{x}_0,t\geqslant 0$，$\boldsymbol{A}$ 为非奇异矩阵，故原点是唯一的平衡状态。取正定二次型函数 $V(\boldsymbol{x})=\boldsymbol{x}^{\mathrm{T}}\boldsymbol{P}\boldsymbol{x}$ 作为可能的李雅普诺夫函数，考虑到系统状态方程，则有

$$\dot{V}(\boldsymbol{x})=\dot{\boldsymbol{x}}^{\mathrm{T}}\boldsymbol{P}\boldsymbol{x}+\boldsymbol{x}^{\mathrm{T}}\boldsymbol{P}\dot{\boldsymbol{x}}=\boldsymbol{x}^{\mathrm{T}}(\boldsymbol{A}^{\mathrm{T}}\boldsymbol{P}+\boldsymbol{P}\boldsymbol{A})\boldsymbol{x} \tag{4.8}$$

令

$$\boldsymbol{A}^{\mathrm{T}}\boldsymbol{P}+\boldsymbol{P}\boldsymbol{A}=-\boldsymbol{Q} \tag{4.9}$$

于是有

$$\dot{V}(\boldsymbol{x})=-\boldsymbol{x}^{\mathrm{T}}\boldsymbol{Q}\boldsymbol{x} \tag{4.10}$$

根据定常系统大范围渐近稳定判别定理 4.2，只要 $\boldsymbol{Q}$ 正定（即 $\dot{V}(\boldsymbol{x})$ 负定），则系统就是大范围渐近稳定的。于是线性定常连续系统渐近稳定的充分必要条件可表示为：给定一个正定矩阵 $\boldsymbol{P}$，存在着满足式(4.9)的正定矩阵 $\boldsymbol{Q}$，而 $\boldsymbol{x}^{\mathrm{T}}\boldsymbol{P}\boldsymbol{x}$ 是该系统的一个李雅普诺夫函数，式(4.9)称为李雅普诺夫矩阵代数方程。

在实际应用中为了方便检验，往往先选取 $\boldsymbol{Q}$ 为正定实对称矩阵（常选取为单位矩阵或对角矩阵），再求解式(4.9)，若所求得的矩阵 $\boldsymbol{P}$ 为正定实对称矩阵，则可判定系统是渐近稳定的。因此亦有下述定理：

定理 4.3 线性定常连续系统 $\dot{\boldsymbol{x}}=\boldsymbol{A}\boldsymbol{x},\boldsymbol{x}(\boldsymbol{0})=\boldsymbol{x}_0,t\geqslant 0$ 的原点平衡状态 $\boldsymbol{x}_e=0$ 为渐近稳定的充分必要条件是：对于任意给定的一个正定对称矩阵 $\boldsymbol{Q}$，有唯一的正定对称矩阵 $\boldsymbol{P}$ 使式(4.9)成立。

【例 4.5】 已知线性定常连续系统的状态方程为

$$\dot{x}_1=-3x_2,\dot{x}_2=-5x_1+2x_2$$

试用李雅普诺夫方法判断系统的渐近稳定性。

解：为便于对比，先用特征值判据判断。系统的状态方程为

$$\dot{\boldsymbol{x}}=\begin{bmatrix}0 & -3\\ -5 & 2\end{bmatrix}\boldsymbol{x},\quad \text{即 } \boldsymbol{A}=\begin{bmatrix}0 & -3\\ -5 & 2\end{bmatrix}$$

$$|\lambda\boldsymbol{I}-\boldsymbol{A}|=\begin{vmatrix}\lambda & 3\\ 5 & \lambda-2\end{vmatrix}=\lambda^2-2\lambda-15=(\lambda-5)(\lambda+3)$$

特征值为 5、−3，故系统不稳定。

令

$$\boldsymbol{A}^{\mathrm{T}}\boldsymbol{P}+\boldsymbol{P}\boldsymbol{A}=-\boldsymbol{Q}=-\boldsymbol{I}$$

$$\boldsymbol{P}=\boldsymbol{P}^{\mathrm{T}}=\begin{bmatrix}P_{11} & P_{12}\\ P_{12} & P_{22}\end{bmatrix}$$

则有

$$\begin{bmatrix}0 & -5\\ -3 & 2\end{bmatrix}\begin{bmatrix}P_{11} & P_{12}\\ P_{21} & P_{22}\end{bmatrix}+\begin{bmatrix}P_{11} & P_{12}\\ P_{21} & P_{22}\end{bmatrix}\begin{bmatrix}0 & -3\\ -5 & 2\end{bmatrix}=\begin{bmatrix}-1 & 0\\ 0 & -1\end{bmatrix}$$

展开有

$$-10P_{12}=-1,-6P_{12}+4P_{22}=-1,-3P_{11}+2P_{12}-5P_{22}=0$$

解得

$$\boldsymbol{P}=\begin{bmatrix}P_{11} & P_{12}\\P_{21} & P_{22}\end{bmatrix}=\begin{bmatrix}\frac{7}{30} & \frac{1}{10}\\ \frac{1}{10} & -\frac{1}{10}\end{bmatrix}$$

由于 $P_{11}=\frac{7}{30}>0$，$\det\boldsymbol{P}=-\frac{1}{30}<0$，故 $\boldsymbol{P}$ 不定，可知系统非渐近稳定。由特征值判据知系统是不稳定的。

【例 4.6】 试用李雅普诺夫方法判断系统平衡状态的稳定性。

$$\begin{cases}\dot{x}_1=-x_1-2x_2\\ \dot{x}_2=x_1-3x_2\end{cases}$$

解:已知

$$\dot{\boldsymbol{x}}=\begin{bmatrix}-1 & -2\\1 & -3\end{bmatrix}\boldsymbol{x},\quad 即\ \boldsymbol{A}=\begin{bmatrix}-1 & -2\\1 & -3\end{bmatrix}$$

令

$$\boldsymbol{A}^{\mathrm{T}}\boldsymbol{P}+\boldsymbol{P}\boldsymbol{A}=-\boldsymbol{Q}=-\boldsymbol{I}$$

$$\boldsymbol{P}=\boldsymbol{P}^{\mathrm{T}}=\begin{bmatrix}P_{11} & P_{12}\\P_{21} & P_{22}\end{bmatrix}$$

则有

$$\begin{bmatrix}-1 & 1\\-2 & -3\end{bmatrix}\begin{bmatrix}P_{11} & P_{12}\\P_{21} & P_{22}\end{bmatrix}+\begin{bmatrix}P_{11} & P_{12}\\P_{21} & P_{22}\end{bmatrix}\begin{bmatrix}-1 & -2\\1 & -3\end{bmatrix}=\begin{bmatrix}-1 & 0\\0 & -1\end{bmatrix}$$

展开有

$$-2P_{11}+2P_{12}=-1,-4P_{12}-6P_{22}=-1,-2P_{11}-4P_{12}+P_{22}=0$$

解得

$$\boldsymbol{P}=\begin{bmatrix}P_{11} & P_{12}\\P_{21} & P_{22}\end{bmatrix}=\begin{bmatrix}\frac{3}{8} & -\frac{1}{8}\\ -\frac{1}{8} & \frac{1}{4}\end{bmatrix}$$

由于 $P_{11}=\frac{3}{8}>0$，$\det\boldsymbol{P}=\frac{5}{64}>0$，故 $\boldsymbol{P}$ 是正定的，因此系统的平衡状态是渐近稳定的。

4.4.2 线性定常离散系统渐近稳定性的判别

设线性定常离散系统的状态方程为

$$\boldsymbol{x}(k+1)=\boldsymbol{\Phi x}(k),\quad \boldsymbol{x}(0)=x_0;k=0,1,2,\cdots \tag{4.11}$$

式中，矩阵 $\boldsymbol{\Phi}$ 非奇异；原点是平衡状态。取正定二次型函数

$$V(\boldsymbol{x}(k))=\boldsymbol{x}^{\mathrm{T}}(k)\boldsymbol{P}\boldsymbol{x}(k) \tag{4.12}$$

以 $\Delta V(\boldsymbol{x}(k))$ 代替 $\dot{V}(\boldsymbol{x})$，有

$$\Delta V(\boldsymbol{x}(k))=V(\boldsymbol{x}(k+1))-V(\boldsymbol{x}(k)) \tag{4.13}$$

考虑到状态方程，有

$$\begin{aligned}\Delta V(\boldsymbol{x}(k)) &= \boldsymbol{x}^{\mathrm{T}}(k+1)\boldsymbol{P}\boldsymbol{x}(k+1)-\boldsymbol{x}^{\mathrm{T}}(k)\boldsymbol{P}\boldsymbol{x}(k)\\ &= [\boldsymbol{\Phi}\boldsymbol{x}(k)]^{\mathrm{T}}\boldsymbol{P}[\boldsymbol{\Phi}\boldsymbol{x}(k)]-\boldsymbol{x}^{\mathrm{T}}(k)\boldsymbol{P}\boldsymbol{x}(k)\\ &= \boldsymbol{x}^{\mathrm{T}}(k)(\boldsymbol{\Phi}^{\mathrm{T}}\boldsymbol{P}\boldsymbol{\Phi}-\boldsymbol{P})\boldsymbol{x}(k)\end{aligned} \tag{4.14}$$

令

$$\boldsymbol{\Phi}^{\mathrm{T}}\boldsymbol{P}\boldsymbol{\Phi}-\boldsymbol{P}=-\boldsymbol{Q} \tag{4.15}$$

于是有

$$\Delta V(\boldsymbol{x}(k))=-\boldsymbol{x}^{\mathrm{T}}(k)\boldsymbol{Q}\boldsymbol{x}(k) \tag{4.16}$$

定理 4.4 系统渐近稳定的充分必要条件是，给定任一正定对称矩阵 $\boldsymbol{Q}$，存在一个正定对称矩阵 $\boldsymbol{P}$，使式(4.15)成立。

【例 4.7】 设线性定常离散系统的状态方程为

$$\boldsymbol{x}(k+1)=\begin{bmatrix}0.5 & 0\\ 0 & 0.5\end{bmatrix}\boldsymbol{x}(k)$$

试确定系统在平衡点处是否为渐近稳定。

解：由式(4.15)(取 $\boldsymbol{Q}=\boldsymbol{I}$)得

$$\begin{bmatrix}0.5 & 0\\ 0 & 0.5\end{bmatrix}\begin{bmatrix}P_{11} & P_{12}\\ P_{21} & P_{22}\end{bmatrix}\begin{bmatrix}0.5 & 0\\ 0 & 0.5\end{bmatrix}-\begin{bmatrix}P_{11} & P_{12}\\ P_{21} & P_{22}\end{bmatrix}=\begin{bmatrix}-1 & 0\\ 0 & -1\end{bmatrix}$$

展开化简并整理后得

$$\begin{aligned}P_{11}(1-0.25)&=1\\ P_{12}(1-0.25)&=0\\ P_{22}(1-0.25)&=1\end{aligned}$$

可解出

$$\boldsymbol{P}=\begin{bmatrix}\frac{4}{3} & 0\\ 0 & \frac{4}{3}\end{bmatrix}$$

由于 $\boldsymbol{P}$ 为正定的实对称矩阵，因此系统在平衡点处是渐近稳定的。

【例 4.8】 设线性定常离散系统的状态方程为

$$\begin{cases}x_1(k+1)=ax_1(k)\\ x_2(k+1)=ax_2(k)\end{cases}$$

试确定系统在平衡状态渐近稳定的条件。

解：由题知

$$\boldsymbol{\Phi}=\begin{bmatrix}a & 0\\ 0 & a\end{bmatrix}$$

由式(4.15)得

$$\begin{bmatrix}a & 0\\ 0 & a\end{bmatrix}\begin{bmatrix}P_{11} & P_{12}\\ P_{21} & P_{22}\end{bmatrix}\begin{bmatrix}a & 0\\ 0 & a\end{bmatrix}-\begin{bmatrix}P_{11} & P_{12}\\ P_{21} & P_{22}\end{bmatrix}=\begin{bmatrix}-1 & 0\\ 0 & -1\end{bmatrix}$$

整理得

$$\begin{aligned}(a^2-1)P_{11}&=-1\\ (a^2-1)P_{12}&=0\\ (a^2-1)P_{22}&=-1\end{aligned}$$

可解出

$$P=\begin{bmatrix}\frac{1}{1-a^2} & 0\\ 0 & \frac{1}{1-a^2}\end{bmatrix}$$

为使 $\boldsymbol{P}$ 正定，则要求

$$P_{11}>0,\qquad \det\boldsymbol{P}>0$$

所以系统在平衡状态渐近稳定的条件为

$$|a|<1$$

4.5 李雅普诺夫方法在非线性系统中的应用

线性系统的稳定性具有全局性质，而非线性系统的稳定性却可能只具有局部性质。不是大范围渐近稳定的平衡状态，却可能是局部渐近稳定的，而局部不稳定的平衡状态并不能说明系统就是不稳定的。

另外，线性系统稳定判据的条件是充分必要条件，但对于非线性系统，李雅普诺夫第二法只给出判断其渐近稳定的充分条件，而没给出必要条件。

这里对雅可比(Jacobian)矩阵法做一简单介绍。雅可比矩阵法，也称克拉索夫斯基(Krasovski)法，其主要思路是寻找线性系统李雅普诺夫函数方法的一种推广。设非线性系统的状态方程为

$$\dot{\boldsymbol{x}}=\boldsymbol{f}(\boldsymbol{x}) \tag{4.17}$$

式中，$\boldsymbol{x}$ 为 n 维状态向量；$\boldsymbol{f}$ 为与 $\boldsymbol{x}$ 同维的非线性向量函数。

假设原点 $\boldsymbol{x}_e=0$ 是平衡状态，$\boldsymbol{f}(\boldsymbol{x})$ 对 $x_i(i=1,2,\cdots,n)$ 可微，系统的雅可比矩阵为

$$\boldsymbol{J}(\boldsymbol{x})=\frac{\partial \boldsymbol{f}(\boldsymbol{x})}{\partial \boldsymbol{x}}=\begin{bmatrix}\frac{\partial f_1}{\partial x_1} & \frac{\partial f_1}{\partial x_2} & \cdots & \frac{\partial f_1}{\partial x_n}\\ \frac{\partial f_2}{\partial x_1} & \frac{\partial f_2}{\partial x_2} & \cdots & \frac{\partial f_2}{\partial x_n}\\ \vdots & \vdots & \ddots & \vdots\\ \frac{\partial f_n}{\partial x_1} & \frac{\partial f_n}{\partial x_2} & \cdots & \frac{\partial f_n}{\partial x_n}\end{bmatrix} \tag{4.18}$$

则系统在原点渐近稳定的充分条件是：任给正定实对称矩阵 $\boldsymbol{P}$，使下列矩阵

$$\boldsymbol{Q}(\boldsymbol{x})=-(\boldsymbol{J}^{\mathrm{T}}(\boldsymbol{x})\boldsymbol{P}+\boldsymbol{P}\boldsymbol{J}(\boldsymbol{x})) \tag{4.19}$$

为正定的，并且

$$V(\boldsymbol{x})=\boldsymbol{x}^{\mathrm{T}}\boldsymbol{P}\dot{\boldsymbol{x}}=\boldsymbol{f}^{\mathrm{T}}(\boldsymbol{x})\boldsymbol{P}\boldsymbol{f}(\boldsymbol{x}) \tag{4.20}$$

是系统的一个李雅普诺夫函数。如果当 $\|\boldsymbol{x}\|\to\infty$ 时，还有 $V(\boldsymbol{x})\to\infty$，则系统在 $\boldsymbol{x}_e=\boldsymbol{0}$ 是大范围渐近稳定的。

【例 4.9】 设系统的状态方程

$$\begin{cases}\dot{x}_1=-5x_1+3x_2\\ \dot{x}_2=2x_1-3x_2-6x_2^3\end{cases}$$

试用雅可比矩阵法分析 $\boldsymbol{x}_e=\boldsymbol{0}$ 处的稳定性。

解:这里

$$f(x)=\begin{bmatrix}-5x_1+3x_2\\2x_1-3x_2-6x_2^3\end{bmatrix}$$

计算雅可比矩阵

$$J(x)=\frac{\partial f(x)}{\partial x}=\begin{bmatrix}-5 & 3\\2 & -3-18x_2^2\end{bmatrix}$$

取 $P=I$,得

$$-Q(x)=J^{\mathrm{T}}(x)+J(x)=\begin{bmatrix}-5 & 2\\3 & -3-18x_2^2\end{bmatrix}+\begin{bmatrix}-5 & 3\\2 & -3-18x_2^2\end{bmatrix}=\begin{bmatrix}-10 & 5\\5 & -6-36x_2^2\end{bmatrix}$$

根据雅可比矩阵法的判据,有

$$\Delta_1=10>0,\Delta_2=\begin{vmatrix}10 & -5\\-5 & 6+36x_2^2\end{vmatrix}=35+360x_2^2>0$$

表明对于 $x\neq 0$,$Q(x)$ 是正定的。

此外,当 $\|x\|\to\infty$时,有

$$\begin{aligned}V(x)&=f^{\mathrm{T}}(x)f(x)\\&=\begin{bmatrix}-5x_1+3x_2 & 2x_1-3x_2-6x_2^3\end{bmatrix}\begin{bmatrix}-5x_1+3x_2\\2x_1-3x_2-6x_2^3\end{bmatrix}\\&=(-5x_1+3x_2)^2+(2x_1-3x_2-6x_2^3)^2\to\infty\end{aligned}$$

因此,系统的平衡状态 $x_e=0$ 为大范围渐近稳定的。

使用上述方法的难点在于,对所有 $x\neq 0$,要求 $Q(x)$均为正定这个条件过于严苛,因为相当多的非线性系统未必能满足这一要求。此外,这个判据只给出渐近稳定的充分条件。因此,在实际应用中,往往需要根据系统模型特点及经验,找到合适的李雅普诺夫函数。

【例 4.10】 设非线性系统的状态方程为

$$\begin{cases}\dot{x}_1=2x_2\\\dot{x}_2=-3a(1+x_2)^2x_2-2x_1 \qquad a>0\end{cases}$$

试确定平衡状态的稳定性。

解:

$$f(x)=\begin{bmatrix}2x_2\\-3a\,(1+x_2)^2x_2-2x_1\end{bmatrix}$$

计算雅可比矩阵

$$J(x)=\frac{\partial f(x)}{\partial x}=\begin{bmatrix}0 & 2\\-2 & -3a-12ax_2-9ax_2^2\end{bmatrix}$$

取 $P=I$,得

$$\begin{aligned}-Q(x)&=J^{\mathrm{T}}(x)+J(x)=\begin{bmatrix}0 & -2\\2 & -3a-12ax_2-9ax_2^2\end{bmatrix}+\begin{bmatrix}0 & 2\\-2 & -3a-12ax_2-9ax_2^2\end{bmatrix}\\&=\begin{bmatrix}0 & 0\\0 & -6a-24ax_2-18ax_2^2\end{bmatrix}\end{aligned}$$

很明显,$Q(x)$的符号无法确定,故改用李雅普诺夫第二法,选取正定标量函数 $V(x)$为

$$V(\boldsymbol{x})=x_1^2+x_2^2>0$$

$$\dot{V}(\boldsymbol{x})=2x_1\dot{x}_1+2x_2\dot{x}_2=-6a(1+x_2)^2x_2^2$$

$\dot{V}(\boldsymbol{x})$是负定的。当$\|\boldsymbol{x}\|\to\infty$时,$V(\boldsymbol{x})\to\infty$,系统在原点处大范围渐近稳定。

4.6 MATLAB 在李雅普诺夫稳定性分析中的应用

4.6.1 李雅普诺夫第一法

MATLAB 提供了 poly()、roots()、eig()函数,通过调用它们,可以快速得出线性定常系统的特征值,从而根据相关定理判断系统的稳定性。

【例 4.11】 已知线性系统的状态方程为

$$\dot{\boldsymbol{x}}=\begin{bmatrix}-3 & -2 & -1\\ 1 & 0 & 0\\ 0 & 1 & 0\end{bmatrix}\boldsymbol{x}$$

试判断系统平衡状态的稳定性。

解:poly()函数可以用来求取矩阵特征多项式的系数,roots()函数可以用来求取特征值。

MATLAB 程序如下:

```
>>A=[-3, -2, -1; 1, 0, 0; 0, 1, 0];
>>P=poly(A);
>>R=roots(P)
```

程序的运行结果为:

```
R=
-2.3247+0.0000i
-0.3376+0.5623i
-0.3376-0.5623i
```

可以看出,特征方程的所有特征根均具有负实部,故系统是稳定的。

本题也可以使用 eig()函数。eig()函数可以直接求取矩阵的特征值,MATLAB 程序如下:

```
>>A=[-3, -2, -1; 1, 0, 0; 0, 1, 0];
>>E=eig(A)
```

程序的运行结果为:

```
E=
-2.3247+0.0000i
-0.3376+0.5623i
-0.3376-0.5623i
```

从运行结果可以看出,两个函数的运行结果相同。

4.6.2 李雅普诺夫第二法

在 MATLAB 中，可以使用 lyap()函数来对基于李雅普诺夫第二法的线性定常系统进行稳定性分析。

【例 4.12】 已知线性系统的动态方程为

$$\dot{x}=\begin{bmatrix}0 & 1 & 0\\0 & -2 & 1\\-2 & 0 & -1\end{bmatrix}\boldsymbol{x}$$

试利用李雅普诺夫函数确定系统的稳定性。

解：为了确定系统的稳定性，需要验证矩阵 $\boldsymbol{P}$ 的正定性，这可以通过对 $\boldsymbol{P}$ 的各阶主子行列式进行校验得到。

首先选择半正定矩阵 $\boldsymbol{Q}$ 为

$$\boldsymbol{Q}=\begin{bmatrix}0 & 0 & 0\\0 & 0 & 0\\0 & 0 & 1\end{bmatrix}$$

根据题意，给出 MATLAB 程序如下：

```
>>A=[0, 1, 0; 0, -2, 1; -2, 0, -1];
>>Q=[0, 0, 0; 0, 0, 0; 0, 0, 1];
>>P=lyap(A,Q);
>>det1=det(P(1,1));
>>det2=det(P(2,2));
>>det3=det(P)
```

程序的运行结果为：

```
P=
  0.1875    -0.0000    -0.1250
  -0.0000    0.1250     0.2500
  -0.1250    0.2500     0.7500
 det1=
    0.1875
 det2=
    0.1250
 det3=
     0.0039
```

由此可以得出李雅普诺夫函数为

$$V(\boldsymbol{x})=\boldsymbol{x}\boldsymbol{P}\boldsymbol{x}^{\mathrm{T}}=\boldsymbol{x}\begin{bmatrix}0.1875 & -0.0000 & -0.1250\\-0.0000 & 0.1250 & 0.2500\\-0.1250 & 0.2500 & 0.7500\end{bmatrix}\boldsymbol{x}^{\mathrm{T}}$$

因为矩阵 $\boldsymbol{Q}$ 是半正定矩阵，由

$$\dot{V}(\boldsymbol{x})=-\boldsymbol{x}\boldsymbol{Q}\boldsymbol{x}^{\mathrm{T}}=-x_3^2$$

可知，$\dot{V}(\boldsymbol{x})$ 是半负定的。

又因为矩阵 $\boldsymbol{P}$ 的各阶主子行列式(det1,det2,det3)均为正数，所以 $\boldsymbol{P}$ 为正定矩阵，故本系统在坐标原点处是大范围渐近稳定的。

4.6.3 李雅普诺夫方法在实际问题中的应用

【例 4.13】 近年来，随着无人机在军事、科学实验等多个方面的广泛应用，无人机得到了快速发展。无人机的控制作为无人机高效完成任务的基础，人们对其提出了更高要求。无人机控制对象是多输入多输出的非线性系统，在飞行过程中极不稳定，需要飞行控制器对其进行控制。已知某无人机的状态空间数学模型为

$$\boldsymbol{A}=\begin{bmatrix}-0.020051 & -29.6 & -50.2 & 0\\ 0.001616 & 0 & 1.325 & 0\\ -0.00016 & 0 & -1.325 & 0\\ -0.00063 & 0 & -9.112 & -0.8892\end{bmatrix},\quad \boldsymbol{B}=\begin{bmatrix}-0.433\\ 0.1394\\ -0.1394\\ -0.1577\end{bmatrix},\quad \boldsymbol{C}=\begin{bmatrix}0 & 0 & 0 & 1\\ 1 & 0 & 0 & 0\end{bmatrix}$$

试判断系统的稳定性。

解：MATLAB 程序如下：

```
>>A=[-0.020051, -29.6, -50.2, 0; 0.001616, 0, 1.325, 0;
  -0.00016, 0, -1.325, 0; -0.00063, 0, -9.112, -0.8892];
>>E=eig(A)
```

运行结果为：

```
E=
  -0.8892+0.0000i
  -0.0088+0.2072i
  -0.0088-0.2072i
  -1.3275+0.0000i
```

可以看出所有特征根的实部均为负，故系统是稳定的。

除此之外，也可以使用 ss2zp()函数来进行求解，MATLAB 程序如下：

```
>>A=[-0.020051, -29.6, -50.2, 0; 0.001616, 0, 1.325, 0;
  -0.00016, 0, -1.325, 0; -0.00063, 0, -9.112, -0.8892];
>>B=[-0.433, 0.1394, -0.1394, -0.1577];
>>C=[0,0,0,1;1,0,0,0];
>>D=[0;0];
>>[Z,P]=ss2zp[A,B,C,D,1]
```

运行结果为：

```
Z=
  -0.0093+0.2074i   5.3070+0.0000i
  -0.0093-0.2074i-0.0000+0.0000i
   6.7299+0.0000i-0.8892+0.0000i
P=
  -0.8892+0.0000i
  -0.0088+0.2072i
  -0.0088-0.2072i
  -1.3275+0.0000i
```

可以看出两个函数的运行结果相同。

小　　结

本章给出了稳定性的 4 个定义:李雅普诺夫意义下的稳定,渐近稳定,大范围(全局)渐近稳定,不稳定。在此基础上,给出了李雅普诺夫稳定性的判别方法。其中,李雅普诺夫第二法的优点在于:不仅对于线性系统,而且对于非线性系统,都能给出关于大范围稳定性的信息。此外,还介绍了李雅普诺夫方法在线性、非线性系统中的应用。最后讲述了 MATLAB 在李雅普诺夫稳定性分析中的应用,通过使用 MATLAB 控制系统工具箱中的函数,根据相关定理,可以快速判断或验证系统的稳定性。

人物小传——高为炳

高为炳(1925—1994),1948 年毕业于西北工学院航空系,1952 年哈尔滨工业大学研究生毕业,北京航空航天大学教授,1991 年当选中国科学院学部委员(院士)。

高为炳主要从事非线性控制系统理论、变结构控制理论、大系统控制理论、机器人控制、大型空间柔性结构控制等方面的研究与教学工作。他在非线性控制理论研究中,对鲁棒系统的绝对稳定性、用谐波平衡法研究含多个非线性元件的系统等方面取得成果;在变结构控制理论研究中,提出了趋近律、品质控制、切换模式分类等概念,建立了一套消除抖振、保证控制品质并适用于多输入及非线性情况的设计方法并被应用;在非线性大系统稳定性及镇定问题研究中,创造了动态递阶控制方案;在机器人控制领域,创造了多机器人协同工作的“主一助”控制策略,并形成了针对复杂环境、任务及对象的机器人班组智能控制;在航天方面,解决了非线性大型空间柔性结构的状态观测问题,建立了新的控制方案。

高为炳在教育战线耕耘一生,为培养中国高层次科研人才做出了突出贡献。

习　题　4

4-1　在李雅普诺夫第二法中,李雅普诺夫函数 $V(\boldsymbol{x})$的选取是唯一的吗？为什么？

4-2　判断下列二次型函数的符号性质。

(1) $V(\boldsymbol{x})=5x_1^2+2x_2^2+5x_3^2+4x_1x_2-8x_1x_3-4x_2x_3$

(2) $V(\boldsymbol{x})=-5x_1^2-4x_2^2-x_3^2+2x_1x_2+2x_1x_3$

4-3　下面的非线性微分方程式为关于两种生物个体群的沃尔特纳(Volterra)方程式

$$\begin{cases}\dfrac{\mathrm{d}x_1}{\mathrm{d}t}=ax_1+bx_1x_2\\ \dfrac{\mathrm{d}x_2}{\mathrm{d}t}=cx_1+dx_1x_2\end{cases}$$

其中，x_1、x_2 分别是生物个体数，a、b、c、d 分别是不为零的实数，求该系统的平衡点。

4-4　确定下列非线性系统在 $\boldsymbol{x}_e=\boldsymbol{0}$ 处的稳定性。

(1) $\dot{\boldsymbol{x}}=\begin{bmatrix}-2 & 1\\ 1 & -3\end{bmatrix}\boldsymbol{x}$　　　(2) $\begin{cases}\dot{x}_1=x_1+2x_2+x_1(x_1^2+x_2^2)\\ \dot{x}_2=-2x_1+3x_2+x_2(x_1^2+x_2^2)\end{cases}$

4-5　试用李雅普诺夫第一法确定使下列系统

$$\begin{cases}\dot{x}_1=(a+1)x_1\\ \dot{x}_2=-2x_2+x_1\end{cases}$$

在 $\boldsymbol{x}_e=\boldsymbol{0}$ 处为大范围渐近稳定的参数 a 的取值范围。

4-6　系统的状态方程为

$$\begin{cases}\dot{x}_1=-x_1+2x_2\\ \dot{x}_2=-3a(1+x_1)^2x_2-2x_1 \qquad a>0\end{cases}$$

试用李雅普诺夫方法求此系统平衡状态 $x_1=0,x_2=0$ 在大范围内渐近稳定。

4-7　设系统的状态方程为

$$\dot{\boldsymbol{x}}=\begin{bmatrix}0 & 1\\ -2 & -3\end{bmatrix}\boldsymbol{x}$$

试求该系统的李雅普诺夫函数。

4-8　试用李雅普诺夫方法判定系统的平衡状态的稳定性。

$$\begin{cases}\dot{x}_1=x_1+2x_2\\ \dot{x}_2=3x_2-4x_1\end{cases}$$

4-9　设离散系统的状态方程为

$$\dot{\boldsymbol{x}}(k+1)=\begin{bmatrix}-2 & 0 & 0\\ 0 & 0.5 & 0\\ 0 & 0 & -1\end{bmatrix}\boldsymbol{x}(k)$$

试确定系统在平衡点处是否为渐近稳定。

4-10　设离散系统的状态方程

$$\dot{\boldsymbol{x}}(k+1)=\begin{bmatrix}0 & 2 & 0\\ 0 & 0 & 1\\ 0 & k & 0\end{bmatrix}\boldsymbol{x}(k) \qquad k>0$$

求平衡点 $\boldsymbol{x}_e=\boldsymbol{0}$ 渐近稳定时 k 的取值范围。

4-11　试用雅可比矩阵法分析系统

$$\begin{cases}\dot{x}_1=2x_1+3x_2\\ \dot{x}_2=2x_1-5x_2-x_2^3\end{cases}$$

在 $\boldsymbol{x}_e=\boldsymbol{0}$ 处是否为大范围渐近稳定的。

4-12　设系统的状态方程

$$\dot{\boldsymbol{x}}=\begin{bmatrix}-4k & 4k \\ 2k & -6k\end{bmatrix}\boldsymbol{x}$$

其中，$k\neq0$，试用雅可比矩阵法确定使系统成为渐近稳定系统的 k 的取值范围。

4-13　设系统的状态方程为

$$\dot{\boldsymbol{Y}}=\begin{bmatrix}3 & 2 \\ 5 & 6\end{bmatrix}\boldsymbol{x} \qquad \dot{\boldsymbol{P}}=\begin{bmatrix}-5 & 1 \\ -4 & -7\end{bmatrix}\boldsymbol{x}$$

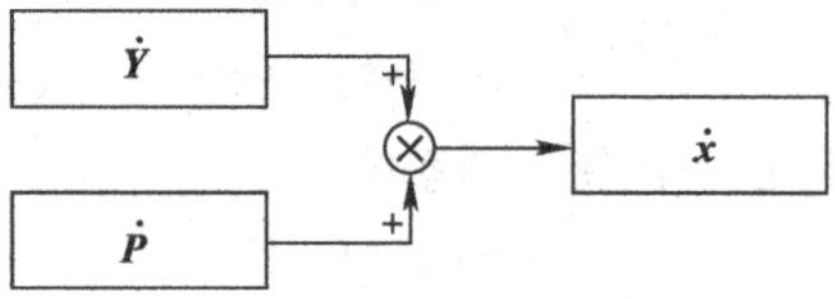

试用雅可比矩阵法分析系统在 $\boldsymbol{x}_e=\boldsymbol{0}$ 处是否为大范围渐近稳定的。

4-14　已知系统的状态方程为

$$\dot{\boldsymbol{x}}=\begin{bmatrix}-9 & 1 & -5 \\ 1 & -5 & 1 \\ -2 & 0 & -4\end{bmatrix}\boldsymbol{x}$$

试利用 MATLAB 并根据李雅普诺夫第一法判断系统的稳定性。

4-15　已知系统的状态方程为

$$\dot{\boldsymbol{x}}=\begin{bmatrix}13 & 5 & 4 & -2 \\ 0 & -2 & 1 & 0 \\ 1 & 5 & 10 & 9 \\ -1 & 0 & 0 & 1\end{bmatrix}\boldsymbol{x}$$

试利用 MATLAB 并根据李雅普诺夫第二法判断系统的稳定性。

第5章 状态反馈与状态观测器

5.1 引　　言

与经典控制理论相同，现代控制理论中控制系统的基本结构仍是由被控对象和反馈控制器组成的闭环系统。二者不同的是，在经典控制理论中常常采用输出反馈，而现代控制理论中则往往采用状态反馈。采用状态反馈可获取更丰富的状态信息，有助于改善系统的控制性能。然而，在实际系统中，系统的状态变量往往不是能够直接测量的，甚至无法检测，因此需要设计相应的状态观测器。

5.2 状态反馈与输出反馈

5.2.1 状态反馈

所谓状态反馈，是指系统的状态变量通过比例环节或反馈系数传送到输入端的反馈方式。以多输入多输出系统为例，其状态空间表达式为

$$\begin{cases}\dot{\boldsymbol{x}}=\boldsymbol{A}\boldsymbol{x}+\boldsymbol{B}\boldsymbol{u}\\ \boldsymbol{y}=\boldsymbol{C}\boldsymbol{x}+\boldsymbol{D}\boldsymbol{u}\end{cases} \tag{5.1}$$

其中，$\boldsymbol{x}$ 为 n 维状态变量，$\boldsymbol{u}$ 为 r 维输入向量，$\boldsymbol{y}$ 为 m 维输出向量，$\boldsymbol{A}$ 为 $n\times n$ 维常数矩阵，$\boldsymbol{B}$ 为 $n\times r$ 维常数矩阵，$\boldsymbol{C}$ 为 $m\times n$ 维输出矩阵，$\boldsymbol{D}$ 为 $m\times r$ 维直接传递矩阵。则其状态反馈结构示意图如图 5.1 所示。

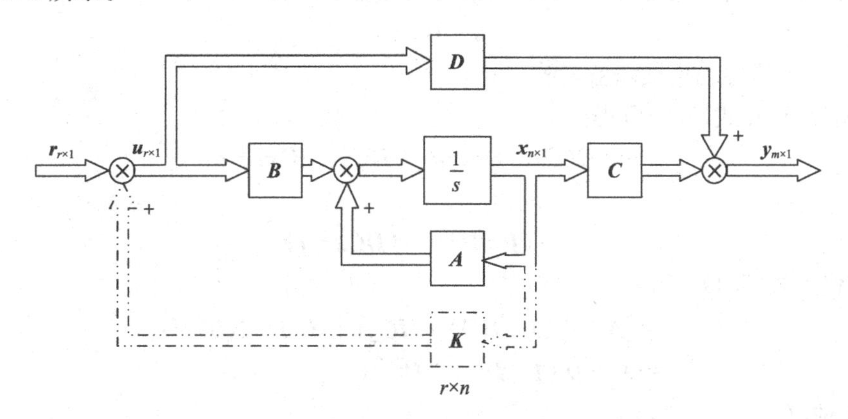

图 5.1　多输入多输出系统的状态反馈结构示意图

由图 5.1 可知，状态线性反馈控制律 $\boldsymbol{u}$ 的表达式为

$$\boldsymbol{u}=\boldsymbol{K}\boldsymbol{x}+\boldsymbol{r} \tag{5.2}$$

式中，$\boldsymbol{r}$ 表示参考输入信号，其维数为 $r\times1$；$\boldsymbol{K}$ 称为状态反馈增益矩阵，其维数为 $r\times n$。联立式(5.1)和式(5.2)，整理可得

$$\begin{cases}\dot{\boldsymbol{x}}=(\boldsymbol{A}+\boldsymbol{BK})\boldsymbol{x}+\boldsymbol{Br}\\ \boldsymbol{y}=(\boldsymbol{C}+\boldsymbol{DK})\boldsymbol{x}+\boldsymbol{Dr}\end{cases}\tag{5.3}$$

当 $\boldsymbol{D}=\boldsymbol{0}$ 时，该状态反馈闭环系统可表示为

$$\begin{cases}\dot{\boldsymbol{x}}=(\boldsymbol{A}+\boldsymbol{BK})\boldsymbol{x}+\boldsymbol{Br}\\ \boldsymbol{y}=\boldsymbol{Cx}\end{cases}\tag{5.4}$$

易求得其相应的闭环传递函数阵为

$$\boldsymbol{G}_{\mathrm{K}}(s)=\boldsymbol{C}[s\boldsymbol{I}-(\boldsymbol{A}+\boldsymbol{BK})]^{-1}\boldsymbol{B}\tag{5.5}$$

通过比较式(5.1)和式(5.3)可知，状态反馈的引入不会改变系统的维数，适当调节状态反馈增益矩阵 $\boldsymbol{K}$，可以改变闭环系统的特征值，从而达到改善控制系统性能的目的。

5.2.2 输出反馈

输出反馈是指通过采用输出向量 $\boldsymbol{y}$ 的反馈形成线性反馈控制律。图 5.2 给出了多输入多输出系统输出反馈的结构示意图。

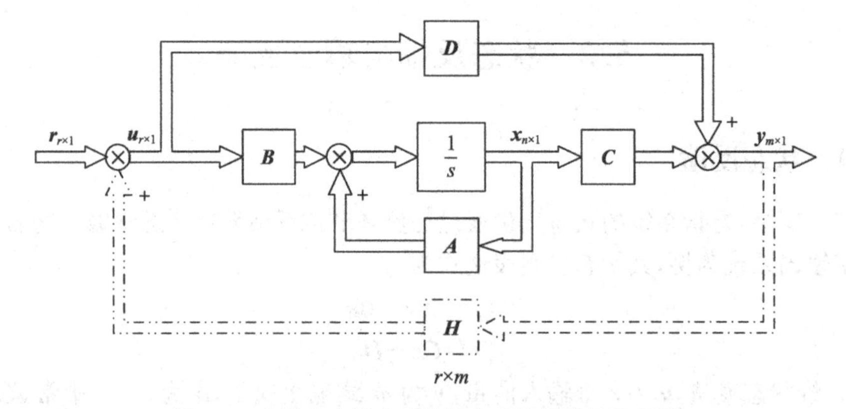

图 5.2 多输入多输出系统输出反馈的结构示意图

对于式(5.1)所示的被控系统，其输出线性反馈控制律为

$$\boldsymbol{u}=\boldsymbol{Hy}+\boldsymbol{r}\tag{5.6}$$

式中，$\boldsymbol{H}$ 为 $r\times m$ 维输出反馈增益矩阵。

联立式(5.1)和式(5.6)可得

$$\boldsymbol{u}=\boldsymbol{H}(\boldsymbol{Cx}+\boldsymbol{Du})+\boldsymbol{r}=\boldsymbol{HCx}+\boldsymbol{HDu}+\boldsymbol{r}\tag{5.7}$$

则整理得

$$\boldsymbol{u}=(\boldsymbol{I}-\boldsymbol{HD})^{-1}(\boldsymbol{HCx}+\boldsymbol{r})\tag{5.8}$$

将式(5.8)代入式(5.1)，易得

$$\begin{cases}\dot{\boldsymbol{x}}=[\boldsymbol{A}+\boldsymbol{B}(\boldsymbol{I}-\boldsymbol{HD})^{-1}\boldsymbol{HC}]\boldsymbol{x}+\boldsymbol{B}(\boldsymbol{I}-\boldsymbol{HD})^{-1}\boldsymbol{r}\\ \boldsymbol{y}=[\boldsymbol{C}+\boldsymbol{D}(\boldsymbol{I}-\boldsymbol{HD})^{-1}\boldsymbol{HC}]\boldsymbol{x}\end{cases}\tag{5.9}$$

且当 $\boldsymbol{D}=\boldsymbol{0}$ 时，有

$$\begin{cases}\dot{\boldsymbol{x}}=(\boldsymbol{A}+\boldsymbol{BHC})\boldsymbol{x}+\boldsymbol{Br}\\ \boldsymbol{y}=\boldsymbol{Cx}\end{cases}\tag{5.10}$$

由式(5.9)或式(5.10)可知，通过引入输出反馈，并选择输出反馈增益矩阵 $\boldsymbol{H}$，也可以改变闭环系统的特征值，进而改变系统性能。

对式(5.10),可得输出反馈系统的闭环传递函数阵为

$$\boldsymbol{G}_{\mathrm{H}}(s)=\boldsymbol{C}[s\boldsymbol{I}-(\boldsymbol{A}+\boldsymbol{BHC})]^{-1}\boldsymbol{B} \tag{5.11}$$

若定义被控系统的传递函数阵为

$$\boldsymbol{G}(s)=\boldsymbol{C}(s\boldsymbol{I}-\boldsymbol{A})^{-1}\boldsymbol{B} \tag{5.12}$$

则由式(5.11)和式(5.12)可知,$\boldsymbol{G}_{\mathrm{H}}(s)$和$\boldsymbol{G}(s)$之间具有如下关系:

$$\boldsymbol{G}_{\mathrm{H}}(s)=\boldsymbol{G}(s)[\boldsymbol{I}-\boldsymbol{HG}(s)]^{-1}=[\boldsymbol{I}-\boldsymbol{G}(s)\boldsymbol{H}]^{-1}\boldsymbol{G}(s) \tag{5.13}$$

注意:以上介绍的状态反馈引入了全部状态进行反馈控制,故称为全状态反馈。将状态反馈和输出反馈的表达式相比较可知,输出反馈中的$\boldsymbol{HC}$与状态反馈中的$\boldsymbol{K}$具有等价的效果,但受$m<n$约束,$\boldsymbol{H}$的可选择自由度远小于$\boldsymbol{K}$,因此输出反馈在一定意义上属于一种部分状态反馈。当且仅当$\boldsymbol{C}$为单位矩阵即$\boldsymbol{C}=\boldsymbol{I}$时,输出反馈等效于全状态反馈。

5.3 反馈控制对能控性与能观性的影响

在引入各种反馈形成闭环控制后,系统的能控性和能观性是需要关注的重点问题,其直接影响到状态控制和状态观测的实现问题。

定理 5.1 状态反馈不改变原被控系统的能控性,但不保证系统的能观性不发生改变。

证明:首先证明能控性不发生改变。通过判别引入状态反馈前后系统的能控性判别矩阵具有相同的秩即可,具体如下:

设原被控系统的能控性判别矩阵为

$$\boldsymbol{M}=[\boldsymbol{B}\quad \boldsymbol{AB}\quad \boldsymbol{A}^2\boldsymbol{B}\quad \cdots\quad \boldsymbol{A}^{n-1}\boldsymbol{B}] \tag{5.14}$$

引入状态反馈后系统的能控性判别矩阵为

$$\boldsymbol{M}_{\mathrm{K}}=[\boldsymbol{B}\quad (\boldsymbol{A}+\boldsymbol{BK})\boldsymbol{B}\quad (\boldsymbol{A}+\boldsymbol{BK})^2\boldsymbol{B}\quad \cdots\quad (\boldsymbol{A}+\boldsymbol{BK})^{n-1}\boldsymbol{B}] \tag{5.15}$$

比较引入状态反馈前后的能控性判别矩阵$\boldsymbol{M}$和$\boldsymbol{M}_{\mathrm{K}}$,即式(5.14)和式(5.15)可知,$(\boldsymbol{A}+\boldsymbol{BK})\boldsymbol{B}=\boldsymbol{AB}+\boldsymbol{B}(\boldsymbol{KB})$,由于$\boldsymbol{KB}$为一常数矩阵,因此由矩阵知识可知,$(\boldsymbol{A}+\boldsymbol{BK})\boldsymbol{B}$的列向量可以表示为$[\boldsymbol{B}\quad \boldsymbol{AB}]$的线性组合。同理易得,$(\boldsymbol{A}+\boldsymbol{BK})^2\boldsymbol{B}$亦可表示为$[\boldsymbol{B}\quad \boldsymbol{AB}\quad \boldsymbol{A}^2\boldsymbol{B}]$的线性组合。依次类推,则可得出结论,引入状态反馈后系统的能控性判别矩阵$\boldsymbol{M}_{\mathrm{K}}$能够通过$\boldsymbol{M}$的初等变换得到,而由矩阵知识可知,矩阵经初等变换,其秩不发生改变。

对一被控系统$\sum_0(\boldsymbol{A},\boldsymbol{B},\boldsymbol{C},\boldsymbol{D})$,其传递函数为

$$G(s)=\boldsymbol{C}(s\boldsymbol{I}-\boldsymbol{A})^{-1}\boldsymbol{B}+\boldsymbol{D} \tag{5.16}$$

由能控标准型可得

$$\begin{aligned}G(s)&=\frac{b_{n-1}s^{n-1}+b_{n-2}s^{n-2}+\cdots+b_1s+b_0}{s^n+a_{n-1}s^{n-1}+\cdots+a_1s+a_0}\\&=\frac{ds^n+(b_{n-1}+da_{n-1})s^{n-1}+\cdots+(b_1+da_1)s+(b_0+da_0)}{s^n+a_{n-1}s^{n-1}+\cdots+a_1s+a_0}\end{aligned} \tag{5.17}$$

而引入状态反馈后系统的传递函数为

$$\begin{aligned}G_{\mathrm{K}}(s)&=\boldsymbol{C}[s\boldsymbol{I}-(\boldsymbol{A}+\boldsymbol{BK})]^{-1}\boldsymbol{B}+\boldsymbol{D}\\&=\frac{[(b_{n-1}+da_{n-1})-d(a_{n-1}-k_{n-1})]s^{n-1}+\cdots+[(b_0+da_0)-d(a_0-k_0)]}{s^n+(a_{n-1}-k_{n-1})s^{n-1}+\cdots+(a_1-k_1)s+(a_0-k_0)}+d\\&=\frac{ds^n+(b_{n-1}+da_{n-1})s^{n-1}+\cdots+(b_1+da_1)s+(b_0+da_0)}{s^n+(a_{n-1}-k_{n-1})s^{n-1}+\cdots+(a_1-k_1)s+(a_0-k_0)}\end{aligned} \tag{5.18}$$

对比式(5.17)和式(5.18)可知,传递函数$G(s)$和$G_{\mathrm{K}}(s)$的分子多项式相同,即对于被控系

统$\Sigma_0(\boldsymbol{A},\boldsymbol{B},\boldsymbol{C},\boldsymbol{D})$，引入状态反馈前后的传递函数的分子多项式不发生改变，表明系统的零点不发生改变。但引入状态反馈后，分母多项式中含有系数$\boldsymbol{K}$，可能会使传递函数发生零极点相消现象，破坏原被控系统的能观性。

【例 5.1】 对于以下给定被控系统

$$\begin{cases}\dot{\boldsymbol{x}}=\begin{bmatrix}0 & 1\\1 & 0\end{bmatrix}\boldsymbol{x}+\begin{bmatrix}0\\1\end{bmatrix}u\\ y=\begin{bmatrix}0 & 1\end{bmatrix}\boldsymbol{x}\end{cases}$$

试分析引入状态反馈$\boldsymbol{K}=[-1\quad 0]$前后系统的能控性和能观性。

解：(1)首先判断原系统的能控性和能观性。易知

$$\boldsymbol{A}=\begin{bmatrix}0 & 1\\1 & 0\end{bmatrix},\quad \boldsymbol{B}=\begin{bmatrix}0\\1\end{bmatrix},\quad \boldsymbol{C}=[0\quad 1]$$

则可得

$$\mathrm{rank}(\boldsymbol{M})=\mathrm{rank}[\boldsymbol{B}\quad \boldsymbol{AB}]=\mathrm{rank}\begin{bmatrix}0 & 1\\1 & 0\end{bmatrix}=2,\text{原系统能控}$$

$$\mathrm{rank}(\boldsymbol{N})=\mathrm{rank}\begin{bmatrix}\boldsymbol{C}\\\boldsymbol{CA}\end{bmatrix}=\mathrm{rank}\begin{bmatrix}0 & 1\\1 & 0\end{bmatrix}=2,\text{原系统能观}$$

(2) 引入状态反馈$\boldsymbol{K}=[-1\quad 0]$后，可得

$$\mathrm{rank}(\boldsymbol{M}_{\mathrm{K}})=\mathrm{rank}[\boldsymbol{B}\quad (\boldsymbol{A}+\boldsymbol{bK})\boldsymbol{B}]=\mathrm{rank}\begin{bmatrix}0 & 1\\1 & 0\end{bmatrix}=2$$

则系统能控；又

$$\mathrm{rank}\begin{bmatrix}\boldsymbol{C}\\\boldsymbol{C}(\boldsymbol{A}+\boldsymbol{BK})\end{bmatrix}=\mathrm{rank}\begin{bmatrix}0 & 1\\0 & 0\end{bmatrix}=1$$

所以引入状态反馈$\boldsymbol{K}=[-1\quad 0]$后系统不能观。引入该状态反馈后，出现了零极点相消的情况，具体如下

$$\boldsymbol{C}[s\boldsymbol{I}-(\boldsymbol{A}+\boldsymbol{BK})]^{-1}=[0\quad 1]\begin{bmatrix}s & -1\\0 & s\end{bmatrix}^{-1}\begin{bmatrix}0\\1\end{bmatrix}=\frac{s}{s^2}=\frac{1}{s}$$

定理 5.2 输出反馈不改变原被控系统的能控性，也不改变原被控系统的能观性。

证明：首先证明能控性不发生改变。对于输出反馈系统，其

$$\dot{\boldsymbol{x}}=(\boldsymbol{A}+\boldsymbol{BHC})\boldsymbol{x}+\boldsymbol{B}\boldsymbol{u}\tag{5.19}$$

矩阵$\boldsymbol{HC}$可近似看作等效的状态反馈矩阵$\boldsymbol{K}$，则被控系统的能控性不发生改变。而对于能观性不变问题，可由引入输出反馈前后被控系统的能观性判别矩阵进行比较，具体分析如下。

原被控系统的能观性判别矩阵为

$$\boldsymbol{N}=[\boldsymbol{C}\quad \boldsymbol{CA}\quad \boldsymbol{CA}^2\quad \cdots\quad \boldsymbol{CA}^{n-1}]^{\mathrm{T}}\tag{5.20}$$

引入输出反馈后系统的能观性判别矩阵为

$$\boldsymbol{N}_{\mathrm{h}}=[\boldsymbol{C}\quad \boldsymbol{C}(\boldsymbol{A}+\boldsymbol{BHC})\quad \boldsymbol{C}(\boldsymbol{A}+\boldsymbol{BHC})^2\quad \cdots\quad \boldsymbol{C}(\boldsymbol{A}+\boldsymbol{BHC})^{n-1}]^{\mathrm{T}}\tag{5.21}$$

同定理 5.1 的证明过程，易得$\boldsymbol{N}_{\mathrm{h}}$为$\boldsymbol{N}$经初等变换的结果，矩阵的秩不发生改变，系统的能观性不发生改变。

5.4 闭环系统极点配置

控制系统极点的位置或分布对控制系统的性能起着决定性的关键作用。按照期望的性能

指标，可通过选择合适的反馈增益矩阵，将闭环控制系统的极点配置在根平面上所期望的位置，这种思路或方法称为极点配置。换言之，本节主要讨论单输入单输出系统如何在指定的闭环极点分布情况下，选择设计合适的反馈增益矩阵。

5.4.1 采用状态反馈配置闭环系统极点

定理 5.3 给定一被控系统$\sum_0(\boldsymbol{A},\boldsymbol{B},\boldsymbol{C})$，能采用状态反馈对其进行极点配置的充分必要条件是被控系统$\sum_0(\boldsymbol{A},\boldsymbol{B},\boldsymbol{C})$完全能控。

证明：只证明充分性。如果被控系统$\sum_0(\boldsymbol{A},\boldsymbol{B},\boldsymbol{C})$完全能控，令 $f^*(\lambda)$为期望的特征多项式，引入状态反馈后，可知

$$\det[\lambda \boldsymbol{I}-(\boldsymbol{A}+\boldsymbol{BK})]=f^*(\lambda) \tag{5.22}$$

又

$$f^*(\lambda)=\prod_{i=1}^{n}(\lambda-\lambda^*)=\lambda^n+a_{n-1}^*\lambda^{n-1}+\cdots+a_i^*\lambda^i+\cdots+a_1^*\lambda+a_0^* \tag{5.23}$$

其中，$\lambda_i^*(i=1,2,\cdots,n)$表示期望的闭环极点。若被控系统$\sum_0(\boldsymbol{A},\boldsymbol{B},\boldsymbol{C})$完全能控，则存在线性非奇异变换

$$\boldsymbol{x}=\boldsymbol{T}\bar{\boldsymbol{x}} \tag{5.24}$$

可将被控系统$\sum_0(\boldsymbol{A},\boldsymbol{B},\boldsymbol{C})$转换为能控标准型

$$\begin{cases}\dot{\bar{\boldsymbol{x}}}=\bar{\boldsymbol{A}}\bar{\boldsymbol{x}}+\bar{\boldsymbol{B}}u\\ y=\bar{\boldsymbol{C}}\bar{\boldsymbol{x}}\end{cases} \tag{5.25}$$

且

$$\bar{\boldsymbol{A}}=\boldsymbol{T}^{-1}\boldsymbol{AT}=\begin{bmatrix}0&1&0&\cdots&0\\0&0&1&\cdots&0\\ \vdots&\vdots&\vdots&\ddots&\vdots\\0&0&0&\cdots&1\\-a_0&-a_1&-a_2&\cdots&-a_{n-1}\end{bmatrix}$$

$$\bar{\boldsymbol{B}}=\boldsymbol{T}^{-1}\boldsymbol{B}=\begin{bmatrix}0\\ \vdots\\0\\1\end{bmatrix}$$

$$\bar{\boldsymbol{C}}=\boldsymbol{CT}=[b_0\quad b_1\quad \cdots\quad b_{n-1}]$$

被控系统$\sum_0(\boldsymbol{A},\boldsymbol{B},\boldsymbol{C})$的传递函数为

$$G_0(s)=\bar{\boldsymbol{C}}(s\boldsymbol{I}-\bar{\boldsymbol{A}})^{-1}\bar{\boldsymbol{B}}=\frac{b_{n-1}s^{n-1}+b_{n-2}s^{n-2}+\cdots+b_1s+b_0}{s^n+a_{n-1}s^{n-1}+\cdots+a_1s+a_0} \tag{5.26}$$

当引入状态反馈后，设状态反馈增益矩阵为

$$\bar{\boldsymbol{K}}=[\bar{k}_0\quad \bar{k}_1\quad \cdots\quad \bar{k}_{n+1}] \tag{5.27}$$

则可求取对 $\bar{\boldsymbol{x}}$ 的闭环状态空间表达式，得

$$\begin{cases}\dot{\bar{\boldsymbol{x}}}=(\bar{\boldsymbol{A}}+\bar{\boldsymbol{B}}\bar{\boldsymbol{K}})\boldsymbol{x}+\bar{\boldsymbol{B}}u\\ y=\bar{\boldsymbol{C}}\bar{\boldsymbol{x}}\end{cases} \tag{5.28}$$

式中，$\bar{A}+\bar{B}\bar{K}$ 的形式为

$$\bar{A}+\bar{B}\bar{K}=\begin{bmatrix} 0 & 1 & 0 & \cdots & 0 \\ 0 & 0 & 1 & \cdots & 0 \\ \vdots & \vdots & \vdots & \ddots & \vdots \\ 0 & 0 & 0 & \cdots & 1 \\ -(a_0-\bar{k}_0) & -(a_1-\bar{k}_1) & -(a_2-\bar{k}_2) & \cdots & -(a_{n-1}-\bar{k}_{n-1}) \end{bmatrix}$$

则可得相应的闭环特征多项式为

$$f(\lambda)=\det[\lambda I-(\bar{A}+\bar{B}\bar{K})]=\lambda^n+(a_{n+1}-\bar{k}_{n-1})\lambda^{n-1}+\cdots+(a_1-\bar{k}_1)\lambda+(a_0-\bar{k}_0) \tag{5.29}$$

相应的闭环传递函数为

$$G_K(s)=\bar{C}\,[sI-(\bar{A}+\bar{B}\bar{K})]^{-1}\bar{B}$$
$$=\frac{b_{n-1}s^{n-1}+\cdots+b_1s+b_0}{s^n+(a_{n-1}-\bar{k}_{n-1})s^{n-1}+\cdots+(a_1-\bar{k}_1)s+(a_0-\bar{k}_0)} \tag{5.30}$$

为使系统闭环极点与所期望极点相统一，则须满足

$$f(\lambda)=f^*(\lambda) \tag{5.31}$$

即由式(5.23)和式(5.29)两端 λ 同次幂系数相等，可得

$$\bar{k}_i=a_i-a_i^*\ (i=0,1,\cdots,n-1) \tag{5.32}$$

于是状态反馈增益矩阵为

$$\bar{K}=[a_0-a_0^* \quad a_1-a_1^* \quad \cdots \quad a_{n-1}-a_{n-1}^*] \tag{5.33}$$

再通过如下变换

$$K=\bar{K}T^{-1} \tag{5.34}$$

可得到状态 x 所对应的 K。

【例 5.2】 已知系统状态方程为

$$\dot{x}=\begin{bmatrix} 1 & -1 & 1 \\ 0 & 1 & 1 \\ 1 & 0 & 1 \end{bmatrix}x+\begin{bmatrix} 0 \\ 0 \\ 1 \end{bmatrix}u$$

请设计状态反馈控制，将闭环系统的极点配置在－1，－2，－3。

解：由题可知

$$A=\begin{bmatrix} 1 & -1 & 1 \\ 0 & 1 & 1 \\ 1 & 0 & 1 \end{bmatrix},\quad B=\begin{bmatrix} 0 \\ 0 \\ 1 \end{bmatrix}$$

$$M=[B \quad AB \quad A^2B]=\begin{bmatrix} 0 & 1 & 1 \\ 0 & 1 & 2 \\ 1 & 1 & 2 \end{bmatrix}$$

从而 $\mathrm{rank}M=3$，系统能控。令状态反馈增益矩阵为 $K=[k_0 \quad k_1 \quad k_2]$，则闭环特征多项式为

$$f(\lambda)=\det[\lambda I-(A+BK)]=\lambda^3-(3+k_2)\lambda^2+(2+2k_2-k_0-k_1)\lambda+2k_0+k_1-k_2+1$$

由题给定的闭环极点－1，－2，－3 可知，期望的特征多项式为

$$f(\lambda)=(\lambda+1)(\lambda+2)(\lambda+3)=\lambda^3+6\lambda^2+11\lambda+6$$

则由 $f(\lambda)$ 和 $f^*(\lambda)$ 系数对应相等，可得

$$k_0=23, k_1=-50, k_2=-9$$

即状态反馈增益矩阵为 $\boldsymbol{K}=[k_0 \quad k_1 \quad k_2]=[23 \quad -50 \quad -9]$。

5.4.2 采用线性非动态输出反馈至参考输入配置闭环系统极点

定理 5.4 给定一完全能控的单输入单输出系统 $\Sigma_0(\boldsymbol{A},\boldsymbol{B},\boldsymbol{C})$，不能采用线性非动态输出反馈实现其闭环极点的任意配置。

证明： 对于单输入单输出的输出反馈系统 $\Sigma_h((\boldsymbol{A}+\boldsymbol{B}h\boldsymbol{C}),\boldsymbol{B},\boldsymbol{C})$，可得其闭环传递函数为

$$G_h(s)=\boldsymbol{C}[s\boldsymbol{I}-(\boldsymbol{A}+\boldsymbol{B}h\boldsymbol{C})]^{-1}\boldsymbol{B}=\frac{G(s)}{1+hG(s)} \tag{5.35}$$

其中，$G(s)=\boldsymbol{C}[s\boldsymbol{I}-\boldsymbol{A}]^{-1}\boldsymbol{B}$ 为被控系统的传递函数。

对于式(5.35)所示系统，根据其闭环特征方程可知其闭环根轨迹方程为

$$1+hG(s)=0 \tag{5.36}$$

即当 h 作为参变量从 $0\rightarrow\infty$ 变化时，可得闭环系统的一组根轨迹。显然，不管如何选择 h，都不能使得根轨迹落在那些不属于根轨迹的期望极点的位置上，即不能实现任意的极点配置。证毕。

由上述分析证明可知，不能任意配置极点是线性输出反馈的缺点。在现代控制理论中，通过引入带动态补偿器的输出反馈，可以克服这个缺点。

定理 5.5 给定一完全能控的单输入单输出系统 $\Sigma_0(\boldsymbol{A},\boldsymbol{B},\boldsymbol{C})$，通过采用带动态补偿器的动态输出反馈能实现其闭环极点的任意配置的重要条件是：① $\Sigma_0(\boldsymbol{A},\boldsymbol{B},\boldsymbol{C})$ 完全能观；②动态补偿器的阶数是 $n-1$。

证明： 略。

5.4.3 镇定问题

系统稳定是自动控制系统正常运行的基础和前提。对于给定的被控系统 $\Sigma_0(\boldsymbol{A},\boldsymbol{B},\boldsymbol{C})$，通过反馈使得其闭环极点均具有负实部，保证系统渐近稳定，称为系统镇定问题。换言之，若对一个控制系统 $\Sigma_0(\boldsymbol{A},\boldsymbol{B},\boldsymbol{C})$，能够通过状态反馈使其达到渐近稳定，则称该系统是状态反馈能镇定的。联系上一节极点配置的内容可知，由于系统镇定问题是通过反馈使其闭环极点均具有负实部的，即把系统闭环极点配置在根平面的左半平面，并不要求严格地配置在具体的期望极点位置，因而系统镇定问题是极点配置问题的一类特殊情况。

定理 5.6 给定一被控系统 $\Sigma_0(\boldsymbol{A},\boldsymbol{B},\boldsymbol{C})$，采用状态反馈能镇定的充分必要条件是其不能控子系统为渐近稳定。

证明：(1) 对于系统 $\Sigma_0(\boldsymbol{A},\boldsymbol{B},\boldsymbol{C})$，设其不完全能控，则可利用线性变换将其按能控性分解，具体如下

$$\widetilde{\boldsymbol{A}}=\boldsymbol{P}^{-1}\boldsymbol{A}\boldsymbol{P}=\begin{bmatrix}\widetilde{\boldsymbol{A}}_{11} & \widetilde{\boldsymbol{A}}_{12}\\ \boldsymbol{0} & \widetilde{\boldsymbol{A}}_{22}\end{bmatrix},\widetilde{\boldsymbol{B}}=\boldsymbol{P}^{-1}\boldsymbol{B}=\begin{bmatrix}\widetilde{\boldsymbol{B}}_1\\ \boldsymbol{0}\end{bmatrix},\widetilde{\boldsymbol{C}}=\boldsymbol{C}\boldsymbol{P}=[\widetilde{\boldsymbol{C}}_1 \quad \widetilde{\boldsymbol{C}}_2] \tag{5.37}$$

其中，$(\widetilde{\boldsymbol{A}}_{11},\widetilde{\boldsymbol{B}}_1,\widetilde{\boldsymbol{C}}_1)$ 为能控子系统，而 $(\widetilde{\boldsymbol{A}}_{22},\boldsymbol{0},\widetilde{\boldsymbol{C}}_2)$ 为不能控子系统。

(2) 由于线性变换不会使系统的特征值发生改变，因此

$$\det[s\boldsymbol{I}-\boldsymbol{A}]=\det[s\boldsymbol{I}-\widetilde{\boldsymbol{A}}]=\det\begin{bmatrix} s\boldsymbol{I}_1-\widetilde{\boldsymbol{A}}_{11} & -\widetilde{\boldsymbol{A}}_{12} \\ \boldsymbol{0} & s\boldsymbol{I}_2-\boldsymbol{A}_{22} \end{bmatrix}$$

$$=\det[s\boldsymbol{I}_1-\widetilde{\boldsymbol{A}}_{11}]\cdot\det[s\boldsymbol{I}_2-\widetilde{\boldsymbol{A}}_{22}] \tag{5.38}$$

(3) 考虑$\sum_0(\boldsymbol{A},\boldsymbol{B},\boldsymbol{C})$和$\sum_{\tilde{0}}(\widetilde{\boldsymbol{A}},\widetilde{\boldsymbol{B}},\widetilde{\boldsymbol{C}})$在能控性和稳定性上等价，则可对$\sum_{\tilde{0}}(\widetilde{\boldsymbol{A}},\widetilde{\boldsymbol{B}},\widetilde{\boldsymbol{C}})$引入状态反馈增益矩阵$\widetilde{\boldsymbol{K}}$，如下所示

$$\widetilde{\boldsymbol{K}}=[\widetilde{\boldsymbol{K}}_1 \quad \widetilde{\boldsymbol{K}}_2] \tag{5.39}$$

则可得闭环系统的状态矩阵为

$$\widetilde{\boldsymbol{A}}+\widetilde{\boldsymbol{B}}\widetilde{\boldsymbol{K}}=\begin{bmatrix} \widetilde{\boldsymbol{A}}_{11} & \widetilde{\boldsymbol{A}}_{12} \\ \boldsymbol{0} & \widetilde{\boldsymbol{A}}_{22} \end{bmatrix}+\begin{bmatrix} \widetilde{\boldsymbol{B}}_1 \\ \boldsymbol{0} \end{bmatrix}[\widetilde{\boldsymbol{K}}_1 \quad \widetilde{\boldsymbol{K}}_2] \tag{5.40}$$

以及系统闭环特征多项式

$$\det[s\boldsymbol{I}-(\widetilde{\boldsymbol{A}}+\widetilde{\boldsymbol{B}}\widetilde{\boldsymbol{K}})]=\det[s\boldsymbol{I}_1-(\widetilde{\boldsymbol{A}}_{11}+\widetilde{\boldsymbol{B}}_1\widetilde{\boldsymbol{K}}_1)]\cdot\det[s\boldsymbol{I}_2-\widetilde{\boldsymbol{A}}_{22}] \tag{5.41}$$

由式(5.38)和式(5.41)可知，通过引入状态反馈增益矩阵$\widetilde{\boldsymbol{K}}$，只可采用选择合适的$\widetilde{\boldsymbol{K}}_1$的方式使得$(\widetilde{\boldsymbol{A}}_{11}+\widetilde{\boldsymbol{B}}_1\widetilde{\boldsymbol{K}}_1)$的特征值具有负实部，即能控分解后的子系统$(\widetilde{\boldsymbol{A}}_{11},\widetilde{\boldsymbol{B}}_1,\widetilde{\boldsymbol{C}}_1)$为渐近稳定，但不改变子系统$(\widetilde{\boldsymbol{A}}_{22},\boldsymbol{0},\widetilde{\boldsymbol{C}}_2)$的特征值。因此，当且仅当$\widetilde{\boldsymbol{A}}_{22}$的特征值均具有负实部时，能控分解后的不能控子系统$(\widetilde{\boldsymbol{A}}_{22},\boldsymbol{0},\widetilde{\boldsymbol{C}}_2)$渐近稳定，即整个系统为状态反馈能镇定。

【例 5.3】 设系统的状态方程为

$$\dot{\boldsymbol{x}}=\begin{bmatrix} -2 & 1 & 0 & 0 & 0 \\ 0 & -2 & 1 & 0 & 0 \\ 0 & 0 & -2 & 0 & 0 \\ 0 & 0 & 0 & -5 & 1 \\ 0 & 0 & 0 & 0 & -5 \end{bmatrix}\boldsymbol{x}+\begin{bmatrix} 4 \\ 5 \\ 0 \\ 7 \\ 0 \end{bmatrix}u$$

判断其通过状态反馈能否镇定。

解: 系统可以分解为以下两个子系统

$$\begin{bmatrix} \dot{x}_1 \\ \dot{x}_2 \\ \dot{x}_3 \end{bmatrix}=\begin{bmatrix} -2 & 1 & 0 \\ 0 & -2 & 1 \\ 0 & 0 & -2 \end{bmatrix}\begin{bmatrix} x_1 \\ x_2 \\ x_3 \end{bmatrix}+\begin{bmatrix} 4 \\ 5 \\ 0 \end{bmatrix}u,\ \begin{bmatrix} \dot{x}_4 \\ \dot{x}_5 \end{bmatrix}=\begin{bmatrix} -5 & 1 \\ 0 & -5 \end{bmatrix}\begin{bmatrix} x_4 \\ x_5 \end{bmatrix}+\begin{bmatrix} 7 \\ 0 \end{bmatrix}u$$

以上两个子系统最后一行对应的矩阵$\boldsymbol{B}$全为$\boldsymbol{0}$，故易知两个子系统均不能控。针对两个子系统，其闭环特征表达式分别为

$$\det[\lambda\boldsymbol{I}-\boldsymbol{A}_{11}]=(\lambda+2)^3,\ \det[\lambda\boldsymbol{I}-\boldsymbol{A}_{22}]=(\lambda+5)^2$$

求得两个子系统的特征值分别为：−2，−2，−2 和−5，−5，显然均为负实根，所以两个子系统均渐近稳定，由定理 5.6 可知，能够通过状态反馈实现系统镇定。

定理 5.7 给定一被控系统$\sum_0(\boldsymbol{A},\boldsymbol{B},\boldsymbol{C})$，采用输出反馈能镇定的充分必要条件是：其结构分解后的能控且能观子系统为输出反馈能镇定的，其余子系统为渐近稳定的。

证明: (1) 对被控系统$\sum_0(\boldsymbol{A},\boldsymbol{B},\boldsymbol{C})$进行结构分解，可得

$$\widetilde{A}=\begin{bmatrix}\widetilde{A}_{11} & 0 & \widetilde{A}_{13} & 0\\ \widetilde{A}_{21} & \widetilde{A}_{22} & \widetilde{A}_{23} & \widetilde{A}_{24}\\ 0 & 0 & \widetilde{A}_{33} & 0\\ 0 & 0 & \widetilde{A}_{43} & \widetilde{A}_{44}\end{bmatrix},\widetilde{B}=\begin{bmatrix}\widetilde{B}_1\\ \widetilde{B}_2\\ 0\\ 0\end{bmatrix},\widetilde{C}=[\widetilde{C}_1\quad 0\quad \widetilde{C}_3\quad 0] \tag{5.42}$$

(2) 考虑$\sum_0(A,B,C)$和$\sum_{\tilde{0}}(\widetilde{A},\widetilde{B},\widetilde{C})$在能控性、能观性及能镇定性上等价，则可对$\sum_{\tilde{0}}(\widetilde{A},\widetilde{B},\widetilde{C})$引入输出反馈增益矩阵$H$，可得闭环系统的状态矩阵为

$$\widetilde{A}+\widetilde{B}\widetilde{H}\widetilde{C}=\begin{bmatrix}\widetilde{A}_{11} & 0 & \widetilde{A}_{13} & 0\\ \widetilde{A}_{21} & \widetilde{A}_{22} & \widetilde{A}_{23} & \widetilde{A}_{24}\\ 0 & 0 & \widetilde{A}_{33} & 0\\ 0 & 0 & \widetilde{A}_{43} & \widetilde{A}_{44}\end{bmatrix}+\begin{bmatrix}\widetilde{B}_1\\ \widetilde{B}_2\\ 0\\ 0\end{bmatrix}\widetilde{H}[\widetilde{C}_1\quad 0\quad \widetilde{C}_3\quad 0]$$

$$=\begin{bmatrix}\widetilde{A}_{11}+\widetilde{B}_1\widetilde{H}\widetilde{C}_1 & 0 & \widetilde{A}_{13}+\widetilde{B}_1\widetilde{H}\widetilde{C}_3 & 0\\ \widetilde{A}_{21}+\widetilde{B}_2\widetilde{H}\widetilde{C}_1 & \widetilde{A}_{22} & \widetilde{A}_{23}+\widetilde{B}_2\widetilde{H}\widetilde{C}_3 & \widetilde{A}_{24}\\ 0 & 0 & \widetilde{A}_{33} & 0\\ 0 & 0 & \widetilde{A}_{43} & \widetilde{A}_{44}\end{bmatrix}$$

以及相应的闭环特征多项式

$$\det[sI-(\widetilde{A}+\widetilde{B}\widetilde{H}\widetilde{C})]$$

$$=\det[sI-(\widetilde{A}_{11}+\widetilde{B}_1\widetilde{H}\widetilde{C}_1)]\cdot\det[sI-\widetilde{A}_{22}]\cdot\det[sI-\widetilde{A}_{33}]\cdot\det[sI-\widetilde{A}_{44}] \tag{5.43}$$

由式(5.43)可知，当且仅当$(\widetilde{A}_{11}+\widetilde{B}_1\widetilde{H}\widetilde{C}_1)$，$\widetilde{A}_{22}$，$\widetilde{A}_{33}$，$\widetilde{A}_{44}$的特征值均具有负实部时，整个闭环系统为渐近稳定的。证毕。

定理 5.8 给定一被控系统$\sum_0(A,B,C)$，采用从输出到$\dot{x}$反馈实现镇定的充分必要条件是其不能观子系统为渐近稳定的。

证明:(1) 对系统$\sum_0(A,B,C)$进行能观性分解，如下

$$\bar{A}=R^{-1}AR=\begin{bmatrix}\bar{A}_{11} & 0\\ \bar{A}_{21} & \bar{A}_{22}\end{bmatrix},\bar{B}=R^{-1}B=\begin{bmatrix}\bar{B}_1\\ \bar{B}_2\end{bmatrix},\bar{C}=CR=[\bar{C}_1\quad 0] \tag{5.44}$$

$\sum_{\bar{0}}(\bar{A}_{11},\bar{B}_1,\bar{C}_1)$为能观子系统，$\sum_{\bar{\bar{0}}}(\bar{A}_{22},\bar{B}_2,0)$为不能观子系统。此外，系统特征多项式为

$$\det[sI-\bar{A}]=\det\begin{bmatrix}sI_1-\bar{A}_{11} & 0\\ -\bar{A}_{21} & sI_2-\bar{A}_{22}\end{bmatrix}$$

$$=\det[sI_1-\bar{A}_{11}]\cdot\det[sI_2-\bar{A}_{22}] \tag{5.45}$$

(2) 考虑系统$\sum_0(A,B,C)$和$\sum_{\bar{0}}(\bar{A},\bar{B},\bar{C})$在能控性和能观性上等价，引入从输出到$\dot{x}$的反馈矩阵$\bar{G}$，如下所示

$$\bar{G}=[\bar{G}_1\quad \bar{G}_2]^{\mathrm{T}} \tag{5.46}$$

则有

$$\bar{A}+\bar{G}\bar{C}=\begin{bmatrix}\bar{A}_{11} & 0\\ \bar{A}_{21} & \bar{A}_{22}\end{bmatrix}+\begin{bmatrix}\bar{G}_1\\ \bar{G}_2\end{bmatrix}[\bar{C}_1\quad 0]=\begin{bmatrix}\bar{A}_{11}+\bar{G}_1\bar{C}_1 & 0\\ \bar{A}_{21}+\bar{G}_2\bar{C}_1 & \bar{A}_{22}\end{bmatrix} \tag{5.47}$$

以及

$$\det[s\boldsymbol{I}-(\bar{\boldsymbol{A}}+\bar{\boldsymbol{G}}\bar{\boldsymbol{C}})]=\det\begin{bmatrix}s\boldsymbol{I}_1-(\bar{\boldsymbol{A}}_{11}+\bar{\boldsymbol{G}}_1\bar{\boldsymbol{C}}_1) & \boldsymbol{0}\\ -(\bar{\boldsymbol{A}}_{21}+\bar{\boldsymbol{G}}_2\bar{\boldsymbol{C}}_1) & s\boldsymbol{I}_2-\bar{\boldsymbol{A}}_{22}\end{bmatrix}$$

$$=\det[s\boldsymbol{I}_1-(\bar{\boldsymbol{A}}_{11}+\bar{\boldsymbol{G}}_1\bar{\boldsymbol{C}}_1)]\cdot\det[s\boldsymbol{I}_2-\bar{\boldsymbol{A}}_{22}] \tag{5.48}$$

由式(5.48)可知,引入反馈矩阵 $\bar{\boldsymbol{G}}=[\bar{\boldsymbol{G}}_1\quad \bar{\boldsymbol{G}}_2]^{\mathrm{T}}$,只会影响子系统 $\sum_{\bar{0}}(\bar{\boldsymbol{A}}_{11},\bar{\boldsymbol{B}}_1,\bar{\boldsymbol{C}}_1)$ 的特征值,若要使得整个系统能镇定,则须满足子系统 $\sum_{\bar{0}}(\bar{\boldsymbol{A}}_{22},\bar{\boldsymbol{B}}_2,\boldsymbol{0})$ 为渐近稳定。

5.5 解耦控制

与单输入单输出系统不同,对于多数多输入多输出系统而言,往往其输入和输出是相互关联的,并非一一对应的,即并不是每个输出只受相应的一个输入所控制,每个输入只控制相应的一个输出。如何通过寻求合适的控制律,实现多输入多输出系统的输入和输出的单一对应关系,称为**解耦问题**,相应的控制设计称为解耦控制。

定义 $\sum_0(\boldsymbol{A},\boldsymbol{B},\boldsymbol{C})$ 为一个具有 m 维输入和 m 维输出的系统,且

$$\begin{cases}\dot{\boldsymbol{x}}=\boldsymbol{A}\boldsymbol{x}+\boldsymbol{B}\boldsymbol{u}\\ \boldsymbol{y}=\boldsymbol{C}\boldsymbol{x}\end{cases} \tag{5.49}$$

如果其传递函数阵可表示为一个对角形有理多项式矩阵,如下所示

$$\boldsymbol{G}_0(s)=\boldsymbol{C}(s\boldsymbol{I}-\boldsymbol{A})^{-1}\boldsymbol{B}=\begin{bmatrix}G_{11}(s) & & \boldsymbol{0}\\ & G_{22}(s) & \\ & & \ddots & \\ \boldsymbol{0} & & & G_{mm}(s)\end{bmatrix} \tag{5.50}$$

则称该系统是解耦的。换言之,对一个多变量系统而言,其实现解耦后,整个系统可看作一组相互独立的单变量系统,如图 5.3 所示。

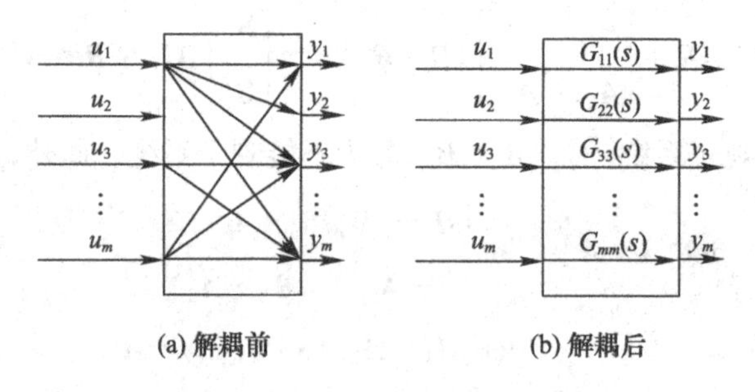

图 5.3 多变量系统解耦示意图

要实现多变量系统的解耦,目前主要存在两种方法,一是**前馈补偿器解耦**,二是**状态反馈解耦**。

5.5.1 前馈补偿器解耦

前馈补偿器解耦是一种直接简单的解耦方法,通过在待解耦系统前串接一个前馈补偿器

来实现。如图 5.4 所示，$\boldsymbol{G}_{\mathrm{d}}(s)$为前馈补偿器的传递函数阵。

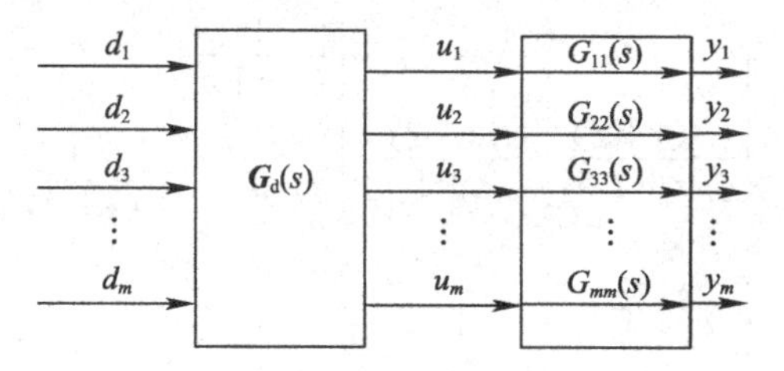

图 5.4　前馈补偿器解耦原理示意图

引入前馈补偿器后，整个系统的传递函数阵可以表示为

$$\boldsymbol{G}(s)=\boldsymbol{G}_0(s)\boldsymbol{G}_{\mathrm{d}}(s) \tag{5.51}$$

则

$$\boldsymbol{G}_{\mathrm{d}}(s)=\boldsymbol{G}_0^{-1}(s)\boldsymbol{G}(s) \tag{5.52}$$

由式(5.52)可知，只要待解耦系统的 $\boldsymbol{G}_0(s)$满秩，就总存在一个串联前馈补偿器，能使系统解耦。

由以上可知，尽管前馈补偿器解耦直接简单，但是引入的前馈补偿器的传递函数阵将会使得系统的维数增加。

【例 5.4】　试设计一个前馈补偿器，使得如下系统

$$\boldsymbol{G}_0(s)=\begin{bmatrix}\dfrac{1}{s+1} & \dfrac{1}{s+2}\\[2mm] \dfrac{1}{s^2+s} & \dfrac{1}{s}\end{bmatrix}$$

实现解耦，且解耦后的极点为$-1,-1,-2,-2$。

解：由题可知

$$\boldsymbol{G}_0^{-1}(s)=\frac{1}{\dfrac{1}{s(s+1)}-\dfrac{1}{s(s+1)(s+2)}}\begin{bmatrix}\dfrac{1}{s+1} & \dfrac{-1}{s+2}\\[2mm] \dfrac{-1}{s(s+1)} & \dfrac{1}{s}\end{bmatrix}$$

$$=s(s+2)\begin{bmatrix}\dfrac{1}{s+1} & \dfrac{-1}{s+2}\\[2mm] \dfrac{-1}{s(s+1)} & \dfrac{1}{s}\end{bmatrix}$$

$$=\begin{bmatrix}s+2 & -s\\[2mm] \dfrac{-(s+2)}{s+1} & \dfrac{s(s+2)}{s+1}\end{bmatrix}$$

解耦后的极点为$-1,-1,-2,-2$，因此解耦后系统为

$$\boldsymbol{G}(s)=\begin{bmatrix}\dfrac{1}{(s+1)^2} & 0\\[2mm] 0 & \dfrac{1}{(s+2)^2}\end{bmatrix}$$

则由式(5.52)可知

$$
\begin{aligned}
\boldsymbol{G}_{\mathrm{d}}(s) &= \boldsymbol{G}_0^{-1}(s)\boldsymbol{G}(s) \\
&= \begin{bmatrix} s+2 & -s \\ \dfrac{-(s+2)}{s+1} & \dfrac{s(s+2)}{s+1} \end{bmatrix} \begin{bmatrix} \dfrac{1}{(s+1)^2} & 0 \\ 0 & \dfrac{1}{(s+2)^2} \end{bmatrix} \\
&= \begin{bmatrix} \dfrac{s+2}{(s+1)^2} & \dfrac{-s}{(s+2)^2} \\ \dfrac{-(s+2)}{(s+1)^2} & \dfrac{s}{(s+1)(s+2)} \end{bmatrix}
\end{aligned}
$$

5.5.2 状态反馈解耦

与前馈补偿器解耦相比，状态反馈解耦虽然不增加系统的维数，但是其实现条件要比前馈补偿器解耦严苛得多，其原理示意图如图 5.5 所示。

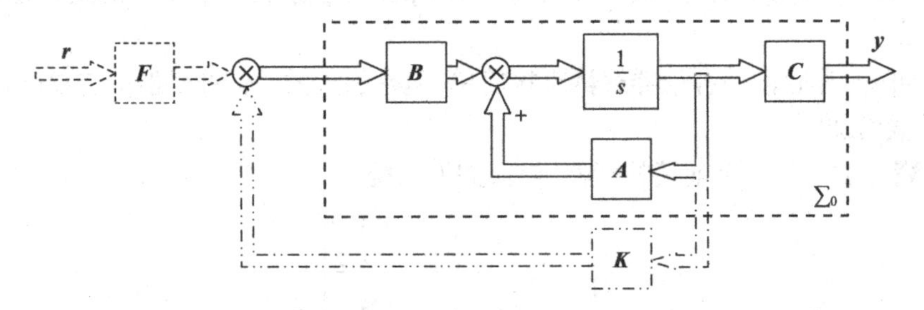

图 5.5 状态反馈解耦的原理示意图

图 5.5 中，虚线框中表示待解耦系统Σ_0，$\boldsymbol{r}$ 表示输入向量，$\boldsymbol{K}$ 为实常数状态反馈增益矩阵，$\boldsymbol{F}$ 表示实常数非奇异变换矩阵。那么，状态反馈解耦控制问题就是如何通过设计合适的 $\boldsymbol{K}$ 和 $\boldsymbol{F}$，使得系统输入 $\boldsymbol{r}$ 到输出 $\boldsymbol{y}$ 是解耦的。

(1) 为方便讨论能实现状态反馈解耦的条件，定义特征量 d_i(i 表示行数)，满足

$$
\boldsymbol{c}_i\boldsymbol{A}^l\boldsymbol{B} \neq 0 \qquad (l=0,1,\cdots,m-1) \tag{5.53}
$$

并介于 0 到 $m-1$ 之间的最小整数 l。其中，$\boldsymbol{c}_i$ 表示系统输出矩阵 $\boldsymbol{C}$ 中的第 i 行向量($i=1,2,\cdots,m$)。

(2) 根据 d_i 定义矩阵 $\boldsymbol{D}$,$\boldsymbol{E}$,$\boldsymbol{L}$，具体如下

$$
\boldsymbol{D} = \begin{pmatrix} \boldsymbol{c}_1\boldsymbol{A}^{d_1} \\ \boldsymbol{c}_2\boldsymbol{A}^{d_2} \\ \vdots \\ \boldsymbol{c}_m\boldsymbol{A}^{d_m} \end{pmatrix} \tag{5.54}
$$

$$
\boldsymbol{E} = \boldsymbol{D}\boldsymbol{B} = \begin{pmatrix} \boldsymbol{c}_1\boldsymbol{A}^{d_1}\boldsymbol{B} \\ \boldsymbol{c}_2\boldsymbol{A}^{d_2}\boldsymbol{B} \\ \vdots \\ \boldsymbol{c}_m\boldsymbol{A}^{d_m}\boldsymbol{B} \end{pmatrix} \tag{5.55}
$$

$$L=DA=\begin{bmatrix} c_1A^{d_1+1} \\ c_2A^{d_2+1} \\ \vdots \\ c_mA^{d_m+1} \end{bmatrix} \tag{5.56}$$

定理 5.9 给定一被控系统$\sum_0(A,B,C)$，采用状态反馈实现解耦的充分必要条件是矩阵E为非奇异的，即

$$\det(E)=\det\begin{bmatrix} c_1A^{d_1}B \\ c_2A^{d_2}B \\ \vdots \\ c_mA^{d_m}B \end{bmatrix}\neq 0 \tag{5.57}$$

5.6 状态观测器

由前面知识可知，状态反馈在系统极点配置、解耦等部分均具有重要作用。然而，在实际系统中，系统的状态变量往往不是能够直接测量的，甚至无法检测。基于此，状态观测问题或者状态观测理论应运而生。龙伯格(Luenberger)提出的状态观测理论，解决了确定性条件下的状态观测问题，使得状态反馈成为一种可实现的控制律。为方便起见，本书只考虑无噪声条件下单输入单输出系统的状态观测器设计问题。

5.6.1 全维观测器的构造思想

对于被控系统$\sum_0(A,B,C)$，若其状态向量x不能直接进行测量或不可测量，且存在一个动态系统$\hat{\sum}$，该系统以$\sum_0(A,B,C)$的输入u和输出y分别作为其自身输入和输出，能产生一组输出$\hat{x}$逼近x，使得$\lim\limits_{t\to\infty}|x-\hat{x}|=0$，则动态系统$\hat{\sum}$视作$\sum_0(A,B,C)$的一个全维状态观测器(简称全维观测器)。

定理 **5.10** 给定线性定常系统$\sum_0(A,B,C)$，其状态观测器存在的充分必要条件是$\sum_0(A,B,C)$不能观子系统为渐近稳定的。

证明：对系统$\sum_0(A,B,C)$进行能观性结构分解，可得

$$x=\begin{bmatrix} x_o \\ x_{\bar{o}} \end{bmatrix},A=\begin{bmatrix} A_{11} & 0 \\ A_{21} & A_{22} \end{bmatrix},B=\begin{bmatrix} B_1 \\ B_2 \end{bmatrix},C=[C_1 \quad 0] \tag{5.58}$$

式中，x_o表示能观状态，(A_{11},B_1,C_1)为能观子系统；$x_{\bar{o}}$表示不能观状态，$(A_{22},B_2,0)$表示不能观子系统。

构造状态观测器$\hat{\sum}$。定义x的估计值为$\hat{x}=[\hat{x}_o \quad \hat{x}_{\bar{o}}]^{\mathrm{T}}$，增益矩阵$G=[G_1 \quad G_2]^{\mathrm{T}}$，则状态观测器方程可以表示为

$$\dot{\hat{x}}=A\hat{x}+Bu+G(y-C\hat{x}) \tag{5.59}$$

即

$$\dot{\hat{x}}=(A-GC)\hat{x}+Bu+GC\hat{x} \tag{5.60}$$

若定义状态观测误差向量为$\tilde{x}=x-\hat{x}$，则可得状态误差方程为

$$
\begin{aligned}
\dot{\tilde{x}} &= \dot{x} - \dot{\hat{x}} \\
&= \begin{bmatrix} \dot{x}_o - \dot{\hat{x}}_o \\ \dot{x}_{\bar{o}} - \dot{\hat{x}}_{\bar{o}} \end{bmatrix} \\
&= \begin{bmatrix} A_{11}x_o + B_1 u \\ A_{21}x_o + A_{22}x_{\bar{o}} + B_2 u \end{bmatrix} - \begin{bmatrix} (A_{11} - G_1C_1)\hat{x}_o + B_1 u + G_1C_1x_o \\ (A_{21} - G_2C_1)\hat{x}_o + A_{22}\hat{x}_{\bar{o}} + B_2 u + G_2C_1x_o \end{bmatrix} \\
&= \begin{bmatrix} (A_{11} - G_1C_1)(x_o - \hat{x}_o) \\ (A_{21} - G_2C_1)(x_o - \hat{x}_o) + A_{22}(x_{\bar{o}} - \hat{x}_{\bar{o}}) \end{bmatrix}
\end{aligned} \tag{5.61}
$$

进而,根据观测状态误差方程确定 $\hat{x}$ 能够渐近于 x 的条件。根据式(5.61)可得

$$\dot{x}_o - \dot{\hat{x}}_o = (A_{11} - G_1C_1)(x_o - \hat{x}_o) \tag{5.62}$$

$$\dot{x}_{\bar{o}} - \dot{\hat{x}}_{\bar{o}} = (A_{21} - G_2C_1)(x_o - \hat{x}_o) + A_{22}(x_{\bar{o}} - \hat{x}_{\bar{o}}) \tag{5.63}$$

显然,对于式(5.62),只要适当选择G_1,便可使$(A_{11} - G_1 C_1)$的特征值具有负实部,从而有

$$\lim_{t\to\infty}(x_o - \hat{x}_o) = \lim_{t\to\infty} \mathrm{e}^{(A_{11} - G_1C_1)t}[x_o(0) - \hat{x}_o(0)] = 0 \tag{5.64}$$

通过式(5.63)可得

$$x_{\bar{o}} - \hat{x}_{\bar{o}} = \mathrm{e}^{A_{22}t}[x_{\bar{o}}(0) - \hat{x}_{\bar{o}}(0)] + \int_0^t \mathrm{e}^{A_{22}(t-\tau)}(A_{21} - G_2C_1)\mathrm{e}^{(A_{11} - G_1C_1)}[x_{\bar{o}}(0) - \hat{x}_{\bar{o}}(0)]\mathrm{d}\tau \tag{5.65}$$

因为$\lim\limits_{t\to\infty} \mathrm{e}^{(A_{11} - G_1C_1)t} = \mathbf{0}$,所以当且仅当

$$\lim_{t\to\infty} \mathrm{e}^{A_{22}t} = \mathbf{0} \tag{5.66}$$

成立时,对任意$x_{\bar{o}}(0) - \hat{x}_{\bar{o}}(0)$,以下公式才成立

$$\lim_{t\to\infty}[x_{\bar{o}}(0) - \hat{x}_{\bar{o}}(0)] = \mathbf{0} \tag{5.67}$$

所以由式(5.66)可知,其成立时,对应A_{22}的特征值均具有负实部,换言之,等价于系统$\sum_0(A,B,C)$的不能观子系统为渐近稳定的。证毕。

定理 5.11 给定线性定常系统$\sum_0(A,B,C)$,若其完全能观,则其状态向量 x 可由输入 u 和输出 y 进行重构。

证明:输出方程为 $y=Cx$,对其逐次求导,并代入状态方程,可得

$$
\begin{cases}
y = Cx \\
\dot{y} - CBu = CAx \\
\ddot{y} - CB\dot{u} - CABu = CA^2x \\
\vdots \\
y^{(n-1)} - CBu^{(n-2)} - CABu^{(n-3)} - \cdots - CA^{(n-2)}Bu = CA^{n-1}x
\end{cases} \tag{5.68}
$$

则可定义新系统

$$
z = \begin{bmatrix} z_1 \\ z_2 \\ \vdots \\ z_n \end{bmatrix} = \begin{bmatrix} y \\ \dot{y} - CBu \\ \ddot{y} - CB\dot{u} - CABu \\ \vdots \\ y^{(n-1)} - CBu^{(n-2)} - CABu^{(n-3)} - \cdots - CA^{(n-2)}Bu \end{bmatrix} = \begin{bmatrix} C \\ CA \\ CA^2 \\ \vdots \\ CA^{n-1} \end{bmatrix} x = Nx \tag{5.69}
$$

如果系统完全能观，即 rank$\boldsymbol{N}=n$，则有

$$\boldsymbol{x}=(\boldsymbol{N}^{\mathrm{T}}\boldsymbol{N})^{-1}\boldsymbol{N}^{\mathrm{T}}\boldsymbol{z} \tag{5.70}$$

由式(5.69)可知，构造的新系统 $\boldsymbol{z}$ 以原系统的 $\boldsymbol{y}$ 和 $\boldsymbol{u}$ 为输入，并且 $\boldsymbol{z}$ 与 $\boldsymbol{x}$ 可通过式(5.70)所示的变换得到。换而言之，只要系统完全能观，状态向量 $\boldsymbol{x}$ 就可以通过 $\boldsymbol{u}$ 和 $\boldsymbol{y}$ 及其各阶导数进行估计，估计值记为 $\hat{\boldsymbol{x}}$，如图 5.6 所示。

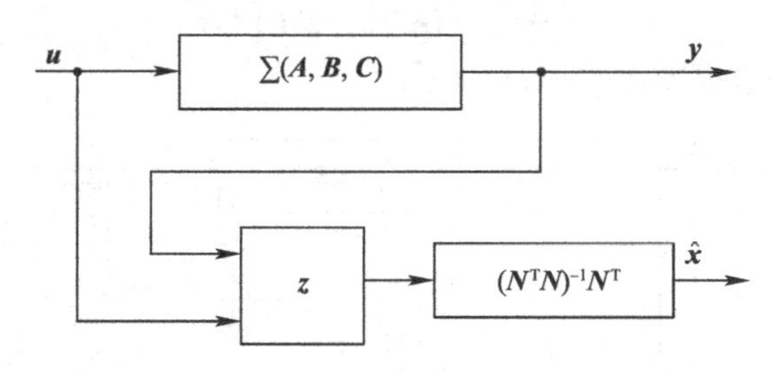

图 5.6　系统能观情形下根据 $\boldsymbol{u}$ 和 $\boldsymbol{y}$ 的状态重构

图 5.6 中包含若干微分器，在实际应用中将大大增加测量噪声对于估计结果的影响，因此，为消除微分器带来的此影响，可构造如图 5.7 所示的系统结构进行状态估计。但是这种状态观测器，只有当系统初始状态与状态观测器的初始状态完全一致时，才能实现精确的状态估计，且应对干扰和系统参数变化的能力不强。

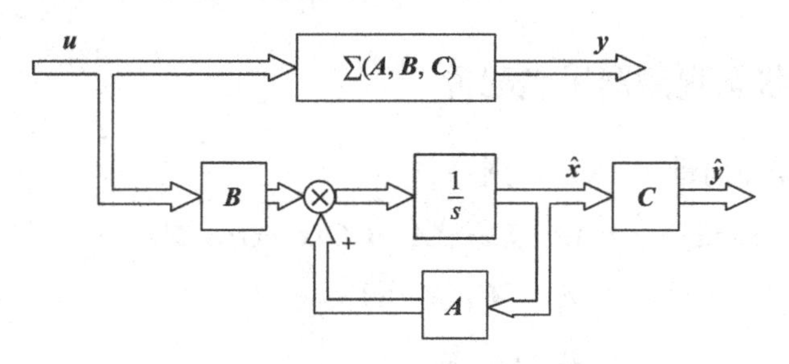

图 5.7　避免微分器的开环状态观测器

针对以上问题，如果采用输出信息对状态误差进行校正，可形成渐近状态观测器，即增加反馈校正通道，如图 5.8 所示。

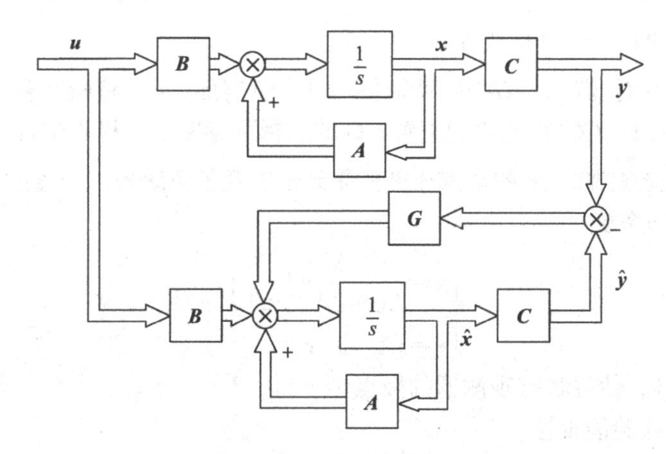

图 5.8　渐近状态观测器

其状态观测总方程为

$$\dot{\hat{\boldsymbol{x}}}=\boldsymbol{A}\hat{\boldsymbol{x}}+\boldsymbol{B}\boldsymbol{u}+\boldsymbol{G}(\boldsymbol{y}-\hat{\boldsymbol{y}})=\boldsymbol{A}\hat{\boldsymbol{x}}+\boldsymbol{B}\boldsymbol{u}+\boldsymbol{G}\boldsymbol{y}-\boldsymbol{G}\boldsymbol{C}\hat{\boldsymbol{x}} \tag{5.71}$$

其中，$\hat{\boldsymbol{x}}$ 表示状态 $\boldsymbol{x}$ 的估计值，即状态观测器的状态向量；$\hat{\boldsymbol{y}}$ 表示状态观测器的输出向量；$\boldsymbol{G}$ 为输出误差反馈矩阵。

整理式(5.71)可得

$$\dot{\hat{\boldsymbol{x}}}=(\boldsymbol{A}-\boldsymbol{G}\boldsymbol{C})\hat{\boldsymbol{x}}+\boldsymbol{B}\boldsymbol{u}+\boldsymbol{G}\boldsymbol{y} \tag{5.72}$$

则可得状态观测器的等效框图，如图 5.9 所示。

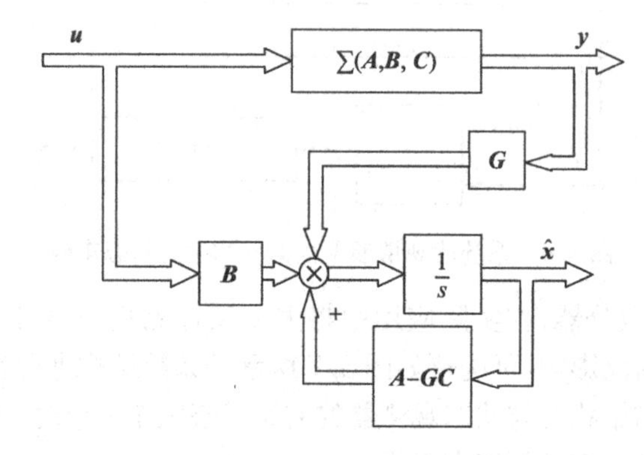

图 5.9 渐近状态观测器的等效框图

5.6.2 闭环状态观测器极点配置

考虑状态观测误差向量 $\tilde{\boldsymbol{x}}=\boldsymbol{x}-\hat{\boldsymbol{x}}$，则

$$\begin{aligned}\dot{\tilde{\boldsymbol{x}}}&=\dot{\boldsymbol{x}}-\dot{\hat{\boldsymbol{x}}}=\boldsymbol{A}\boldsymbol{x}+\boldsymbol{B}\boldsymbol{u}-(\boldsymbol{A}-\boldsymbol{G}\boldsymbol{C})\hat{\boldsymbol{x}}-\boldsymbol{G}\boldsymbol{y}-\boldsymbol{B}\boldsymbol{u}\\&=(\boldsymbol{A}-\boldsymbol{G}\boldsymbol{C})(\boldsymbol{x}-\hat{\boldsymbol{x}})\\&=(\boldsymbol{A}-\boldsymbol{G}\boldsymbol{C})\tilde{\boldsymbol{x}}\end{aligned} \tag{5.73}$$

式(5.73)的解为

$$\tilde{\boldsymbol{x}}=\mathrm{e}^{(\boldsymbol{A}-\boldsymbol{G}\boldsymbol{C})t}\tilde{\boldsymbol{x}}(0),\qquad t\geqslant 0 \tag{5.74}$$

由式(5.74)可知

(1) 当 $\tilde{\boldsymbol{x}}(0)=\boldsymbol{0}$ 时，$\tilde{\boldsymbol{x}}=\boldsymbol{0}$ 恒成立；

(2) 当 $\tilde{\boldsymbol{x}}(0)\neq\boldsymbol{0}$ 时，若$(\boldsymbol{A}-\boldsymbol{G}\boldsymbol{C})$的特征值均具有负实部，则 $\tilde{\boldsymbol{x}}$ 将渐渐衰减至零。衰减速度取决于 $\boldsymbol{G}$ 的选取和$(\boldsymbol{A}-\boldsymbol{G}\boldsymbol{C})$特征值的配置。$\boldsymbol{G}$ 的选择可参照本章极点配置部分内容。

而当系统不完全能观时，$\tilde{\boldsymbol{x}}$ 的衰减速度要受到不能观子系统极点位置的限制。

【例 5.5】 已知系统

$$\begin{cases}\dot{\boldsymbol{x}}=\begin{bmatrix}0&1\\0&0\end{bmatrix}\boldsymbol{x}+\begin{bmatrix}0\\1\end{bmatrix}u\\y=\begin{bmatrix}1&0\end{bmatrix}\boldsymbol{x}\end{cases}$$

设计一个状态观测器，使得状态观测器的极点为−1，−2。

解：(1)由题可检验能观性。

$\boldsymbol{N}=\begin{bmatrix}\boldsymbol{C}\\\boldsymbol{C}\boldsymbol{A}\end{bmatrix}=\begin{bmatrix}1&0\\0&1\end{bmatrix}$满秩，则系统完全能观，可构造状态观测器。

(2) 将系统表示为能观标准型。

系统的特征多项式为

$$\det[\lambda \boldsymbol{I}-\boldsymbol{A}]=\det\begin{bmatrix}\lambda & -1\\0 & \lambda\end{bmatrix}=\lambda^2$$

所以有

$$a_1=0, a_0=0, \boldsymbol{L}=\begin{bmatrix}0 & 1\\1 & 0\end{bmatrix}$$

$$\boldsymbol{T}^{-1}=\boldsymbol{LN}=\begin{bmatrix}0 & 1\\1 & 0\end{bmatrix}\begin{bmatrix}1 & 0\\0 & 1\end{bmatrix}=\begin{bmatrix}0 & 1\\1 & 0\end{bmatrix},\quad \boldsymbol{T}=\begin{bmatrix}0 & 1\\1 & 0\end{bmatrix}$$

得

$$\dot{\bar{\boldsymbol{x}}}=\boldsymbol{T}^{-1}\boldsymbol{AT}\bar{\boldsymbol{x}}+\boldsymbol{T}^{-1}\boldsymbol{B}u=\begin{bmatrix}0 & 0\\1 & 0\end{bmatrix}\bar{\boldsymbol{x}}+\begin{bmatrix}1\\0\end{bmatrix}u$$

$$y=\boldsymbol{CT}\bar{\boldsymbol{x}}=[0\quad 1]\bar{\boldsymbol{x}}$$

(3) 引入反馈矩阵 $\bar{\boldsymbol{G}}=[\bar{g}_1\quad \bar{g}_2]^{\mathrm{T}}$。

状态观测器的特征多项式为

$$f(\lambda)=\det[\lambda \boldsymbol{I}-(\bar{\boldsymbol{A}}-\bar{\boldsymbol{G}}\bar{\boldsymbol{C}})]=\det\begin{bmatrix}\lambda & \bar{g}_1\\-1 & \lambda+\bar{g}_2\end{bmatrix}=\lambda^2+\bar{g}_2\lambda+\bar{g}_1$$

且期望极点的闭环特征多项式为

$$f^*(\lambda)=(\lambda+1)(\lambda+2)=\lambda^2+3\lambda+2$$

比较 $f(\lambda)$和 $f^*(\lambda)$多项式的系数可得

$$\bar{g}_1=2, \bar{g}_2=3$$

即

$$\bar{\boldsymbol{G}}=\begin{bmatrix}2\\3\end{bmatrix}$$

(4) 将 $\bar{\boldsymbol{G}}$ 反变换到 $\boldsymbol{x}$ 状态下，可得

$$\boldsymbol{G}=\boldsymbol{T}\bar{\boldsymbol{G}}=\begin{bmatrix}0 & 1\\1 & 0\end{bmatrix}\begin{bmatrix}2\\3\end{bmatrix}=\begin{bmatrix}3\\2\end{bmatrix}$$

(5) 状态观测器方程为

$$\dot{\hat{\boldsymbol{x}}}=(\boldsymbol{A}-\boldsymbol{GC})\hat{\boldsymbol{x}}+\boldsymbol{B}u+\boldsymbol{G}y=\begin{bmatrix}-3 & 1\\-2 & 0\end{bmatrix}\hat{\boldsymbol{x}}+\begin{bmatrix}0\\1\end{bmatrix}u+\begin{bmatrix}3\\2\end{bmatrix}y$$

注意：当系统维数较低时，可直接按特征多项式比较进行 $\boldsymbol{G}$ 的确定。具体如下

$$\boldsymbol{A}-\boldsymbol{GC}=\begin{bmatrix}0 & 1\\0 & 0\end{bmatrix}-\begin{bmatrix}g_1\\g_2\end{bmatrix}[1\quad 0]=\begin{bmatrix}0 & 1\\0 & 0\end{bmatrix}-\begin{bmatrix}g_1 & 0\\g_2 & 0\end{bmatrix}=\begin{bmatrix}-g_1 & 1\\-g_2 & 0\end{bmatrix}$$

则

$$f(\lambda)=\det[\lambda \boldsymbol{I}-(\boldsymbol{A}-\boldsymbol{GC})]=\det\begin{bmatrix}\lambda+g_1 & -1\\g_2 & \lambda\end{bmatrix}=\lambda^2+g_1\lambda+g_2$$

与期望特征多项式比较可得

$$g_1=3, g_2=2$$

即

$$G=\begin{bmatrix}3\\2\end{bmatrix}$$

与上面计算结果一致。

5.6.3 降维观测器

5.6.1节定义的全维状态观测器，其维数和被控系统具有相同的维数，故又称全维观测器。在实际过程中，往往许多系统的输出向量还是可测的，故可采用维数较低的状态观测器，只产生部分状态的估计量，此类状态观测器称为降维状态观测器(简称降维观测器)。若系统$\sum_0(\boldsymbol{A},\boldsymbol{B},\boldsymbol{C})$能观，输出矩阵$\boldsymbol{C}$的秩$\text{rank}\boldsymbol{C}=m$，则其$m$个状态可由$\boldsymbol{y}$直接获得，其余的状态采用$n-m$维的降维观测器进行估计即可。设被控系统$\sum_0(\boldsymbol{A},\boldsymbol{B},\boldsymbol{C})$能观，即

$$\begin{cases}\dot{\boldsymbol{x}}=\boldsymbol{A}\boldsymbol{x}+\boldsymbol{B}\boldsymbol{u}\\ \boldsymbol{y}=\boldsymbol{C}\boldsymbol{x}\end{cases}\tag{5.75}$$

$\text{rank}\boldsymbol{C}=m$，则降维观测器的一般设计过程如下。

利用线性变换将状态按能观性进行划分。

对于式(5.75)所示的系统，一定存在线性变换$\boldsymbol{x}=\boldsymbol{T}\bar{\boldsymbol{x}}$，使得

$$\begin{cases}\bar{\boldsymbol{A}}=\boldsymbol{T}^{-1}\boldsymbol{A}\boldsymbol{T}=\begin{bmatrix}\bar{\boldsymbol{A}}_{11} & \bar{\boldsymbol{A}}_{12}\\ \bar{\boldsymbol{A}}_{21} & \bar{\boldsymbol{A}}_{22}\end{bmatrix}\begin{matrix}\}n-m\text{ 维}\\ \}m\text{ 维}\end{matrix}\\ \bar{\boldsymbol{B}}=\boldsymbol{T}^{-1}\boldsymbol{B}=\begin{bmatrix}\bar{\boldsymbol{B}}_1\\ \bar{\boldsymbol{B}}_2\end{bmatrix}\begin{matrix}\}n-m\text{ 维}\\ \}m\text{ 维}\end{matrix}\\ \bar{\boldsymbol{C}}=\boldsymbol{C}\boldsymbol{T}=[\boldsymbol{0},\quad \boldsymbol{I}]\}m\text{ 维}\end{cases}\tag{5.76}$$

选择变换矩阵$\boldsymbol{T}$为

$$\boldsymbol{T}^{-1}=\begin{bmatrix}\boldsymbol{C}_0\\ \boldsymbol{C}\end{bmatrix}\begin{matrix}\}n-m\text{ 维}\\ \}m\text{ 维}\end{matrix},\boldsymbol{T}=\begin{bmatrix}\boldsymbol{C}_0\\ \boldsymbol{C}\end{bmatrix}^{-1}\tag{5.77}$$

其中，$\boldsymbol{C}_0$为保证$\boldsymbol{T}$为非奇异矩阵的$(n-m)\times n$维矩阵。

又容易验证

$$\boldsymbol{C}\boldsymbol{T}=\boldsymbol{C}\begin{bmatrix}\boldsymbol{C}_0\\ \boldsymbol{C}\end{bmatrix}^{-1}=[\boldsymbol{0}\quad \boldsymbol{I}]\tag{5.78}$$

所以有

$$\boldsymbol{C}\begin{bmatrix}\boldsymbol{C}_0\\ \boldsymbol{C}\end{bmatrix}^{-1}\begin{bmatrix}\boldsymbol{C}_0\\ \boldsymbol{C}\end{bmatrix}=[\boldsymbol{0}\quad \boldsymbol{I}]\begin{bmatrix}\boldsymbol{C}_0\\ \boldsymbol{C}\end{bmatrix}\tag{5.79}$$

故$\boldsymbol{C}=\boldsymbol{C}$。

经过$\boldsymbol{T}$变换后，系统的状态空间表达可以描述为

$$\begin{cases}\begin{bmatrix}\dot{\bar{\boldsymbol{x}}}_1\\ \dot{\bar{\boldsymbol{x}}}_2\end{bmatrix}=\begin{bmatrix}\bar{\boldsymbol{A}}_{11} & \bar{\boldsymbol{A}}_{12}\\ \bar{\boldsymbol{A}}_{21} & \bar{\boldsymbol{A}}_{22}\end{bmatrix}\begin{bmatrix}\bar{\boldsymbol{x}}_1\\ \bar{\boldsymbol{x}}_2\end{bmatrix}+\begin{bmatrix}\bar{\boldsymbol{B}}_1\\ \bar{\boldsymbol{B}}_2\end{bmatrix}\boldsymbol{u}\\ \bar{\boldsymbol{y}}=(\boldsymbol{0}\quad \boldsymbol{I})\begin{bmatrix}\bar{\boldsymbol{x}}_1\\ \bar{\boldsymbol{x}}_2\end{bmatrix}=\bar{\boldsymbol{x}}_2\end{cases}\tag{5.80}$$

因为被控系统$\Sigma_0(\boldsymbol{A},\boldsymbol{B},\boldsymbol{C})$能观，所以系统(5.80)能观。$m$ 个状态分量可直接测得，剩余 $n-m$ 个状态分量$\bar{\boldsymbol{x}}_1$可通过构造相应的 $n-m$ 维状态观测器获取。具体设计过程如下。

对于

$$\dot{\bar{\boldsymbol{x}}}_1=\bar{\boldsymbol{A}}_{11}\bar{\boldsymbol{x}}_1+\bar{\boldsymbol{A}}_{12}\bar{\boldsymbol{x}}_2+\bar{\boldsymbol{B}}_1\boldsymbol{u}=\bar{\boldsymbol{A}}_{11}\bar{\boldsymbol{x}}_1+\boldsymbol{M} \tag{5.81}$$

因为 $\boldsymbol{u}$ 已知，$\bar{\boldsymbol{y}}$ 可直接测出，定义 $\boldsymbol{z}=\bar{\boldsymbol{A}}_{21}\bar{\boldsymbol{x}}_1$，则可把

$$\begin{cases}\boldsymbol{M}=\bar{\boldsymbol{A}}_{12}\bar{\boldsymbol{x}}_2+\bar{\boldsymbol{B}}_1\boldsymbol{u}\\ \boldsymbol{z}=\dot{\bar{\boldsymbol{x}}}_2-\bar{\boldsymbol{A}}_{22}\bar{\boldsymbol{x}}_2-\bar{\boldsymbol{B}}_2\boldsymbol{u}\end{cases} \tag{5.82}$$

作为待观测子系统已知的输入和输出量处理。易知$(\bar{\boldsymbol{A}}_{11},\bar{\boldsymbol{A}}_{21})$能观，所以可得状态观测器方程为

$$\dot{\hat{\bar{\boldsymbol{x}}}}=(\bar{\boldsymbol{A}}_{11}-\bar{\boldsymbol{G}}\bar{\boldsymbol{A}}_{21})\hat{\bar{\boldsymbol{x}}}_1+\boldsymbol{M}+\bar{\boldsymbol{G}}\boldsymbol{z} \tag{5.83}$$

通过选择合适的矩阵 $\bar{\boldsymbol{G}}$，可将$(\bar{\boldsymbol{A}}_{11}-\bar{\boldsymbol{G}}\bar{\boldsymbol{A}}_{21})$的特征值配置在期望的极点上。

将式(5.82)代入式(5.83)可得

$$\dot{\hat{\bar{\boldsymbol{x}}}}_1=(\bar{\boldsymbol{A}}_{11}-\bar{\boldsymbol{G}}\bar{\boldsymbol{A}}_{21})\hat{\bar{\boldsymbol{x}}}_1+(\bar{\boldsymbol{A}}_{12}-\bar{\boldsymbol{G}}\bar{\boldsymbol{A}}_{22})\bar{\boldsymbol{y}}+(\bar{\boldsymbol{B}}_1-\bar{\boldsymbol{G}}\bar{\boldsymbol{B}}_2)\boldsymbol{u}+\bar{\boldsymbol{G}}\dot{\bar{\boldsymbol{y}}} \tag{5.84}$$

令$\hat{\boldsymbol{w}}=\hat{\bar{\boldsymbol{x}}}-\bar{\boldsymbol{G}}\bar{\boldsymbol{y}}$，消去$\dot{\bar{\boldsymbol{y}}}$，得到状态观测器方程为

$$\begin{cases}\dot{\hat{\boldsymbol{w}}}=(\bar{\boldsymbol{A}}_{11}-\bar{\boldsymbol{G}}\bar{\boldsymbol{A}}_{21})\hat{\bar{\boldsymbol{x}}}_1+(\bar{\boldsymbol{A}}_{12}-\bar{\boldsymbol{G}}\bar{\boldsymbol{A}}_{22})\bar{\boldsymbol{y}}+(\bar{\boldsymbol{B}}_1-\bar{\boldsymbol{G}}\bar{\boldsymbol{B}}_2)\boldsymbol{u}\\ \hat{\bar{\boldsymbol{x}}}=\hat{\boldsymbol{w}}+\bar{\boldsymbol{G}}\bar{\boldsymbol{y}}\end{cases} \tag{5.85}$$

$\hat{\bar{\boldsymbol{x}}}$表示 $\bar{\boldsymbol{x}}$ 的观测值。或者将$\hat{\bar{\boldsymbol{x}}}_1$ 代入，可得

$$\begin{cases}\dot{\hat{\boldsymbol{w}}}=(\bar{\boldsymbol{A}}_{11}-\bar{\boldsymbol{G}}\bar{\boldsymbol{A}}_{21})\hat{\boldsymbol{w}}_1+(\bar{\boldsymbol{A}}_{11}-\bar{\boldsymbol{G}}\bar{\boldsymbol{A}}_{21})\bar{\boldsymbol{G}}+(\bar{\boldsymbol{A}}_{12}-\bar{\boldsymbol{G}}\bar{\boldsymbol{A}}_{22})\bar{\boldsymbol{y}}+(\bar{\boldsymbol{B}}_1-\bar{\boldsymbol{G}}\bar{\boldsymbol{B}}_2)\boldsymbol{u}\\ \hat{\bar{\boldsymbol{x}}}=\hat{\boldsymbol{w}}+\bar{\boldsymbol{G}}\bar{\boldsymbol{y}}\end{cases} \tag{5.86}$$

因此，整个系统状态向量 $\bar{\boldsymbol{x}}$ 的估计值为

$$\hat{\bar{\boldsymbol{x}}}=\begin{bmatrix}\hat{\bar{\boldsymbol{x}}}_1\\ \hat{\bar{\boldsymbol{x}}}_2\end{bmatrix}=\begin{bmatrix}\hat{\boldsymbol{w}}+\bar{\boldsymbol{G}}\bar{\boldsymbol{y}}\\ \bar{\boldsymbol{y}}\end{bmatrix}=\begin{bmatrix}\boldsymbol{I}\\ \boldsymbol{0}\end{bmatrix}\hat{\boldsymbol{w}}+\begin{bmatrix}\bar{\boldsymbol{G}}\\ \boldsymbol{I}\end{bmatrix}\bar{\boldsymbol{y}} \tag{5.87}$$

再通过 $\boldsymbol{T}$ 变换，变换到 $\hat{\boldsymbol{x}}$ 状态下，可得

$$\hat{\boldsymbol{x}}=\boldsymbol{T}\hat{\bar{\boldsymbol{x}}} \tag{5.88}$$

而对于状态估计误差$\dot{\tilde{\boldsymbol{x}}}$，有

$$\begin{aligned}\dot{\tilde{\boldsymbol{x}}}&=\dot{\bar{\boldsymbol{x}}}_1-\dot{\hat{\bar{\boldsymbol{x}}}}\\ &=\bar{\boldsymbol{A}}_{11}\bar{\boldsymbol{x}}_1+\bar{\boldsymbol{A}}_{12}\bar{\boldsymbol{y}}+\bar{\boldsymbol{B}}_1\boldsymbol{u}-(\bar{\boldsymbol{A}}_{11}-\bar{\boldsymbol{G}}\bar{\boldsymbol{A}}_{21})\hat{\bar{\boldsymbol{x}}}_1-(\bar{\boldsymbol{A}}_{12}-\bar{\boldsymbol{G}}\boldsymbol{A}_{22})\bar{\boldsymbol{y}}-(\bar{\boldsymbol{B}}_1-\bar{\boldsymbol{G}}\bar{\boldsymbol{B}}_2)\boldsymbol{u}-\bar{\boldsymbol{G}}\dot{\bar{\boldsymbol{y}}}\end{aligned} \tag{5.89}$$

又$\bar{\boldsymbol{A}}_{21}\bar{\boldsymbol{x}}_1=\dot{\bar{\boldsymbol{y}}}-\bar{\boldsymbol{A}}_{22}\bar{\boldsymbol{y}}-\bar{\boldsymbol{B}}_2\boldsymbol{u}$，如图 5.10 所示。则整理可得

$$\dot{\tilde{\boldsymbol{x}}}_1=(\bar{\boldsymbol{A}}_{11}-\bar{\boldsymbol{G}}\bar{\boldsymbol{A}}_{21})(\bar{\boldsymbol{x}}_1-\hat{\bar{\boldsymbol{x}}}_1)=(\bar{\boldsymbol{A}}_{11}-\bar{\boldsymbol{G}}\bar{\boldsymbol{A}}_{21})\tilde{\boldsymbol{x}}_1 \tag{5.90}$$

所以可通过选择合适的 $\bar{\boldsymbol{G}}$ 对$(\bar{\boldsymbol{A}}_{11}-\bar{\boldsymbol{G}}\bar{\boldsymbol{A}}_{21})$的特征值进行配置。

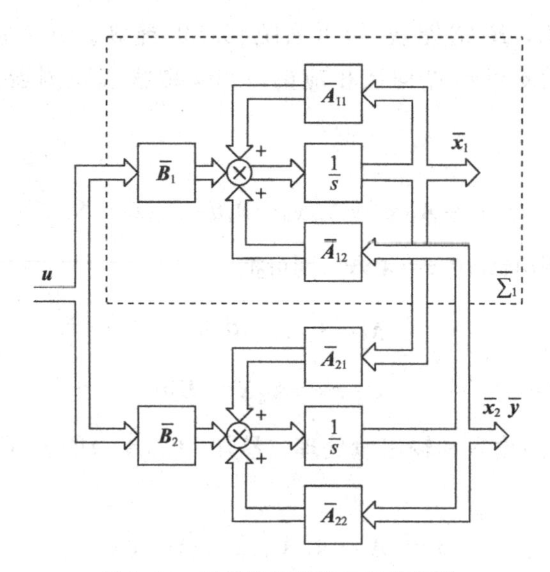

图 5.10　系统按能观性分解示意图

【例 5.6】 已知系统

$$\begin{cases}\dot{\boldsymbol{x}}=\begin{bmatrix}0 & 1 & 0\\0 & 0 & 1\\0 & 0 & 0\end{bmatrix}\boldsymbol{x}+\begin{bmatrix}0\\0\\1\end{bmatrix}\boldsymbol{u}\\ \boldsymbol{y}=[1,\quad 0,\quad 0]\boldsymbol{x}\end{cases}$$

设计降维观测器，使得状态观测器极点配置在$-4,-5$。

解：由于系统属于能观标准型，所以能观，存在状态观测器，$\text{rank}\boldsymbol{C}=1$，构造线性变换矩阵如下

$$\boldsymbol{T}^{-1}=\begin{bmatrix}\boldsymbol{C}_0\\\boldsymbol{C}\end{bmatrix}=\begin{bmatrix}0 & 0 & 1\\0 & 1 & 0\\1 & 0 & 0\end{bmatrix},\boldsymbol{T}=\begin{bmatrix}0 & 0 & 1\\0 & 1 & 0\\1 & 0 & 0\end{bmatrix},\bar{\boldsymbol{A}}=\boldsymbol{T}^{-1}\boldsymbol{A}\boldsymbol{T}=\begin{bmatrix}0 & 0 & 0\\1 & 0 & 0\\0 & 1 & 0\end{bmatrix}$$

$$\bar{\boldsymbol{B}}=\boldsymbol{T}^{-1}\boldsymbol{B}=\begin{bmatrix}0 & 0 & 1\\0 & 1 & 0\\1 & 0 & 0\end{bmatrix}\begin{bmatrix}0\\0\\1\end{bmatrix}=\begin{bmatrix}1\\0\\0\end{bmatrix},\bar{\boldsymbol{C}}=\boldsymbol{C}\boldsymbol{T}=[1\quad 0\quad 0]\begin{bmatrix}0 & 0 & 1\\0 & 1 & 0\\1 & 0 & 0\end{bmatrix}=[0\quad 0\quad 1]$$

引入$\bar{\boldsymbol{G}}=\begin{bmatrix}\bar{g}_1\\\bar{g}_2\end{bmatrix}$，则状态观测器的特征多项式为

$$f(\lambda)=\det[\lambda\boldsymbol{I}-(\bar{\boldsymbol{A}}_{11}-\bar{\boldsymbol{G}}\bar{\boldsymbol{A}}_{21})]=\det\begin{bmatrix}\lambda & \bar{g}_1\\-1 & \lambda+\bar{g}_2\end{bmatrix}=\lambda^2+\bar{g}_2\lambda+\bar{g}_1$$

期望的特征多项式为

$$f^*(\lambda)=(\lambda+4)(\lambda+5)=\lambda^2+9\lambda+20$$

比较$f(\lambda)$和$f^*(\lambda)$的各项系数，可知

$$\bar{g}_1=20,\quad \bar{g}_2=9,\quad 即\ \bar{\boldsymbol{G}}=\begin{bmatrix}20\\9\end{bmatrix}$$

可得状态观测器方程为

$$\dot{\boldsymbol{w}}=(\bar{\boldsymbol{A}}_{11}-\bar{\boldsymbol{G}}\bar{\boldsymbol{A}}_{21})\hat{\bar{\boldsymbol{x}}}_1+(\bar{\boldsymbol{A}}_{12}-\bar{\boldsymbol{G}}\bar{\boldsymbol{A}}_{22})\bar{\boldsymbol{y}}+(\bar{\boldsymbol{B}}_1-\bar{\boldsymbol{G}}\bar{\boldsymbol{B}}_2)\boldsymbol{u}=\begin{bmatrix}0 & -20\\1 & -9\end{bmatrix}\hat{\bar{\boldsymbol{x}}}_1+\begin{bmatrix}1\\0\end{bmatrix}\boldsymbol{u}$$

$$\hat{\bar{x}}_1=\hat{w}+\bar{G}\bar{y}=\hat{w}+\begin{bmatrix}20\\9\end{bmatrix}\bar{y}$$

或

$$\begin{aligned}\dot{\hat{w}}&=(\bar{A}_{11}-\bar{G}\bar{A}_{21})\hat{w}_1+[(\bar{A}_{11}-\bar{G}\bar{A}_{21})\bar{G}+(\bar{A}_{12}-\bar{G}\bar{A}_{22})]\bar{y}+(\bar{B}_1-\bar{G}\bar{B}_2)u\\&=\begin{bmatrix}0&-20\\1&-9\end{bmatrix}\hat{w}+\begin{bmatrix}1\\0\end{bmatrix}u+\begin{bmatrix}-180\\-61\end{bmatrix}\bar{y}\end{aligned}$$

$$\hat{\bar{x}}_1=\hat{w}+\bar{G}\bar{y}=\hat{w}+\begin{bmatrix}20\\9\end{bmatrix}\bar{y}$$

所以经线性变换后的状态估计为

$$\hat{\bar{x}}=\begin{bmatrix}\hat{\bar{x}}_1\\\hat{\bar{x}}_2\end{bmatrix}=\begin{bmatrix}\hat{w}+\bar{G}\,\bar{y}\\\bar{y}\end{bmatrix}=\begin{bmatrix}1&0\\0&1\\0&0\end{bmatrix}\begin{bmatrix}\bar{w}_1\\\bar{w}_2\end{bmatrix}+\begin{bmatrix}20\\9\\1\end{bmatrix}\bar{y}=\begin{bmatrix}\bar{w}_1+20\bar{y}\\\bar{w}_2+9\bar{y}\\\bar{y}\end{bmatrix}$$

原系统的状态估计为

$$\dot{x}=T\hat{\bar{x}}=\begin{bmatrix}0&0&1\\0&1&0\\1&0&0\end{bmatrix}\begin{bmatrix}\bar{w}_1+20\bar{y}\\\bar{w}_2+9\bar{y}\\\bar{y}\end{bmatrix}=\begin{bmatrix}\bar{y}\\\bar{w}_2+9\bar{y}\\\bar{w}_1+20\bar{y}\end{bmatrix}$$

系统的模拟结构图如图 5.11 所示。

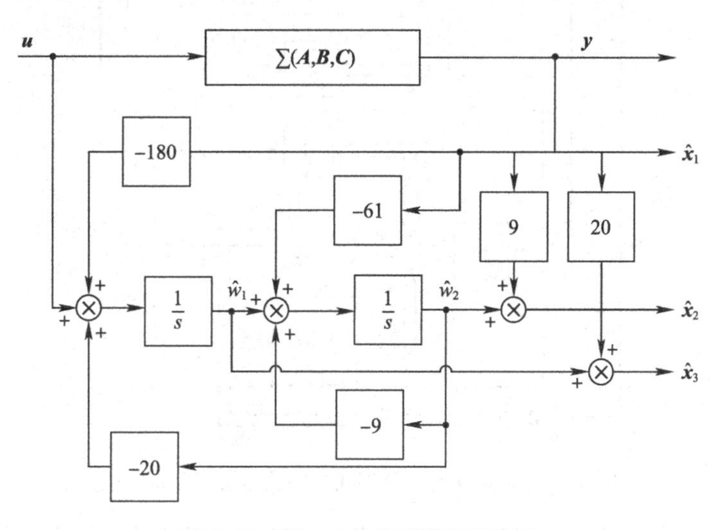

图 5.11　例 5.6 系统的模拟结构图

5.6.4　采用状态观测器的状态反馈系统

下面主要讨论利用状态观测器实现的状态反馈系统，并说明其与状态直接反馈系统之间的区别和联系。

给定一个能控且能观系统$\Sigma_0(A,B,C)$，其状态空间表达式为

$$\begin{cases}\dot{x}=Ax+Bu\\y=Cx\end{cases}\tag{5.91}$$

其相应的状态观测器可构造为

$$\begin{cases}\dot{\hat{x}}=(A-GC)\hat{x}+Gy+Bu\\ \hat{y}=Cx\end{cases} \tag{5.92}$$

取反馈控制律为

$$u=K\hat{x}+r \tag{5.93}$$

将式(5.93)代入式(5.91)和式(5.92),整理可得整个闭环系统的状态空间表达为

$$\begin{cases}\dot{x}=Ax+BK\hat{x}+Br\\ \dot{\hat{x}}=GCx+(A-GC+BK)\hat{x}+Br\\ y=Cx\end{cases} \tag{5.94}$$

即

$$\begin{cases}\begin{bmatrix}\dot{x}\\ \dot{\hat{x}}\end{bmatrix}=\begin{bmatrix}A & BK\\ GC & A-GC+BK\end{bmatrix}\begin{bmatrix}x\\ \hat{x}\end{bmatrix}+\begin{bmatrix}B\\ B\end{bmatrix}r\\ y=\begin{bmatrix}C & 0\end{bmatrix}\begin{bmatrix}x\\ \hat{x}\end{bmatrix}\end{cases} \tag{5.95}$$

采用状态观测器实现的状态反馈系统框图如图 5.12 所示。

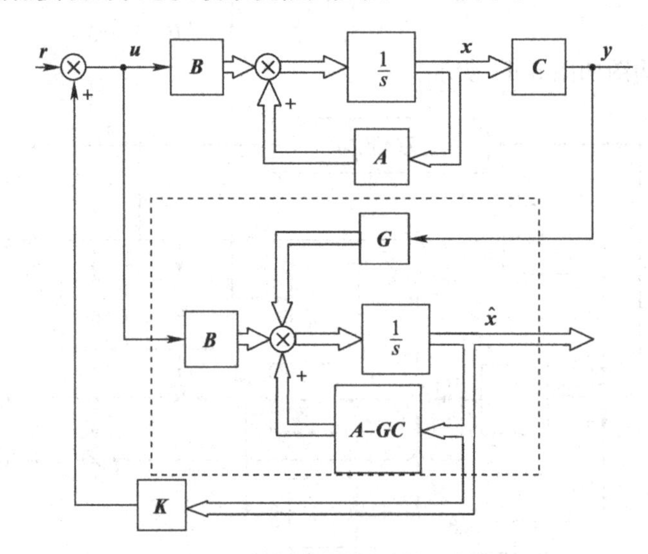

图 5.12　采用状态观测器实现的状态反馈系统框图

如图 5.12 所示的采用状态观测器实现的状态反馈闭环系统具有如下基本特性。

1. 闭环极点设计的分离性

该闭环系统的极点包括两部分,即直接状态反馈系统$\Sigma_K(A+BK,B,C)$的极点和状态观测器的极点。这两部分极点相互独立,相互分离。

对于状态估计误差 $\tilde{x}=x-\hat{x}$,利用等效变换可得

$$\begin{bmatrix}x\\ \tilde{x}\end{bmatrix}\begin{bmatrix}I & 0\\ I & -I\end{bmatrix}\begin{bmatrix}x\\ \tilde{x}\end{bmatrix}=\begin{bmatrix}x\\ x-\tilde{x}\end{bmatrix} \tag{5.96}$$

取变换矩阵为

$$T=\begin{bmatrix}I & 0\\ I & -I\end{bmatrix},T^{-1}=\begin{bmatrix}I & 0\\ I & -I\end{bmatrix}^{-1}=\begin{bmatrix}I & 0\\ I & -I\end{bmatrix}=T \tag{5.97}$$

采用线性变换后，系统$\sum(\boldsymbol{A},\boldsymbol{B},\boldsymbol{C})$可以表示为

$$\bar{\boldsymbol{A}}_1=\boldsymbol{T}^{-1}\boldsymbol{A}_1\boldsymbol{T}=\begin{bmatrix}\boldsymbol{I} & \boldsymbol{0}\\ \boldsymbol{I} & -\boldsymbol{I}\end{bmatrix}\begin{bmatrix}\boldsymbol{A} & \boldsymbol{BK}\\ \boldsymbol{GC} & \boldsymbol{A}-\boldsymbol{GC}+\boldsymbol{BK}\end{bmatrix}\begin{bmatrix}\boldsymbol{I} & \boldsymbol{0}\\ \boldsymbol{I} & -\boldsymbol{I}\end{bmatrix}=\begin{bmatrix}\boldsymbol{A}+\boldsymbol{BK} & \boldsymbol{BK}\\ \boldsymbol{0} & \boldsymbol{A}-\boldsymbol{GC}\end{bmatrix} \tag{5.98}$$

$$\bar{\boldsymbol{B}}_1=\boldsymbol{T}^{-1}\boldsymbol{B}_1=\begin{bmatrix}\boldsymbol{I} & \boldsymbol{0}\\ \boldsymbol{I} & -\boldsymbol{I}\end{bmatrix}\begin{bmatrix}\boldsymbol{B}\\ \boldsymbol{B}\end{bmatrix}=\begin{bmatrix}\boldsymbol{B}\\ \boldsymbol{0}\end{bmatrix},\bar{\boldsymbol{C}}_1=\boldsymbol{C}_1\boldsymbol{T}=[\boldsymbol{C}\quad \boldsymbol{0}]\begin{bmatrix}\boldsymbol{I} & \boldsymbol{0}\\ \boldsymbol{I} & -\boldsymbol{I}\end{bmatrix}=[\boldsymbol{C}\quad \boldsymbol{0}] \tag{5.99}$$

也可展开为

$$\begin{cases}\dot{\boldsymbol{x}}=(\boldsymbol{A}+\boldsymbol{BK})\boldsymbol{x}+\boldsymbol{BK}\tilde{\boldsymbol{x}}+\boldsymbol{Br}\\ \dot{\tilde{\boldsymbol{x}}}=(\boldsymbol{A}-\boldsymbol{GC})\tilde{\boldsymbol{x}}\\ \boldsymbol{y}=\boldsymbol{Cx}\end{cases} \tag{5.100}$$

因为线性变换不会使系统的极点发生改变，所以有

$$\begin{aligned}\det[s\boldsymbol{I}-\bar{\boldsymbol{A}}_1]&=\det\begin{bmatrix}s\boldsymbol{I}-(\boldsymbol{A}+\boldsymbol{BK}) & -\boldsymbol{BK}\\ \boldsymbol{0} & s\boldsymbol{I}-(\boldsymbol{A}-\boldsymbol{GC})\end{bmatrix}\\ &=\det[s\boldsymbol{I}-(\boldsymbol{A}+\boldsymbol{BK})]\cdot\det[s\boldsymbol{I}-(\boldsymbol{A}-\boldsymbol{GC})]\end{aligned} \tag{5.101}$$

从式(5.101)可以看出，闭环系统的特征多项式为$(\boldsymbol{A}+\boldsymbol{BK})$与$(\boldsymbol{A}-\boldsymbol{GC})$特征多项式的乘积，也就是说，采用状态观测器实现的状态反馈闭环系统，其闭环极点等于直接状态反馈的极点和状态观测器极点的总和，二者相互独立。这个结论表明，在设计采用状态观测器实现的状态反馈闭环系统时，状态观测和状态反馈可以分开进行设计，这种性质称为状态观测器实现的状态反馈闭环系统极点设计的分离性。

2. 传递函数阵的不变性

采用状态直接反馈的系统和采用状态观测器实现的状态反馈系统，二者之间具有相同的传递函数阵。

容易求得$\sum(\bar{\boldsymbol{A}}_1,\bar{\boldsymbol{B}}_1,\bar{\boldsymbol{C}}_1)$的传递函数阵为

$$\begin{aligned}\boldsymbol{G}(s)&=\bar{\boldsymbol{C}}_1(s\boldsymbol{I}-\bar{\boldsymbol{A}}_1)^{-1}\bar{\boldsymbol{B}}_1=[\boldsymbol{C}\quad \boldsymbol{0}]\begin{bmatrix}s\boldsymbol{I}-(\boldsymbol{A}+\boldsymbol{BK}) & -\boldsymbol{BK}\\ \boldsymbol{0} & s\boldsymbol{I}-(\boldsymbol{A}-\boldsymbol{GC})\end{bmatrix}\begin{bmatrix}\boldsymbol{B}\\ \boldsymbol{0}\end{bmatrix}\\ &=(\boldsymbol{C},\quad \boldsymbol{0})\begin{bmatrix}(s\boldsymbol{I}-(\boldsymbol{A}+\boldsymbol{BK}))^{-1} & (s\boldsymbol{I}-(\boldsymbol{A}+\boldsymbol{BK}))^{-1}\boldsymbol{BK}(s\boldsymbol{I}-(\boldsymbol{A}-\boldsymbol{GC}))^{-1}\\ \boldsymbol{0} & (s\boldsymbol{I}-(\boldsymbol{A}-\boldsymbol{GC}))^{-1}\end{bmatrix}\begin{bmatrix}\boldsymbol{B}\\ \boldsymbol{0}\end{bmatrix}\\ &=\boldsymbol{C}(s\boldsymbol{I}-(\boldsymbol{A}+\boldsymbol{BK}))^{-1}\boldsymbol{B}\end{aligned} \tag{5.102}$$

所以，可得出传递函数阵不变性的结论。

3. 状态观测器反馈与直接状态反馈等效

由式(5.100)可知，通过选择合适的$\boldsymbol{G}$，可将$(\boldsymbol{A}-\boldsymbol{GC})$的特征值配置在均具有负实部的位置上，即$\lim\limits_{t\to\infty}\tilde{\boldsymbol{x}}=\boldsymbol{0}$必然成立，所以有

$$\begin{cases}\dot{\boldsymbol{x}}=(\boldsymbol{A}+\boldsymbol{BK})\boldsymbol{x}+\boldsymbol{Br}\\ \boldsymbol{y}=\boldsymbol{Cx}\end{cases} \tag{5.103}$$

成立。因此，通过状态观测器实现的状态反馈系统在进入稳态时($t\to\infty$)，与直接状态反馈系统是完全等价的。

5.7 MATLAB在闭环极点配置及状态观测器设计中的应用

5.7.1 用MATLAB求解闭环极点配置问题

设有如下被控系统

$$\dot{x}=\begin{bmatrix}0 & 1\\ -3 & -4\end{bmatrix}x+\begin{bmatrix}0\\ 1\end{bmatrix}u$$

试对其设计状态反馈控制器，使得闭环极点为-4和-5，并分析极点配置后系统阶跃响应的性能变化。

解：采用MATLAB求解该问题。首先，判断系统的能控性，MATLAB程序如下：

```
>>A=[0 1;-3 -4];
>>B=[0;1];
>>Tc=ctrb(A,B)
>>n=size(A);
>>if rank(Tc)==n(1)
    disp("The system is controlled")
else
    disp("The system is not controlled")
end
```

结果显示为：

```
Tc=2×2
     0     1
     1    -4
The system is controlled
```

其次，因系统可控，求状态反馈器，MATLAB程序如下：

```
>>A=[0 1;-3 -4];
>>B=[0;1];
>>C=[3 2];
>>D=0;
>>J=[-4 -5];
>>K=place(A,B,J)
```

结果显示为：

```
K=1×2
   17.0000    5.0000
```

即状态反馈控制器为$\boldsymbol{u}=-\boldsymbol{Kx}$，而状态反馈闭环系统的状态空间表达式为

$$\dot{\boldsymbol{x}}=(\boldsymbol{A}-\boldsymbol{BK})\boldsymbol{x}$$

配置极点后，求系统的阶跃响应，在以上基础上，采用如下指令：

```
step(A-B*K,B,C,D)
```

可得状态反馈极点配置后系统的阶跃响应,如图 5.13 所示。

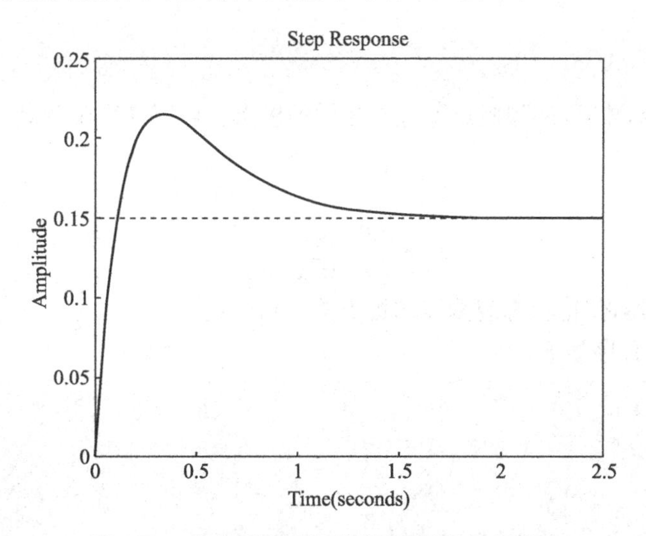

图 5.13　状态反馈极点配置后系统的阶跃响应

配置极点前,采用如下指令:

```
>>step(A,B,C,D)
```

可得状态反馈极点配置前系统的阶跃响应,如图 5.14 所示。

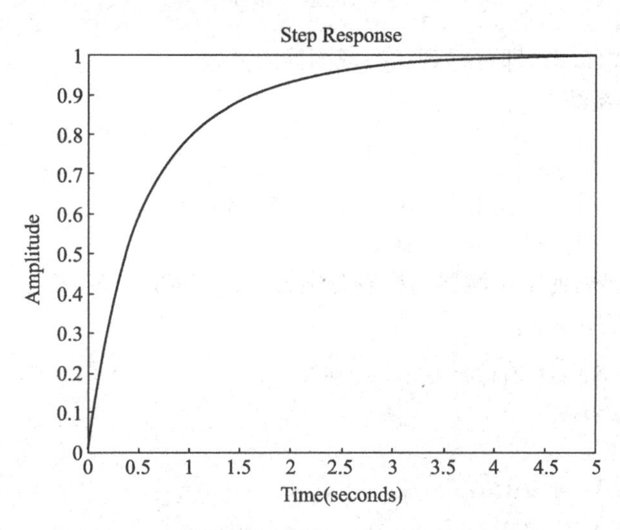

图 5.14　状态反馈极点配置前系统的阶跃响应

对比图 5.13 和图 5.14 可知,进行极点配置后,系统的性能发生了变化,动态性能得到了改善,但是稳态性能变差。

5.7.2 用 MATLAB 设计状态观测器

由极点配置和状态观测器设计问题的对偶关系,可采用 MATLAB 中极点配置的函数来确定所需要的状态观测器增益矩阵。如对于单输入单输出系统,增益矩阵可由以下 MATLAB 函

数确定

```
G=(acker(A',C',P'))'
```

或

```
G=(place(A',C',P'))'
```

注意:采用 place()函数时,期望极点不包含相同的极点。对于降维观测器,求取方法类似。

(1) 已知系统

$$\begin{cases}\dot{\boldsymbol{x}}=\begin{bmatrix}0 & 1\\0 & 0\end{bmatrix}\boldsymbol{x}+\begin{bmatrix}0\\1\end{bmatrix}u\\ y=\begin{bmatrix}1 & 0\end{bmatrix}\boldsymbol{x}\end{cases}$$

设计一个状态观测器,使得状态观测器的极点为$-1,-2$。

解:MATLAB 程序如下:

```
>>A=[0 1;0 0];
>>B=[0;1];
>>C=[1 0];
>>P=[-1 -2];
>>G=(place(A',C',P))'
```

运行结果为:

```
G=2×1
    3.0000
    2.0000
```

所以将 $\boldsymbol{G}$ 代入式(5.72)即可得到状态观测器的方程。

(2) 给定一被控系统

$$\begin{cases}\dot{\boldsymbol{x}}=\begin{bmatrix}0 & 1 & 0\\0 & 0 & 1\\1.244 & 0.3965 & -3.145\end{bmatrix}\boldsymbol{x}+\begin{bmatrix}0\\0\\1.244\end{bmatrix}u\\ y=\begin{bmatrix}1 & 0 & 0\end{bmatrix}\boldsymbol{x}\end{cases}$$

试设计一个全维观测器,使得观测器的极点分别为$-5+\mathrm{j}5\sqrt{3}$,$-5-\mathrm{j}5\sqrt{3}$,-10。

解:MATLAB 程序如下:

```
>>A=[0 1 0;0 0 1;1.244 0.3965 -3.145];
>>B=[0;0;1.244];
>>C=[1 0 0];
>>P=[-5+i*5*sqrt(3); -5-i*5*sqrt(3); -10];
>>G=(acker(A',C',P))'
```

运行结果为:

```
G=3×1
   16.8550
  147.3875
  544.3932
```

所以将 $\boldsymbol{G}$ 代入式(5.72)即可得到全维观测器的方程。

小　结

本章介绍状态反馈与状态观测器，讨论了反馈控制对系统能观性和能控性的影响，阐述了闭环系统的极点配置、解耦控制和状态观测器的设计。其中，本章重点内容为状态反馈与状态观测器设计，应正确理解并熟练掌握其所涉及的基本概念、基本方法和基本运算。在现代控制理论中，反馈控制仍然是自动控制系统中最基本的控制方式之一，且更多地采用状态反馈。状态反馈在系统极点配置、解耦等部分均具有重要作用，且状态反馈最重要的性质是，当被控系统完全能控时，可以采用状态反馈实现闭环系统特征值的任意配置。而状态观测器的设计是为了克服状态反馈物理实现的困难而提出的，在现代控制理论内容中具有重要的工程实用价值。

人物小传——关肇直

关肇直(1919—1982)，著名数学家、系统与控制学家，中国现代控制理论的开拓者与传播人，中国科学院系统科学研究所的第一任所长，1980 年当选为中国科学院学部委员(院士)。

1962 年，在钱学森的极力倡导和推动下，在关肇直全力以赴的努力下，中国第一个从事研究现代控制理论的机构——中国科学院数学研究所控制理论研究室成立，关肇直亲自任主任。关肇直一生致力于数学、控制科学和系统科学的研究与发展，在人造卫星测轨、导弹制导、潜艇控制等项目中做出了重要贡献。关肇直的兴趣广泛、学识渊博，他的秉性和远见卓识及他对发展祖国科学事业的责任感，使他勇于“开疆拓土，而不安于一城一邑的治理”(吴文俊、许国治语)，他胸怀祖国，敢为人先，勇攀高峰，彰显了我国科技工作者的精神特质。

习　题　5

5-1　设线性定常系统的状态空间模型为

$$\begin{cases} \dot{\boldsymbol{x}}=\begin{bmatrix}1 & 2\\ 3 & 1\end{bmatrix}\boldsymbol{x}+\begin{bmatrix}0\\ 1\end{bmatrix}u \\ y=\begin{bmatrix}1 & 2\end{bmatrix}\boldsymbol{x}\end{cases}$$

当引入状态反馈增益矩阵$\begin{bmatrix}-3 & -1\end{bmatrix}$时，分析引入状态反馈前后系统的能控性和能观性。

5-2　设线性定常系统的传递函数为

$$G(s)=\frac{10}{s(s+1)(s+2)}$$

设计状态反馈控制器，将闭环系统极点配置在$-2,-1\pm \mathrm{j}$。

5-3　已知系统

$$\begin{cases} \dot{\boldsymbol{x}}=\begin{bmatrix}1 & 2\\ 1 & 3\end{bmatrix}\boldsymbol{x}+\begin{bmatrix}0\\ 1\end{bmatrix}u \\ y=\begin{bmatrix}1 & 0\end{bmatrix}\boldsymbol{x}\end{cases}$$

设计状态反馈增益矩阵 $\boldsymbol{K}$，使闭环系统极点配置为 $-1+\mathrm{j}$，$-1-\mathrm{j}$。

5-4　已知系统

$$\begin{cases}\dot{\boldsymbol{x}}=\begin{bmatrix}-3 & 1\\ 0 & -1\end{bmatrix}\boldsymbol{x}+\begin{bmatrix}0\\ 1\end{bmatrix}u\\ y=\begin{bmatrix}1 & 0\end{bmatrix}\boldsymbol{x}\end{cases}$$

(1) 画出模拟结构图。

(2) 若动态性能不满足要求，是否可任意配置极点？

(3) 若指定极点为 -3，-3，求状态反馈矩阵。

5-5　系统的传递函数为

$$\frac{(s-2)(s+1)}{(s+1)(s-2)(s+3)}$$

可否利用状态反馈将其传递函数变为 $\dfrac{(s-1)}{(s+2)(s+3)}$，并试求状态反馈矩阵。

5-6　判断下面的系统通过状态反馈是否镇定

$$\boldsymbol{A}=\begin{bmatrix}-1 & -2 & -4\\ 0 & -2 & 1\\ 0 & 0 & -3\end{bmatrix},\boldsymbol{B}=\begin{bmatrix}1\\ 0\\ 1\end{bmatrix}$$

5-7　设计前馈补偿器使系统

$$\boldsymbol{G}(s)=\begin{bmatrix}\dfrac{1}{s} & \dfrac{1}{s+1}\\ \dfrac{1}{s+3} & \dfrac{1}{s+2}\end{bmatrix}$$

解耦，且解耦后的极点为 -1，-1，-2，-2。

5-8　已知系统

$$\dot{\boldsymbol{x}}=\begin{bmatrix}0 & 1 & 0 & 0\\ 0 & 0 & 1 & 0\\ 0 & 0 & 0 & 1\\ 0 & 0 & 1 & 0\end{bmatrix}\boldsymbol{x}+\begin{bmatrix}0\\ 1\\ 0\\ 1\end{bmatrix}\boldsymbol{u}$$

(1) 判断系统是否稳定。

(2) 判断系统是否镇定，若不能，设计状态反馈使其镇定。

5-9　已知系统

$$\begin{cases}\dot{\boldsymbol{x}}=\begin{bmatrix}0 & 1\\ 0 & 0\end{bmatrix}\boldsymbol{x}+\begin{bmatrix}0\\ 1\end{bmatrix}u\\ y=\begin{bmatrix}0 & 1\end{bmatrix}\boldsymbol{x}\end{cases}$$

设计状态观测器，使系统极点为 $-2r$，$-3r$（$r>0$）。

5-10　系统的状态空间表达式为

$$\begin{cases}\dot{\boldsymbol{x}}=\begin{bmatrix}1 & 0 & 1\\ -7 & 0 & -8\\ 1 & 1 & 1\end{bmatrix}\boldsymbol{x}+\begin{bmatrix}1\\ 0\\ -1\end{bmatrix}u\\ y=\begin{bmatrix}1 & 0 & 1\end{bmatrix}\boldsymbol{x}\end{cases}$$

试设计极点为 -2，-2 的降维观测器。

5-11　已知系统

$$\begin{cases}\dot{\boldsymbol{x}}=\begin{bmatrix}-2 & 1\\ 0 & -3\end{bmatrix}\boldsymbol{x}+\begin{bmatrix}0\\1\end{bmatrix}u\\ y=\begin{bmatrix}1 & 0\end{bmatrix}\boldsymbol{x}\end{cases}$$

设状态变量 x_2 不可取，试设计全维和降维观测器，且观测器的极点为−3，−3。

5-12　已知系统

$$\begin{cases}\dot{\boldsymbol{x}}=\begin{bmatrix}0 & 1 & 0\\ 0 & 0 & 1\\ 0 & 0 & 0\end{bmatrix}\boldsymbol{x}+\begin{bmatrix}0\\0\\1\end{bmatrix}u\\ y=\begin{bmatrix}1 & 0 & 0\end{bmatrix}\boldsymbol{x}\end{cases}$$

设计一降维观测器，使观测器的极点为−3，−4。

5-13　已知质量-弹簧-阻尼系统如图 5.15 所示，其质量 $m=1\text{kg}$，阻尼系数 $b=0.5$，弹簧系数 $k=1$，假设其中质量块的位置移动可测，但移动速度不可测，试设计相应的全维观测器。

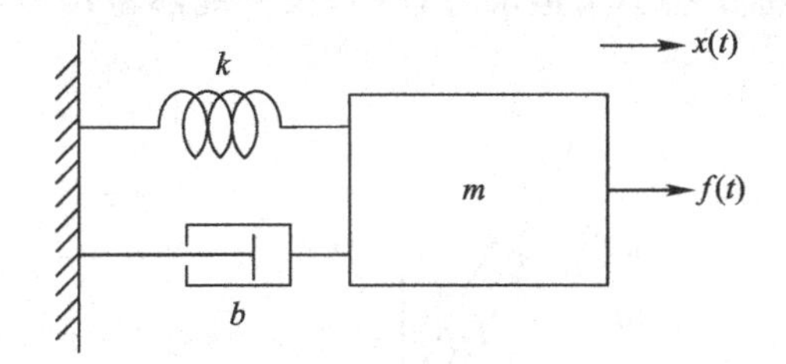

图 5.15　质量-弹簧-阻尼系统

第6章　典型动力系统的控制

6.1　倒立摆系统

6.1.1　倒立摆系统模型

倒立摆系统是一个典型的多变量、非线性、强耦合和快速运动的自然不稳定系统，其在机器人及航天科技等领域具有重要的应用价值。一级倒立摆系统由沿导轨运动的小车和通过转轴固定在小车上的摆杆组成，小车可在导轨上向左或向右移动，同时摆杆可在垂直平面内自由运动，控制目标是在小车运动过程中，摆杆能够稳定竖立在垂直位置，如图6.1所示。

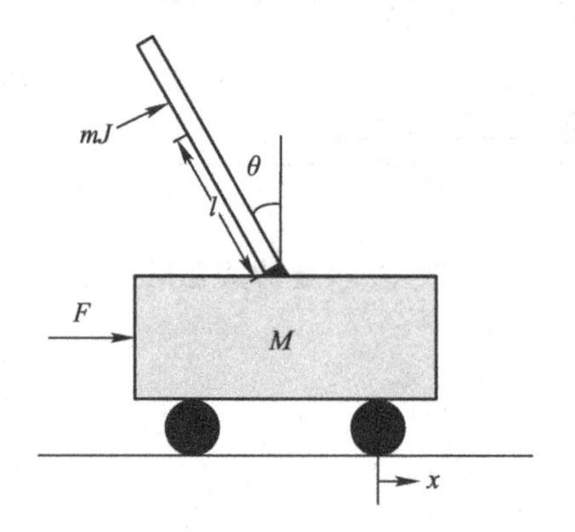

图6.1　一级倒立摆系统

为了简化分析，做如下假设：

① 摆杆为刚体；

② 忽略摆杆与轴支点之间的摩擦力；

③ 忽略空气流动阻力；

则可将倒立摆系统抽象为小车和匀质刚性杆组成的系统。那么，通过对其进行受力分析，可得倒立摆系统模型为

$$\begin{cases}(J+ml^2)\ddot{\theta}-mgl\sin\theta=ml\ddot{x}\cos\theta \\ (M+m)\ddot{x}+b\dot{x}+ml\ddot{\theta}\cos\theta-ml\dot{\theta}\sin\theta=F\end{cases} \tag{6.1}$$

其中，M 和 m 分别表示小车质量和摆杆质量，l 为摆杆转动轴心到摆杆质心的长度，J 为摆杆的转动惯量，F 为施加在小车上的外力，b 表示小车的摩擦系数，x 表示小车的位置，θ 为摆杆与垂直向下方向的夹角。显然，式(6.1)所示系统为非线性方程，由于控制目标为倒立摆的摆杆直立，则在施加合适的外力条件下，可以假设 θ 很小(接近于零)，则有 $\sin\theta\approx 0$，$\cos\theta\approx 1$，并忽略 $\dot{\theta}$、θ 等极小量，令 $u=F$，则式(6.1)所示系统可以线性化为

$$
\begin{cases}(J+ml^2)\ddot{\theta}-mgl\theta=ml\ddot{x}\\(M+m)\ddot{x}+b\dot{x}-ml\ddot{\theta}=F\end{cases}\tag{6.2}
$$

对方程(6.2)进行求解,可得

$$
\begin{cases}\ddot{x}=\dfrac{-(J+ml^2)b}{J(M+m)+Mml^2}\dot{x}+\dfrac{m^2gl^2}{J(M+m)+Mml^2}\theta+\dfrac{(J+ml^2)}{J(M+m)+Mml^2}u\\\ddot{\theta}=\dfrac{-mlb}{J(M+m)+Mml^2}\dot{x}+\dfrac{mgl(M+m)}{J(M+m)+Mml^2}\theta+\dfrac{ml}{J(M+m)+Mml^2}u\end{cases}\tag{6.3}
$$

整理成状态空间表达式为

$$
\begin{cases}\begin{bmatrix}\dot{x}\\\ddot{x}\\\dot{\theta}\\\ddot{\theta}\end{bmatrix}=\begin{bmatrix}0&1&0&0\\0&\dfrac{-(J+ml^2)b}{J(M+m)+Mml^2}&\dfrac{m^2gl^2}{J(M+m)+Mml^2}&0\\0&0&0&1\\0&\dfrac{-mlb}{J(M+m)+Mml^2}&\dfrac{mgl(M+m)}{J(M+m)+Mml^2}&0\end{bmatrix}\begin{bmatrix}x\\\dot{x}\\\theta\\\dot{\theta}\end{bmatrix}+\begin{bmatrix}0\\\dfrac{(J+ml^2)}{J(M+m)+Mml^2}\\0\\\dfrac{ml}{J(M+m)+Mml^2}\end{bmatrix}u\\y=\begin{bmatrix}1&0&0&0\\0&1&0&0\\0&0&1&0\\0&0&0&1\end{bmatrix}\begin{bmatrix}x\\\dot{x}\\\theta\\\dot{\theta}\end{bmatrix}+\begin{bmatrix}0\\0\\0\\0\end{bmatrix}u\end{cases}\tag{6.4}
$$

若选取一具体确定的倒立摆系统,其系统参数为:$M=0.5\text{kg}$,$m=0.2\text{kg}$,$b=0.1\text{N}/(\text{m}\cdot\text{s}^{-1})$,$l=0.3\text{m}$,$J=0.006\text{kg}\cdot\text{m}^2$,将各数值代入式(6.4),则可得倒立摆的状态空间表达式为

$$
\begin{cases}\begin{bmatrix}\dot{x}\\\ddot{x}\\\dot{\theta}\\\ddot{\theta}\end{bmatrix}=\begin{bmatrix}0&1&0&0\\0&-0.1818&2.6727&0\\0&0&0&1\\0&-0.4545&31.1818&0\end{bmatrix}\begin{bmatrix}x\\\dot{x}\\\theta\\\dot{\theta}\end{bmatrix}+\begin{bmatrix}0\\1.8182\\0\\4.5455\end{bmatrix}u\\y=\begin{bmatrix}1&0&0&0\\0&1&0&0\\0&0&1&0\\0&0&0&1\end{bmatrix}\begin{bmatrix}x\\\dot{x}\\\theta\\\dot{\theta}\end{bmatrix}+\begin{bmatrix}0\\0\\0\\0\end{bmatrix}u\end{cases}\tag{6.5}
$$

由式(6.5)可知

$$
\boldsymbol{A}=\begin{bmatrix}0&1&0&0\\0&-0.1818&2.6727&0\\0&0&0&1\\0&-0.4545&31.1818&0\end{bmatrix},\boldsymbol{B}=\begin{bmatrix}0\\1.8182\\0\\4.5455\end{bmatrix},\boldsymbol{C}=\begin{bmatrix}1&0&0&0\\0&1&0&0\\0&0&1&0\\0&0&0&1\end{bmatrix},\boldsymbol{D}=\begin{bmatrix}0\\0\\0\\0\end{bmatrix}
$$

采用如下 MATLAB 代码，可求得系统的极点：

```
>>A=[0 1 0 0;0 -0.1818 2.6727 0;0 0 0 1;0 -0.4545 31.1818 0];
>>B=[0;1.8182;0;4.5455];
>>C=[1 0 0 0;0 1 0 0;0 0 1 0;0 0 0 1];
>>D=[0;0;0;0];
>> [num,den]=ss2tf(A,B,C,D);
>> [z,p,k]=residue(num,den)
```

运行结果为：

```
p=4×1
   -5.6041
    5.5651
   -0.1428
      0
```

由结果可知，系统有一个极点在右半平面，所以系统不稳定。

6.1.2 极点配置控制设计

针对 6.1.1 节得到的倒立摆系统状态空间表达式，采用如下 MATLAB 代码，可判断系统的能控性：

```
>>A=[0 1 0 0;0 -0.1818 2.6727 0;0 0 0 1;0 -0.4545 31.1818 0];
>>B=[0;1.8182;0;4.5455];
>>C=[1 0 0 0;0 1 0 0;0 0 1 0;0 0 0 1];
>>D=[0;0;0;0];
>>Tc=ctrb(A,B);
>>n=size(A);
>>if rank(Tc)==n(1)
     disp("The system is controlled")
else
     disp("The system is not controlled")
end
```

结果如下：

```
A=4×4
     0    1.0000         0         0
     0   -0.1818    2.6727         0
     0         0         0    1.0000
     0   -0.4545   31.1818         0
B=4×1
          0
     1.8182
          0
```

```
    4.5455
C=4×4
     1     0     0     0
     0     1     0     0
     0     0     1     0
     0     0     0     1
D=4×1
     0
     0
     0
     0
Tc=4×4
          0     1.8182    -0.3305     12.2089
     1.8182    -0.3305    12.2089     -4.4282
          0     4.5455    -0.8264    141.8871
     4.5455    -0.8264   141.8871    -31.3167
The system is controlled
```

因此可知该系统是能控的，可进行极点配置。若设定性能指标为超调量 $\sigma\%=15\%$，调节时间满足 $t_s\leqslant 2s$，则有

$$\begin{cases} e^{\frac{-\xi\pi}{\sqrt{1-\xi^2}}}=15\% \\ t_s=\dfrac{3}{\xi\omega_n}\leqslant 2 \end{cases} \tag{6.6}$$

可得

$$\xi=0.517,\omega_n=2.901 \tag{6.7}$$

所以两个期望极点为

$$\lambda_{1,2}=-\xi\omega_n\pm\omega_n\sqrt{1-\xi^2}=-1.5\pm2.927j \tag{6.8}$$

取另外两个期望极点为

$$\lambda_3=\lambda_4=-10 \tag{6.9}$$

则期望极点可以表示为

$$\boldsymbol{P}=[-1.5+2.927j \quad -1.5-2.927j \quad -10 \quad -10] \tag{6.10}$$

则采用如下 MATLAB 代码可求得极点配置所需 K：

```
>>A=[0 1 0 0;0 -0.1818 2.6727 0;0 0 0 1;0 -0.4545 31.1818 0];
>>B=[0;1.8182;0;4.5455];
>>C=[1 0 0 0;0 1 0 0;0 0 1 0;0 0 0 1];
>>D=[0;0;0;0];
>>P=[-1.5+2.927i;-1.5V2.927i;-10;-10];
>>K=acker(A,B,P)
```

运行结果为：

```
K=1×4
  -24.2835   -11.6913   54.1528    9.6965
```

求得极点配置所需要选取的 **K** 后，可采用 MATLAB 代码：

```
step(A-B*K,B,C,D)
```

求得系统的阶跃响应，如图 6.2 所示。

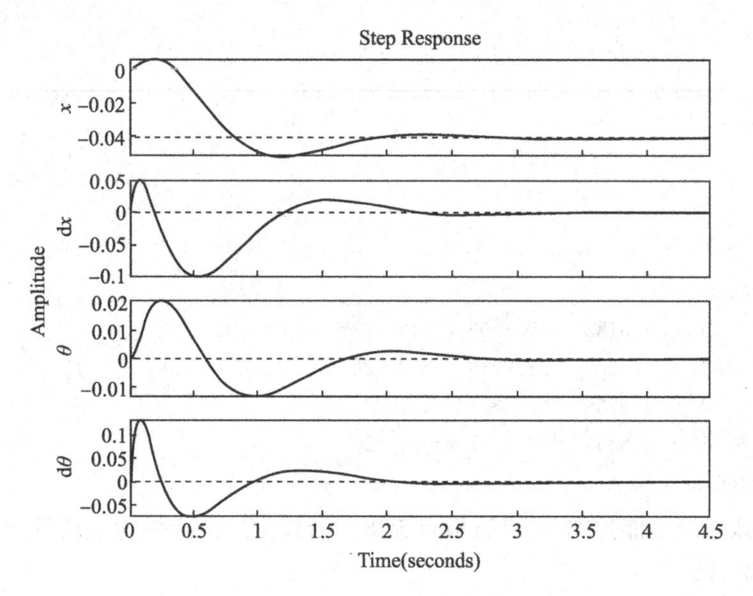

图 6.2　一级倒立摆系统的阶跃响应

由图 6.2 可知，采用极点配置后，倒立摆成为稳定可控的系统。

6.2　电液控制系统

6.2.1　电液控制系统模型

为了实现锻造，电液控制系统的结构如图 6.3 所示。它由一个油泵、一个 3 位 4 通伺服阀、一个单杆液压缸和质量块等组成。给定期望的运动轨迹 y_d，控制系统的控制目标是设计一个控制输入，使输出 y 可以尽可能地跟踪期望的运动轨迹。

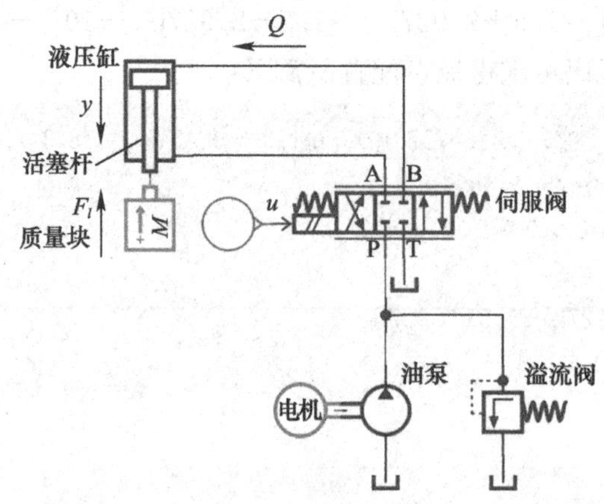

图 6.3　电液控制系统的结构

系统的动态模型可以表示为

$$P_l A = m\ddot{y} + B\dot{y} + F_l$$

$$A\dot{x} + C_t P_l + \frac{V_t}{4\beta e}\dot{P}_l = C_d w x_v \sqrt{\frac{P_s - P_l \mathrm{sign}(x_v)}{\rho}}$$

$$x_v = K_v K_i u$$

式中，y 是活塞杆的位移，u 是输入电压，P_l 是液压缸内产生的压力，x_v 是伺服阀阀芯位移，F_l 是质量块所产生的负载力，A 是液压缸作用面积，B 是黏性阻尼系数，其他参数的符号和值详见参考文献[21]。

定义状态变量 $x_1 = y, x_2 = \dot{x}_1, x_3 = \ddot{x}_1$，则状态空间方程可表示为

$$\dot{x}_1 = x_2$$

$$\dot{x}_2 = x_3$$

$$\dot{x}_3 = \gamma_1 x_1 + \gamma_2 x_2 + \gamma_3 x_3 + \beta K_s u + T_L$$

这里假设期望位移曲线如图 6.4 所示(图 6.5 是图 6.4 的放大图)。

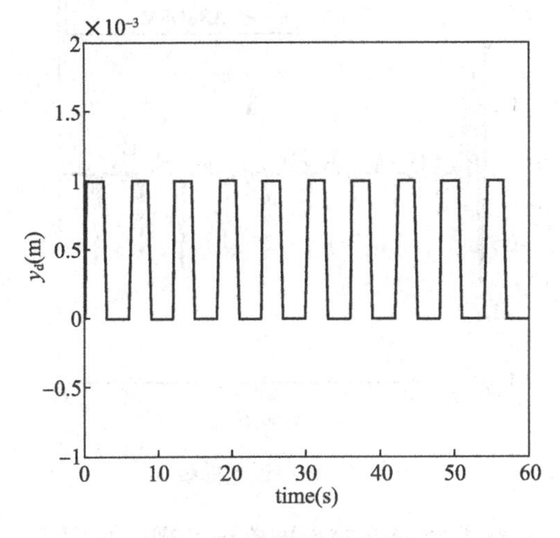

图 6.4　期望位移曲线

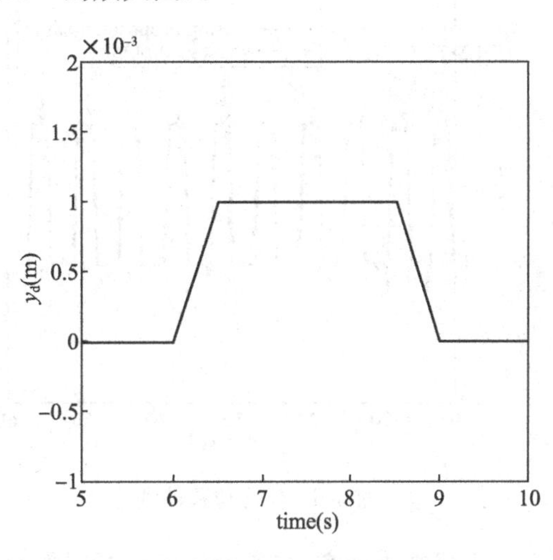

图 6.5　期望位移曲线的放大图

当电液控制系统处于下压接触状态时，负载力会随着位移的增加而成比例增加，可以表示为

$$F_l = \begin{cases} ky & y \geqslant 0 \\ 0 & y < 0 \end{cases}$$

其中，k 为常数。

6.2.2　控制器设计

这里，我们设计如下滑模面

$$\sigma = c_1 x_1 + c_2 x_2 + x_3 + \delta \int_0^t (x_1 - y_d)\mathrm{d}t$$

如果采用如下控制律

$$u = b^{-1}[u_1 - u_2 - a(x,t)]$$

则利用李雅普诺夫分析的方法，可以保证系统的稳定性。按照第 4 章所介绍的李雅普诺夫第二法的原理，考虑如下候选李雅普诺夫函数

$$V = \underbrace{\boldsymbol{\zeta}^{\mathrm{T}} \boldsymbol{P} \boldsymbol{\zeta}}_{V_\zeta} + \underbrace{\frac{1}{2}(\alpha_1 - \alpha_1^*)^2 + \frac{1}{2}(\alpha_2 - \alpha_2^*)^2}_{V_\alpha}$$

对 V_ζ 进行求导，可得

$$\dot{V}_\zeta \leqslant -\gamma_1 V_\zeta^{\frac{2m-3}{2m-2}} - \gamma_2 V_\zeta$$

其中 $\gamma_1 = \dfrac{m-1}{m}\mu_1^{\frac{m}{m-1}}\dfrac{\lambda_{\min}^{\frac{1}{2m-2}}(\boldsymbol{P})}{\lambda_{\max}(\boldsymbol{P})}\varepsilon, \gamma_2 = \dfrac{\mu_2\varepsilon}{\lambda_{\max}(\boldsymbol{P})}$。再通过对 V_α 及其导数的讨论，可以得到系统在适当条件下负定（即稳定）的结论，其具体推导过程及涉及的变量及参数含义详见参考文献[21]。

6.2.3 控制系统仿真

在上述控制器的作用下，将所提方法与自适应光滑二阶滑模控制方法（ASSOSM）进行同步比对，系统的实际位移及跟踪误差曲线分别如图 6.6 和图 6.7 所示。

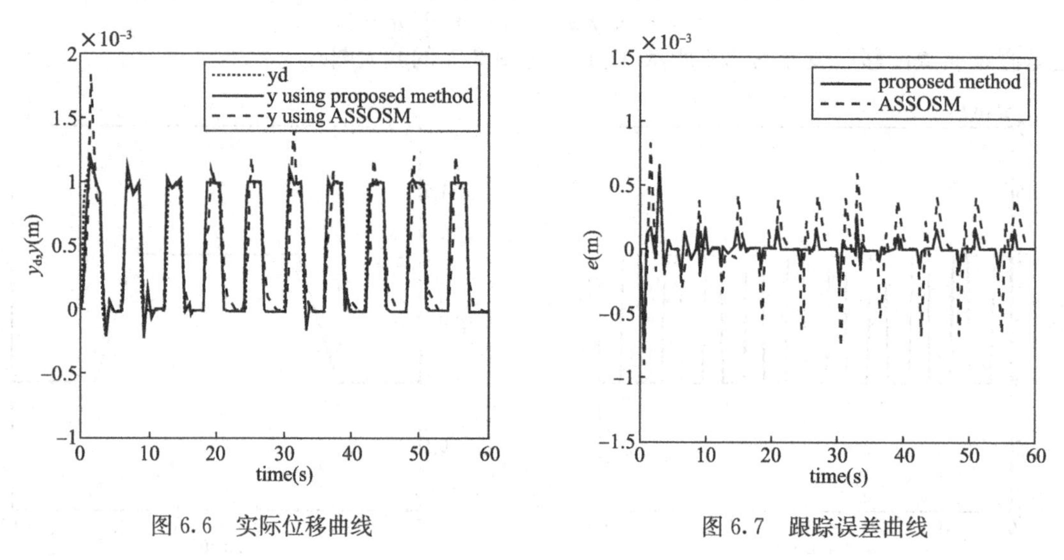

图 6.6 实际位移曲线　　图 6.7 跟踪误差曲线

上述结果证实，在所设计的控制器作用下，电液控制系统能够较为准确地实现位移跟踪，且收敛到较小的精度内。

6.3 四旋翼无人机

6.3.1 四旋翼无人机动力学模型

四旋翼无人机系统的输入为 4 个旋翼的转速。采用欧拉角表示四旋翼无人机的姿态，定义姿态角 $\boldsymbol{\eta} = [\phi \quad \theta \quad \psi]$，其中 ϕ, θ, ψ 分别表示四旋翼无人机的俯仰角、滚转角和偏航角。4 个旋翼的转速由 $\bar{\omega}_i (i=1\sim4)$ 表示。4 个旋翼差动可以组合产生固定于无人机机体的总升力 $f(t)$ 和影响无人机姿态的扭矩 $\boldsymbol{\tau}(t) = [\tau_x \quad \tau_y \quad \tau_z]$，其关系为

$$\begin{bmatrix} f(t) \\ \tau_x(t) \\ \tau_y(t) \\ \tau_z(t) \end{bmatrix} = \begin{bmatrix} C_T & C_T & C_T & C_T \\ 0 & L_{arm}C_T & 0 & -L_{arm}C_T \\ -L_{arm}C_T & 0 & L_{arm}C_T & 0 \\ -L_{arm}C_Q & L_{arm}C_Q & -L_{arm}C_Q & L_{arm}C_Q \end{bmatrix} \begin{bmatrix} \bar{\omega}_1^2 \\ \bar{\omega}_2^2 \\ \bar{\omega}_3^2 \\ \bar{\omega}_4^2 \end{bmatrix} \tag{6.11}$$

其中，参数 C_T 和 C_Q 受旋翼的空气动力学特性影响，L_{arm} 为四旋翼无人机悬臂的长度。由上述矩阵的非奇异性，可以将四旋翼无人机系统的输入转化为 $f(t)$ 和 $\boldsymbol{\tau}(t)$。系统的动力学方程可以写为

$$
\begin{aligned}
m\ddot{\boldsymbol{p}}(t)&=-m\boldsymbol{G}+f(t)\boldsymbol{e}_3(\boldsymbol{\eta}) \\
\boldsymbol{J}\ddot{\boldsymbol{\eta}}(t)&=\boldsymbol{C}_{\eta}(\dot{\boldsymbol{\eta}})\dot{\boldsymbol{\eta}}+\boldsymbol{\tau}(t)
\end{aligned}
\tag{6.12}
$$

其中，$\boldsymbol{p}(t)=\begin{bmatrix} x(t) \\ y(t) \\ z(t) \end{bmatrix}$ 为四旋翼无人机的位置；$\boldsymbol{e}_3(\boldsymbol{\eta})=\begin{bmatrix} \cos\phi\sin\theta\cos\psi+\sin\phi\sin\psi \\ \cos\phi\sin\theta\sin\psi-\sin\phi\cos\psi \\ \cos\theta\cos\phi \end{bmatrix}$ 表示地面坐标系下四旋翼无人机升力的方向；$\boldsymbol{G}$ 表示重力加速度，$\boldsymbol{G}=\begin{bmatrix} 0 \\ 0 \\ g \end{bmatrix}$；$\boldsymbol{J}=\begin{bmatrix} J_x & 0 & 0 \\ 0 & J_y & 0 \\ 0 & 0 & J_z \end{bmatrix}$ 表示四旋翼无人机的转动惯量。另外有

$$
\boldsymbol{C}_{\eta}(\dot{\boldsymbol{\eta}})=\begin{bmatrix} 0 & J_y\dot{\psi} & -J_z\dot{\theta} \\ -J_x\dot{\psi} & 0 & J_z\dot{\phi} \\ -J_x\dot{\theta} & J_y\dot{\phi} & 0 \end{bmatrix}
\tag{6.13}
$$

非线性系统(6.12)包含 4 维输入$[f(t) \quad \boldsymbol{\tau}(t)]$和 12 维状态量，除式(6.12)中列出的 6 个非线性微分方程外，还有如下关系

$$
\begin{aligned}
\frac{\mathrm{d}}{\mathrm{d}t}\boldsymbol{p}(t)&=\dot{\boldsymbol{p}}(t) \\
\frac{\mathrm{d}}{\mathrm{d}t}\boldsymbol{\eta}(t)&=\dot{\boldsymbol{\eta}}(t)
\end{aligned}
\tag{6.14}
$$

假设 $\theta\in\left(-\frac{\pi}{2},\frac{\pi}{2}\right)$，$\phi,\psi\in(-\pi,\pi)$，此时式(6.12)和式(6.14)的平衡点为 $\boldsymbol{\eta}=\mathbf{0},\dot{\boldsymbol{\eta}}=\mathbf{0}$，$\boldsymbol{p}=\mathbf{0},\boldsymbol{\tau}=\mathbf{0},f=mg$。在现代控制理论分析中，我们习惯将平衡点的系统输入设为 0，所以定义 $f'(t)=f(t)-mg$ 为新的输入。此时式(6.12)和式(6.14)可以写为

$$
\begin{aligned}
&\frac{\mathrm{d}}{\mathrm{d}t}\boldsymbol{p}(t)=\dot{\boldsymbol{p}}(t) \\
&\frac{\mathrm{d}}{\mathrm{d}t}\dot{\boldsymbol{p}}(t)=g\boldsymbol{e}_3(\boldsymbol{\eta})-\boldsymbol{G}+\frac{1}{m}f'(t)\boldsymbol{e}_3(\boldsymbol{\eta}) \\
&\frac{\mathrm{d}}{\mathrm{d}t}\boldsymbol{\eta}(t)=\dot{\boldsymbol{\eta}}(t) \\
&\frac{\mathrm{d}}{\mathrm{d}t}\dot{\boldsymbol{\eta}}(t)=\boldsymbol{J}^{-1}\boldsymbol{C}_{\eta}(\dot{\boldsymbol{\eta}})\dot{\boldsymbol{\eta}}+\boldsymbol{J}^{-1}\boldsymbol{\tau}(t)
\end{aligned}
\tag{6.15}
$$

定义状态向量 $\boldsymbol{x}(t)=[\boldsymbol{p}(t) \quad \dot{\boldsymbol{p}}(t) \quad \boldsymbol{\eta}(t) \quad \dot{\boldsymbol{\eta}}(t)]^{\mathrm{T}}$，输入 $\boldsymbol{u}(t)=[f'(t) \quad \boldsymbol{\tau}(t)]^{\mathrm{T}}$，最终可以将式(6.15)写为

$$
\dot{\boldsymbol{x}}(t)=\boldsymbol{q}(\boldsymbol{x})+\boldsymbol{h}(\boldsymbol{x},\boldsymbol{u})
\tag{6.16}
$$

其中，$\boldsymbol{q}(\boldsymbol{x})$ 和 $\boldsymbol{h}(\boldsymbol{x},\boldsymbol{u})$ 的具体形式可由式(6.15)简单解得。

6.3.2 模型线性化

首先对非线性系统(6.16)进行线性化,求 $\boldsymbol{q}(\boldsymbol{x})$ 的雅可比矩阵

$$\boldsymbol{A}=\frac{\partial \boldsymbol{q}}{\partial \boldsymbol{x}}=\begin{bmatrix}\boldsymbol{0}_{3\times3} & \boldsymbol{I}_{3\times3} & \boldsymbol{0}_{3\times3} & \boldsymbol{0}_{3\times3}\\ \boldsymbol{0}_{3\times3} & \boldsymbol{0}_{3\times3} & \boldsymbol{G}_{3\times3} & \boldsymbol{0}_{3\times3}\\ \boldsymbol{0}_{3\times3} & \boldsymbol{0}_{3\times3} & \boldsymbol{0}_{3\times3} & \boldsymbol{I}_{3\times3}\\ \boldsymbol{0}_{3\times3} & \boldsymbol{0}_{3\times3} & \boldsymbol{0}_{3\times3} & \boldsymbol{0}_{3\times3}\end{bmatrix} \tag{6.17}$$

其中,$\boldsymbol{0}_{3\times3}$表示 3×3 维的零矩阵;$\boldsymbol{I}_{3\times3}$表示 3×3 维的单位矩阵;

$$\boldsymbol{G}_{3\times3}=\begin{bmatrix}0 & -g & 0\\ g & 0 & 0\\ 0 & 0 & 0\end{bmatrix} \tag{6.18}$$

另外,$\boldsymbol{h}(\boldsymbol{x},\boldsymbol{u})$关于输入 $\boldsymbol{u}(t)$的雅可比矩阵为

$$\boldsymbol{B}=\frac{\partial \boldsymbol{h}}{\partial \boldsymbol{u}}=\begin{bmatrix}\boldsymbol{0}_{3\times1} & \boldsymbol{0}_{3\times3}\\ \begin{bmatrix}0\\ 0\\ \dfrac{1}{m}\end{bmatrix} & \boldsymbol{0}_{3\times3}\\ \boldsymbol{0}_{3\times1} & \boldsymbol{0}_{3\times3}\\ \boldsymbol{0}_{3\times1} & \boldsymbol{J}^{-1}\end{bmatrix} \tag{6.19}$$

之后,选取四旋翼无人机的位置信息和偏航角姿态信息 $x_{1\sim3}(t)$,$x_9(t)$为系统输出,则输出矩阵 $\boldsymbol{C}$ 为

$$\boldsymbol{C}=\begin{bmatrix}\boldsymbol{I}_{1\times3} & \boldsymbol{0}_{3\times3} & \boldsymbol{0}_{3\times3} & \boldsymbol{0}_{3\times3}\\ \boldsymbol{0}_{1\times3} & \boldsymbol{0}_{1\times3} & [0\quad 0\quad 1] & \boldsymbol{0}_{1\times3}\end{bmatrix} \tag{6.20}$$

这样就完成了非线性系统(6.16)的线性化,得到线性系统

$$\begin{cases}\dot{\boldsymbol{x}}(t)=\boldsymbol{A}\boldsymbol{x}(t)+\boldsymbol{B}\boldsymbol{u}(t)\\ \boldsymbol{y}(t)=\boldsymbol{C}\boldsymbol{x}(t)\end{cases} \tag{6.21}$$

6.3.3 能控性与能观性分析

借助 MATLAB 可以发现,当 $n>3$ 时,$\boldsymbol{A}^n=\boldsymbol{0}$。因此,在分析能控性与能观性时,我们只需要计算至 $\boldsymbol{A}^3$。

首先分析能控性,定义

$$\boldsymbol{M}=[\boldsymbol{B}\quad \boldsymbol{A}\boldsymbol{B}\quad \boldsymbol{A}^2\boldsymbol{B}\quad \boldsymbol{A}^3\boldsymbol{B}] \tag{6.22}$$

代入式(6.17)和式(6.19),可以得到 12×14 维矩阵 $\boldsymbol{M}$ 的秩为 12,所以原系统能控。

之后分析能观性,定义

$$
\boldsymbol{N}=\begin{bmatrix} \boldsymbol{C} \\ \boldsymbol{CA} \\ \boldsymbol{CA}^2 \\ \boldsymbol{CA}^3 \end{bmatrix} \tag{6.23}
$$

可以计算得到矩阵 $\boldsymbol{N}$ 的秩为 12，所以原系统可观测。

6.3.4 结构分解

在上述分析中，我们对多输入多输出线性系统(6.21)进行了分析。然而，观察式(6.15)和式(6.21)可以注意到，非线性系统(6.15)的耦合主要表现在高阶项之间，线性系统(6.21)可以较为简单地进行解耦。观察式(6.17)中矩阵 $\boldsymbol{A}$ 的耦合关系可以发现，线性系统(6.21)通过简单的行变换就可以分解为相互解耦的 4 个子系统：$\sum_1(x_1,x_4,x_8,x_{11})$，$\sum_2(x_2,x_5,x_7,x_{10})$，$\sum_3(x_3,x_6)$和$\sum_4(x_9,x_{12})$。据此定义变换矩阵为

$$
\boldsymbol{T}=\begin{bmatrix}
1&0&0&0&0&0&0&0&0&0&0&0\\
0&0&0&1&0&0&0&0&0&0&0&0\\
0&0&0&0&0&0&0&1&0&0&0&0\\
0&0&0&0&0&0&0&0&0&0&1&0\\
0&1&0&0&0&0&0&0&0&0&0&0\\
0&0&0&0&1&0&0&0&0&0&0&0\\
0&0&0&0&0&0&1&0&0&0&0&0\\
0&0&0&0&0&0&0&0&0&1&0&0\\
0&0&1&0&0&0&0&0&0&0&0&0\\
0&0&0&0&0&1&0&0&0&0&0&0\\
0&0&0&0&0&0&0&0&1&0&0&0\\
0&0&0&0&0&0&0&0&0&0&0&1
\end{bmatrix},\boldsymbol{T}^{-1}=\boldsymbol{T}^{\mathrm{T}} \tag{6.24}
$$

则 $\overline{\boldsymbol{A}}=\boldsymbol{TAT}^{-1}$ 为

$$
\overline{\boldsymbol{A}}=\begin{bmatrix}
0&1&0&0&0&0&0&0&0&0&0&0\\
0&0&g&0&0&0&0&0&0&0&0&0\\
0&0&0&1&0&0&0&0&0&0&0&0\\
0&0&0&0&0&0&0&0&0&0&0&0\\
0&0&0&0&0&1&0&0&0&0&0&0\\
0&0&0&0&0&0&-g&0&0&0&0&0\\
0&0&0&0&0&0&0&1&0&0&0&0\\
0&0&0&0&0&0&0&0&0&0&0&0\\
0&0&0&0&0&0&0&0&0&1&0&0\\
0&0&0&0&0&0&0&0&0&0&0&0\\
0&0&0&0&0&0&0&0&0&0&0&1\\
0&0&0&0&0&0&0&0&0&0&0&0
\end{bmatrix} \tag{6.25}
$$

可以求得 $\overline{\boldsymbol{B}}=\boldsymbol{TB}$ 和 $\overline{\boldsymbol{C}}=\boldsymbol{CT}^{-1}$ 分别为

$$
\bar{\boldsymbol{B}}=\begin{bmatrix}0&0&0&0\\0&0&0&0\\0&0&0&0\\0&0&\frac{1}{J_y}&0\\0&0&0&0\\0&0&0&0\\0&0&0&0\\0&\frac{1}{J_x}&0&0\\0&0&0&0\\\frac{1}{m}&0&0&0\\0&0&0&0\\0&0&0&\frac{1}{J_z}\end{bmatrix},\bar{\boldsymbol{C}}=\begin{bmatrix}1&0&0&0&0&0&0&0&0&0&0&0\\0&0&0&0&1&0&0&0&0&0&0&0\\0&0&0&0&0&0&0&0&1&0&0&0\\0&0&0&0&0&0&0&0&0&0&1&0\end{bmatrix} \tag{6.26}
$$

由此即可将原系统分解成 4 个相互解耦的系统

$$
\Sigma_1:\begin{cases}\underbrace{\dot{\bar{\boldsymbol{x}}}_1}_{[x_1,x_4,x_8,x_{11}]}=\underbrace{\begin{bmatrix}0&1&0&0\\0&0&g&0\\0&0&0&1\\0&0&0&0\end{bmatrix}}_{\bar{\boldsymbol{A}}_1}\bar{\boldsymbol{x}}_1+\underbrace{\begin{bmatrix}0\\0\\0\\\frac{1}{J_y}\end{bmatrix}}_{\bar{\boldsymbol{b}}_1}u_3\\ \bar{y}_1=\underbrace{\begin{bmatrix}1&0&0&0\end{bmatrix}}_{\bar{\boldsymbol{c}}_1}\bar{\boldsymbol{x}}_1\end{cases}
$$

$$
\Sigma_2:\begin{cases}\underbrace{\dot{\bar{\boldsymbol{x}}}_2}_{[x_2,x_5,x_7,x_{10}]}=\begin{bmatrix}0&1&0&0\\0&0&-g&0\\0&0&0&1\\0&0&0&0\end{bmatrix}\bar{\boldsymbol{x}}_2+\begin{bmatrix}0\\0\\0\\\frac{1}{J_x}\end{bmatrix}u_2\\ \bar{y}_2=\begin{bmatrix}1&0&0&0\end{bmatrix}\bar{\boldsymbol{x}}_2\end{cases} \tag{6.27}
$$

$$
\Sigma_3:\begin{cases}\underbrace{\dot{\bar{\boldsymbol{x}}}_3}_{[x_3,x_6]}=\begin{bmatrix}0&1\\0&0\end{bmatrix}\bar{\boldsymbol{x}}_3+\begin{bmatrix}0\\\frac{1}{m}\end{bmatrix}u_1\\ \bar{y}_3=\begin{bmatrix}1&0\end{bmatrix}\bar{\boldsymbol{x}}_3\end{cases}
$$

$$
\Sigma_4:\begin{cases}\underbrace{\dot{\bar{\boldsymbol{x}}}_4}_{[x_9,x_{12}]}=\begin{bmatrix}0&1\\0&0\end{bmatrix}\bar{\boldsymbol{x}}_4+\begin{bmatrix}0\\\frac{1}{J_z}\end{bmatrix}u_4\\ \bar{y}_4=\begin{bmatrix}1&0\end{bmatrix}\bar{\boldsymbol{x}}_4\end{cases}
$$

这样就实现了将多输入多输出线性系统转化为 4 个单输入单输出系统。

6.3.5 状态观测器设计

四旋翼无人机的位置信息通常借助全球导航卫星系统(Global Navigation Satellite System,GNSS)、气压计等获取,其姿态信息可以借助惯性测量单元(Inertial Measurement Unit,IMU)获取。另外,位置速度信息 $\dot{\boldsymbol{p}}(t)$和姿态角速度信息 $\dot{\boldsymbol{\eta}}(t)$一般不装备传感器而直接捕捉。虽然 $\dot{\boldsymbol{p}}(t)$可以通过对 IMU 中集成的加速度计获取的加速度信息进行积分,或对 GNSS 等传感器捕捉的位置信息进行差分得到,$\dot{\boldsymbol{\eta}}(t)$也可以通过对 IMU 捕捉的 $\boldsymbol{\eta}(t)$进行差分得到。但是由于系统噪声的存在和测量精度的限制,上述积分和差分操作不可避免地会引入高频噪声和误差的累加。因此,设计状态观测器辅助获取速度信息和角速度信息是有必要的。

下面以单输入单输出线性系统$\Sigma_1(\overline{\boldsymbol{A}}_1,\overline{\boldsymbol{b}}_1,\overline{\boldsymbol{c}}_1)$为例设计状态观测器。

首先计算其对应的能控性判别矩阵 $\boldsymbol{N}_1'$为

$$\overline{\boldsymbol{N}}_1=\begin{bmatrix}\overline{\boldsymbol{c}}_1(\overline{\boldsymbol{A}}_1)^3\\ \overline{\boldsymbol{c}}_1(\overline{\boldsymbol{A}}_1)^2\\ \overline{\boldsymbol{c}}_1\overline{\boldsymbol{A}}_1\\ \overline{\boldsymbol{c}}_1\end{bmatrix}=\begin{bmatrix}0&0&0&g\\0&0&g&0\\0&1&0&0\\1&0&0&0\end{bmatrix}\tag{6.28}$$

$\overline{\boldsymbol{A}}_1$ 的特征多项式为 $\lambda^4=0$,所以变换矩阵 $\boldsymbol{P}_1^{-1}=\overline{\boldsymbol{N}}_1$。则

$$\boldsymbol{P}_1=\begin{bmatrix}0&0&0&1\\0&0&1&0\\0&\dfrac{1}{g}&0&0\\\dfrac{1}{g}&0&0&0\end{bmatrix}\tag{6.29}$$

化为能控标准型的系统为

$$\begin{cases}\dot{\hat{\boldsymbol{x}}}_1=\underbrace{\begin{bmatrix}0&0&0&0\\1&0&0&0\\0&1&0&0\\0&0&1&0\end{bmatrix}}_{\hat{\boldsymbol{A}}_1}\hat{\boldsymbol{x}}_1+\underbrace{\begin{bmatrix}\dfrac{g}{J_y}\\0\\0\\0\end{bmatrix}}_{\hat{\boldsymbol{b}}_1}u_3\\ y=\underbrace{\begin{bmatrix}0&0&0&1\end{bmatrix}}_{\hat{\boldsymbol{c}}_1}\hat{\boldsymbol{x}}_1\end{cases}\tag{6.30}$$

其中 $\hat{\boldsymbol{x}}_1=\boldsymbol{P}_1^{-1}\overline{\boldsymbol{x}}_1$,引入输出反馈矩阵 $\hat{\boldsymbol{g}}_1=\begin{bmatrix}g_1\\g_2\\g_3\\g_4\end{bmatrix}$,则状态观测器的特征多项式为

$$\det[\lambda\boldsymbol{I}-(\hat{\boldsymbol{A}}_1-\hat{\boldsymbol{g}}_1\hat{\boldsymbol{c}}_1)]=\left|\begin{bmatrix}\lambda&0&0&g_1\\-1&\lambda&0&g_2\\0&-1&\lambda&g_3\\0&0&-1&\lambda+g_4\end{bmatrix}\right|$$
$$=\lambda^4+g_4\lambda^3+g_3\lambda^2+g_2\lambda+g_1\tag{6.31}$$

不失一般性，假设要求的状态观测器极点为$(-\lambda_1, -\lambda_2, -\lambda_3, -\lambda_4)$，其中$\lambda_i (i=1\sim4)$为正常数。则可以解出

$$
\begin{cases}
g_1=\lambda_1+\lambda_2+\lambda_3+\lambda_4\\
g_2=\lambda_1\lambda_2+\lambda_1\lambda_3+\lambda_1\lambda_4+\lambda_2\lambda_3+\lambda_2\lambda_4+\lambda_3\lambda_4\\
g_3=\lambda_1\lambda_2\lambda_3+\lambda_1\lambda_2\lambda_4+\lambda_1\lambda_3\lambda_4+\lambda_2\lambda_3\lambda_4\\
g_4=\lambda_1\lambda_2\lambda_3\lambda_4
\end{cases}
\tag{6.32}
$$

最后对$\hat{\boldsymbol{g}}_1$进行反变换，得到全维观测器反馈矩阵$\boldsymbol{g}_1$为

$$
\boldsymbol{g}_1=\boldsymbol{P}_1\hat{\boldsymbol{g}}_1=\begin{bmatrix}
\lambda_1\lambda_2\lambda_3\lambda_4\\
\lambda_1\lambda_2\lambda_3+\lambda_1\lambda_2\lambda_4+\lambda_1\lambda_3\lambda_4+\lambda_2\lambda_3\lambda_4\\
\dfrac{1}{g}(\lambda_1\lambda_2+\lambda_1\lambda_3+\lambda_1\lambda_4+\lambda_2\lambda_3+\lambda_2\lambda_4+\lambda_3\lambda_4)\\
\dfrac{1}{g}(\lambda_1+\lambda_2+\lambda_3+\lambda_4)
\end{bmatrix}
\tag{6.33}
$$

最终可以得到状态观测器。

6.3.6 仿真结果

1. 仿真参数

设四旋翼无人机的质量$m=0.625\text{kg}$，惯性矩阵为$\boldsymbol{J}=\begin{bmatrix}0.005 & 0 & 0\\ 0 & 0.005 & 0\\ 0 & 0 & 0.012\end{bmatrix}\text{kg}\cdot\text{m}^2$，搭建仿真模型，如图6.8所示。

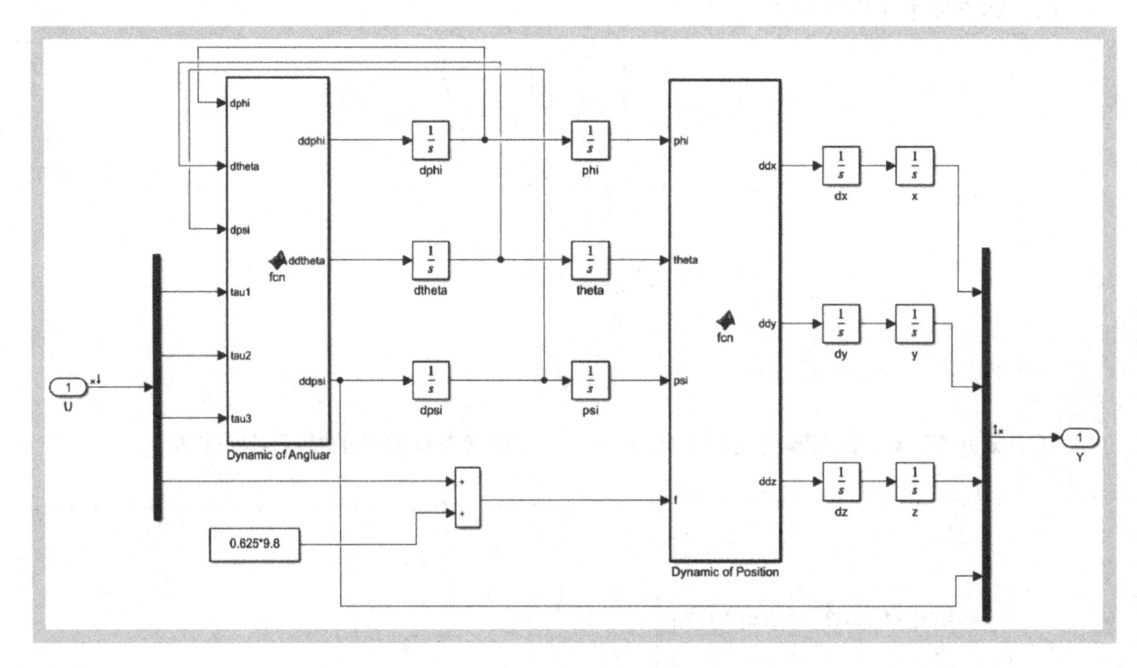

图6.8 四旋翼无人机仿真模型

2. 模型线性化

利用 MATLAB/Simulink 中的 Model Linearizer 工具可以进行线性化，结果如下：

```
General  Information:
Operating  point:  Model  initial  condition
Size:  4  inputs,  4  outputs,  10  states
Linearization  Result:
  A =
          x  y  z  dx  dy  dz   phi    theta  psi  dphi  dtheta  dpsi
  x       0  0  0  1   0   0    0      0      0    0     0       0
  y       0  0  0  0   1   0    0      0      0    0     0       0
  z       0  0  0  0   0   1    0      0      0    0     0       0
  dx      0  0  0  0   0   0    0      11.4   0    0     0       0
  dy      0  0  0  0   0   0    -11.4  0      0    0     0       0
  dz      0  0  0  0   0   0    0      0      0    0     0       0
  phi     0  0  0  0   0   0    0      0      0    1     0       0
  theta   0  0  0  0   0   0    0      0      0    0     1       0
  psi     0  0  0  0   0   0    0      0      0    0     0       1
  dphi    0  0  0  0   0   0    0      0      0    0     0       0
  dtheta  0  0  0  0   0   0    0      0      0    0     0       0
  dpsi    0  0  0  0   0   0    0      0      0    0     0       0

  B =
          U(1)  U(2)  U(3)  U(4)
  x       0     0     0     0
  y       0     0     0     0
  z       0     0     0     0
  dx      0     0     0     0
  dy      0     0     0     0
  dz      1.6   0     0     0
  phi     0     0     0     0
  theta   0     0     0     0
  psi     0     0     0     0
  dphi    0     200   0     0
  dtheta  0     0     200   0
  dpsi    0     0     0     76.92

  C =
                  x  y  z  dx  dy  dz  phi  theta  psi  dphi  dtheta  dpsi
  PLANT/Mux(1)    1  0  0  0   0   0   0    0      0    0     0       0
  PLANT/Mux(2)    0  1  0  0   0   0   0    0      0    0     0       0
  PLANT/Mux(3)    0  0  1  0   0   0   0    0      0    0     0       0
  PLANT/Mux(4)    0  0  0  0   0   0   0    0      1    0     0       0
```

```
D =
                    U(1)  U(2)  U(3)  U(4)
  PLANT/Mux(1)       0     0     0     0
  PLANT/Mux(2)       0     0     0     0
  PLANT/Mux(3)       0     0     0     0
  PLANT/Mux(4)       0     0     0     0

Name:Linearization at model initial condition
Continuous-time state-space model.
```

上述线性化结果与式(6.21)给出的相一致。

3. 状态观测器建模

设定式(6.33)中 $\lambda_{1\sim4}=7$,得到 $\boldsymbol{g}_1=\begin{bmatrix}2401\\1372\\\dfrac{245}{g}\\\dfrac{28}{g}\end{bmatrix}$,据此搭建状态观测器对系统(6.30)进行状态观测。设输入 u_3 为阶跃输入,即 $u_3=\begin{cases}0.1, & t<1\text{s}\\0, & t\geqslant1\text{s}\end{cases}$,仿真得到状态观测误差曲线如图 6.9 所示。

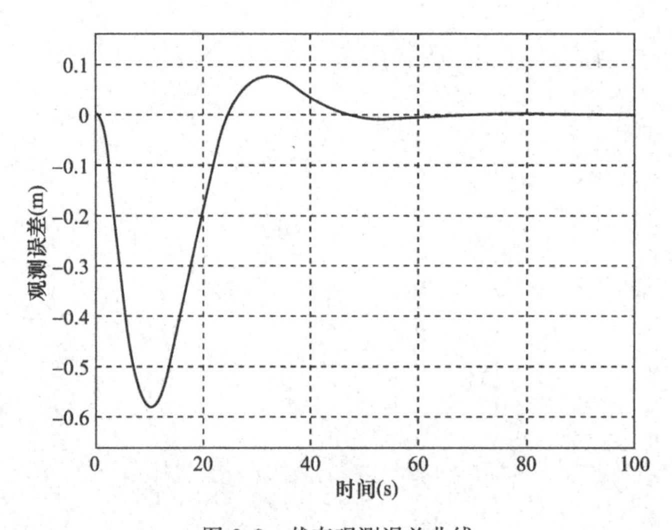

图 6.9　状态观测误差曲线

小　　结

本章选取了 3 个现代控制理论的典型应用场景,介绍了线性控制理论主要工具在一般工程实践中的基本应用。主要以倒立摆系统、电液控制系统、四旋翼无人机为例,演示了状态空间表达式的计算、能控性能观性的判定、状态空间表达式的解耦等现代控制理论的常用分析工具。

人物小传——韩京清

韩京清(1937—2008),系统与控制专家,著有《线性系统的结构与反馈系统计算》、《线性控制系统理论——构造性方法》等,极大推动了现代控制理论的发展。韩京清提出的自抗扰控制(ADRC)技术是工业控制技术的一个新的方向。

“韩京清研究员最值得大家学习和铭记的是他的探索精神、独立精神及奉献精神。他的探索精神不是为探索而探索,而是探索从实际需求中产生的根本性问题。他的独立也不是刻意去标新立异,而是因为有许多实际问题无法用现有理论解决,才需要独辟蹊径。此外,他从不把发表著名刊物论文或追求多大研究项目作为做学问的目标。他把科研、事业看作跟生命一样重要,甚至高于生命,这源于他的世界观、人生观及价值观,而这也实际上决定了他的探索精神、独立精神和奉献精神!”(郭雷院士)

参考文献

[1] 曾葵铨．李雅普诺夫直接法在自动控制中的应用[M]．上海：上海科学技术出版社，1985.

[2] 王孝武．现代控制理论基础[M]. 3 版．北京：机械工业出版社，2013.

[3] 胡寿松．自动控制原理[M]. 5 版．北京：科学出版社，2007.

[4] 卢京潮．自动控制原理[M]．西安：西北工业大学出版社，2009.

[5] 程鹏．自动控制原理[M]．北京：高等教育出版社，2003.

[6] 吕灵灵，段广仁，苏海滨，等．线性离散周期系统研究综述[J]．自动化学报，2013，39(07)：973-980.

[7] 陈磊．基于反馈的控制系统对称化研究[D]．天津：天津大学，2016.

[8] 衷路生．状态空间模型辨识方法研究[D]．长沙：中南大学，2011.

[9] 黄从智．网络化串级控制系统的建模、分析与控制[D]．北京：华北电力大学，2010.

[10] 刘豹，唐万生．现代控制理论[M]. 3 版．北京：机械工业出版社，2006.

[11] HassanK. Khalil. 非线性控制[M]．韩正之，王划，王少华，等译．北京：机械工业出版社，2016.

[12] Hinamoto T. A canonical form for a state-space model in two-dimensional systems [J]. IEEE Transactions on Circuits and Systems, 1980, 27(8): 710-712.

[13] Kurek J E. The general state-space model for a two-dimensional linear digital system [J]. IEEE Transactions on Automatic Control, 1985, 30(6): 600-602.

[14] 常春馨．现代控制理论基础[M]．北京：机械工业出版社，1988.

[15] 孙炳达，梁慧冰．现代控制理论基础[M]. 3 版．北京：机械工业出版社，2017.

[16] 王宏华．现代控制理论[M]. 3 版．北京：电子工业出版社，2018.

[17] 刘文定，谢克明．自动控制原理[M]. 4 版．北京：电子工业出版社，2018.

[18] 薛定宇. 反馈控制系统设计与分析——MATLAB 语言应用[M]．北京：清华大学出版社，2000.

[19] 王翼．现代控制理论[M]．北京：机械工业出版社，2005.

[20] 郑大钟．线性系统理论[M]．北京：清华大学出版社，1990.

[21] Chao Jia, Richard W L. An adaptive smooth second-order sliding mode repetitive control method with application to a fast periodic stamping system[J]. Systems & Control Letters, 151, 104912, 2021.